森 重文 編集代表
ライブラリ数理科学のための数学とその展開 **F3**

数理科学のための
複素関数論

畑 政義 著

サイエンス社

編者のことば

　近年，諸科学において数学は記述言語という役割ばかりか研究の中での数学的手法の活用に期待が集まっている．このように，数学は人類最古の学問の一つでありながら，外部との相互作用も加わって現在も激しく変化し続けている学問である．既知の理論を整備・拡張して一般化する仕事がある一方，新しい概念を見出し視点を変えることにより数学を予想もしなかった方向に導く仕事が現れる．数学はこういった営為の繰り返しによって今日まで発展してきた．数学には，体系の整備に向かう動きと体系の外を目指す動きの二つがあり，これらが同時に働くことで学問としての活力が保たれている．

　この数学テキストのライブラリは，基礎編と展開編の二つからなっている．基礎編では学部段階の数学の体系的な扱いを意識して，主題を重要な項目から取り上げている．展開編では，大学院生から研究者を対象に現代の数学のさまざまなトピックについて自由に解説することを企図している．各著者の方々には，それぞれの見解に基づいて主題の数学について個性豊かな記述を与えていただくことをお願いしている．ライブラリ全体が現代数学を俯瞰することは意図しておらず，むしろ，数学テキストの範囲に留まらず，数学のダイナミックな動きを伝え，学習者・研究者に新鮮で個性的な刺激を与えることを期待している．本ライブラリの展開編の企画に際しては，数学を大きく4つの分野に分けて森脇淳（代数），中島啓（幾何），岡本久（解析），山田道夫（応用数理）が編集を担当し森重文が全体を監修した．数学を学ぶ読者や数学にヒントを探す読者に有用なライブラリとなれば望外の幸せである．

編者を代表して
森　重文

まえがき

　すでに 1 世紀頃の記録に負の平方根に相当する考察の記述が残っているものの，それが数として市民権を得るまでには相当の年月を要した．3 次および 4 次の代数方程式の解の公式が発見された後も，負の平方根は不可能解として長い間避け続けられたという．デカルトのいう虚数（nombre imaginaire）という言葉には，架空の数という何か弁解めいた意味合いが感じられる．しかし数学者たちはそれが実際に役に立つ数であることを見抜いていたからこそ，表向きは否定的に扱いながらも考察を続けてきた．そして今日，複素数はフーリエ級数やフーリエ変換をはじめ，電気・電子工学における回路設計，機械工学における制御理論，土木・建築における震動解析や耐震設計において，あるいは量子力学の数学的基礎として重要な地位を占めるに至っている．

　本書は京都大学理学部における「函数論」および「複素函数論」の講義録を基に，多くの演習問題とその詳解を加筆した複素関数論の入門書である．本書は大学初年度で学習する微分積分学および線形代数学を前提とするが，そもそも微分積分学において学ぶ 2 変数関数の偏微分，およびベクトル解析において学習する線積分は，複素解析における出発点である．

　「回転数」と「単連結」は本書を通して基本的かつ重要な役割を演じる．回転数は，例えば岩波数学辞典もそうであるが，通常は複素積分によって定義される．これを本書ではかなり早い段階で導入した．アルティンは回転数を使ってコーシーの積分定理の証明を簡略化している[2]．単連結領域では不定積分を 1 価正則な関数として定義できるので，ある程度は微分積分学と同じような取扱いが可能である．本書は平面集合に関する位相的な基本知識も前提としている．

　あれは大学に入って 2 年目であったが，微分積分学演習の夏休みの課題の中に「第 1 象限内にあるレムニスケート曲線 $r^2 = 2\cos 2\theta$ の長さを 2 等分する点の座標 (x_0, y_0) を求めよ」という問題があった．当時まだ楕円関数の加法定

理などは知る由もなく，ひたすら積分の変数変換に悪戦苦闘する毎日であったが，数週間後に解 $x_0 = \sqrt{2-\sqrt{2}}, y_0 = \sqrt[4]{2}(\sqrt{2}-1)$ に到達したときは，数学の不思議さというか奥深さを垣間見た気がしたものである．驚くべきことに1714年（日本では正徳4年，徳川家継が七代将軍になった翌年）にイタリアの数学者ファニャーノ（G.C. Fagnano）は，変数変換によって（すなわち微分積分学の範囲で）レムニスケートの弧長を等分する点が満たす厳密な関係式を発見している（[3], p.19）．ヤコビの sn 関数が満たす加法公式を使ってレムニスケートの2等分点を求める問題を本書の最終問とした．

本書の執筆にあたって，用語・記号・定義および数学者のカナ表記等については原則として岩波 数学辞典（第3版）に従った．

複素関数論は，とりわけ数論の解析的な取扱いにおいて絶大な威力を発揮する．興味ある読者には，例えば，モジュラ関数とディリクレ級数を扱った

Tom M. Apostol: Modular Functions and Dirichlet Series in Number Theory, Springer-Verlag, 1976

を一読されることをお薦めする．

本書を通じて複素関数論の考え方や計算の方法を体得され，様々な分野において活用されることを願うものである．末筆ながら，本書の執筆にあたりサイエンス社編集部の皆様の絶え間ない励ましと熱意に心より感謝致します．

平成29年11月22日

著者しるす

目　　次

第 1 章　複　素　数　　1
　1.1　複　素　数 1
　1.2　数列と級数 4
　1.3　複素数値の関数 5
　演　習　問　題 8

第 2 章　複　素　平　面 　　9
　2.1　複　素　関　数 9
　2.2　極　形　式 11
　2.3　2 項方程式 14
　2.4　パラメータ曲線 16
　演　習　問　題 19

第 3 章　複　素　球　面 　　21
　3.1　立　体　射　影 21
　3.2　有　理　関　数 24
　3.3　鏡　像　原　理 28
　演　習　問　題 31

第 4 章　正　則　関　数 　　32
　4.1　微分と正則性 32
　4.2　コーシー-リーマンの関係式 36
　4.3　正則関数の特性 39
　演　習　問　題 42

第5章　整級数　　44

- 5.1　一様収束 44
- 5.2　収束半径 45
- 5.3　整級数の特性 50
- 5.4　アーベルの連続性定理 54
- 演習問題 59

第6章　初等関数　　60

- 6.1　指数関数 60
- 6.2　対数関数 63
- 6.3　代数関数 68
- 演習問題 71

第7章　複素積分　　72

- 7.1　曲線の長さ 72
- 7.2　複素積分 74
- 7.3　積分の基本性質 79
- 7.4　原始関数 83
- 演習問題 85

第8章　積分定理　　86

- 8.1　コーシーの積分定理 86
- 8.2　積分路の変形 92
- 8.3　コーシーの積分公式 95
- 8.4　変数変換の公式 99
- 演習問題 100

第9章　正則点における展開　　102

- 9.1　整級数展開 102
- 9.2　解析接続 105
- 9.3　収束円上の特異点 108
- 演習問題 113

第 10 章　孤立特異点のまわりの展開　　114
10.1 ローラン展開 114
10.2 孤立特異点の分類 116
10.3 留 数 定 理 120
10.4 無限遠点のまわりの展開 122
演 習 問 題 125

第 11 章　正則関数の絶対値　　126
11.1 最 大 値 原 理 126
11.2 アダマールの 3 円定理 132
11.3 鞍 部 点 法 134
演 習 問 題 139

第 12 章　有理形の関数　　141
12.1 偏 角 の 原 理 141
12.2 ルーシェの定理 144
12.3 イェンセンの公式 147
12.4 パ デ 近 似 150
演 習 問 題 154

第 13 章　有理形関数の構成と展開　　155
13.1 ミッタグ・レフラーの定理 155
13.2 無 限 乗 積 159
13.3 ワイエルシュトラスの定理 162
13.4 ベルヌーイ数 167
演 習 問 題 169

第 14 章　正 規 族　　171
14.1 アスコリ-アルツェラの定理 171
14.2 正 規 族 173
14.3 単 葉 関 数 179
14.4 リーマンの写像定理 184
演 習 問 題 189

第15章 楕円関数 190

15.1 楕円関数 190
15.2 ワイエルシュトラスの ℘ 関数 193
15.3 ヤコビの sn 関数 197
演習問題 204

ヒントと解答   **205**
参 考 文 献   **233**
人 名 表   **234**
索 引   **237**

第1章
複　素　数

オイラーは -1 の平方根を表す記号 i を用いて幅広く負の平方根を考察し，有名な公式 $e^{i\theta} = \cos\theta + i\sin\theta$ を導いた．ガウスは $a+ib$ を平面にプロットするという先人のアイデアを世に広め，これを複素数と呼んだ．

1.1　複　素　数

実数体 $\mathbb{R}$ の中では最も簡単な2次方程式 $x^2 + 1 = 0$ ですら解くことができない．そこで，2乗して -1 となる数 i を新たに数の仲間に加え，2つの実数 a, b と i を用いて $a+ib$ と表せる数（**複素数**）を導入する．i は**虚数単位**と呼ばれ，しばしば $\sqrt{-1}$ とも記される．複素数の全体を $\mathbb{C} = \{a+ib \mid a, b \in \mathbb{R}\}$ とおく[1]．

複素数 $z = a + ib$ において，a を z の**実部**といい，b を z の**虚部**といい，それぞれ $\operatorname{Re} z, \operatorname{Im} z$ で表す．特に $ib, b \neq 0$ の形の複素数を**純虚数**という．また実数 a, b がともに整数のとき，$a+ib$ を**ガウス整数**という．

複素数の4則演算は，実数と同様に加減乗除を行い i^2 を -1 で置き換える．積については

$$(a+ib)(c+id) = ac + i(bc+ad) + i^2 bd$$
$$= ac - bd + i(bc+ad)$$

であり，商については

$$\frac{a+ib}{c+id} = \frac{(a+ib)(c-id)}{(c+id)(c-id)}$$
$$= \frac{ac+bd}{c^2+d^2} + i\frac{bc-ad}{c^2+d^2} \quad (c^2+d^2 \neq 0)$$

---

[1] $\mathbb{C}$ は $x^2 + 1 = 0$ の解を $\mathbb{R}$ に添加した2次の代数拡大体である．$\mathbb{C}$ が代数的閉体であるという驚くべき事実は代数学の基本定理として知られ，8.3節のリウヴィルの定理の応用として証明される．実数と異なり，複素数の大小関係は考えない．

となる．和と積に関して交換法則および分配法則が成り立つことが確かめられる．特に $a+ib=0$ となるのは $a=b=0$ のときに限るので，0 以外のすべての複素数で除法が許される．

複素数 z の虚部の符号を変えた複素数を z の**複素共役**といい $\bar{z}=\operatorname{Re}z-i\operatorname{Im}z$ で表す．商の公式で使ったように，分母の複素共役を分子分母に乗じることで分母を実数化することができる．逆に，z の実部と虚部は $z,\bar{z}$ を用いて

$$\operatorname{Re}z=\frac{z+\bar{z}}{2},\quad \operatorname{Im}z=\frac{z-\bar{z}}{2i}$$

と表される．一般に $z,w\in\mathbb{C}$ に対して次の性質が成り立つ．

(1) $\overline{z\pm w}=\bar{z}\pm\bar{w}$

(2) $\overline{zw}=\bar{z}\cdot\bar{w}$

(3) $\overline{z/w}=\bar{z}/\bar{w}\quad (w\neq 0)$

(4) $\bar{\bar{z}}=z$

写像としての複素共役は 4 則演算と可換な $\mathbb{C}$ 上の対合である[2]．実数は複素共役に関して不変であるから，実係数の任意の多項式 P において，$P(\alpha)=0$ ならば $P(\bar{\alpha})=0$ が成り立つ．

複素数 $z=a+ib$ の**絶対値**を $|z|=\sqrt{a^2+b^2}$ と定める．$|z|=0$ となるのは $z=0$ のときに限る．特に $b=0$ のときは実数の絶対値と一致する．一般に次の性質が成り立つ．

(5) $|z|=\sqrt{z\bar{z}}$

(6) $|\bar{z}|=|z|$

(7) $|zw|=|z|\cdot|w|$

これは $|zw|^2=zw\overline{zw}=z\bar{z}w\bar{w}=|z|^2|w|^2$ より従う．

(8) $|z+w|\leq|z|+|w|$

これを **3 角不等式**という．3 角不等式において等号が成り立つのは

$$(|z|+|w|)^2-|z+w|^2=z\bar{z}+2|zw|+w\bar{w}-(z+w)(\bar{z}+\bar{w})$$
$$=2(|zw|-\operatorname{Re}(z\bar{w}))$$

---

[2] 写像 $f:X\to X$ が**対合**(involution)であるとは，合成写像 $f\circ f$ が X 上の恒等写像になるときにいう．

1.1 複素数

より，$\mathrm{Re}(z\overline{w}) \geq 0$, $\mathrm{Im}(z\overline{w}) = 0$ であるとき，つまり，どちらかが0であるか，そうでなければ $\lambda > 0$ によって $z = \lambda w$ と表される場合に限る．3角不等式をくり返し用いれば，n 個の複素数 $z_1, z_2, \cdots, z_n$ に対して

$$|z_1 + z_2 + \cdots + z_n| \leq |z_1| + |z_2| + \cdots + |z_n|$$

が成り立つことがわかる．また，3角不等式から導かれる $||z| - |w|| \leq |z - w|$ もよく用いられる．

例題 $2n$ 個の任意の複素数 $z_1, \cdots, z_n, w_1, \cdots, w_n$ に対して次の等式を示せ．

$$\left|\sum_{k=1}^{n} z_k w_k\right|^2 + \sum_{1 \leq k < j \leq n} |z_k \overline{w_j} - z_j \overline{w_k}|^2 = \sum_{k=1}^{n} |z_k|^2 \sum_{k=1}^{n} |w_k|^2 \tag{1.1}$$

これを**ラグランジュの恒等式**という．

解 自然数 n に関する帰納法による．$n = 1$ のときは明らか．次に $n \leq m$ で正しいと仮定し，簡単のために

$$A = \sum_{k=1}^{m} z_k w_k, \quad B = \sum_{k=1}^{m} |z_k|^2, \quad C = \sum_{k=1}^{m} |w_k|^2$$

とおく．$z_1, \cdots, z_m, w_1, \cdots, w_m$ に $z_{m+1} = z, w_{m+1} = w$ を追加するとき，(1.1) の左辺は

$$A\overline{zw} + \overline{A}zw + |zw|^2 + \sum_{k=1}^{m} |z_k \overline{w} - z \overline{w_k}|^2 = B|w|^2 + C|z|^2 + |zw|^2$$

ほど増加する．これは右辺の増加量に等しいから (1.1) は $n = m+1$ で成り立つ．■

(1.1) から得られる次の不等式

$$\left|\sum_{k=1}^{n} z_k w_k\right|^2 \leq \sum_{k=1}^{n} |z_k|^2 \sum_{k=1}^{n} |w_k|^2 \tag{1.2}$$

を (数列の) **コーシー-シュヴァルツの不等式**という．これは実数列のコーシー-シュヴァルツの不等式からも次のように容易に導くことができる．

$$\left|\sum_{k=1}^{n} z_k w_k\right|^2 \leq \left(\sum_{k=1}^{n} |z_k| \cdot |w_k|\right)^2 \leq \sum_{k=1}^{n} |z_k|^2 \sum_{k=1}^{n} |w_k|^2.$$

注意 負の平方根を用いない複素数の定義はハミルトンによる (1835年)．すなわち，複素数 $z = a + ib$ を実数の順序対 (a, b) とみなし，2つの対 $(a, b), (c, d)$ に対する和と積を，それぞれ

$$(a,b)+(c,d)=(a+c,b+d), \quad (a,b)\cdot(c,d)=(ac-bd, ad+bc)$$

によって定める．虚数単位 i は $(0,1)$ に対応する．あるいは 2×2 行列

$$A = \begin{pmatrix} a & -b \\ b & a \end{pmatrix}$$

を複素数 $z = a+ib$ の定義とすることもできる．A の行列式は $a^2+b^2 = |z|^2$ であり，実際に行列の積を計算すると

$$\begin{pmatrix} a & -b \\ b & a \end{pmatrix}\begin{pmatrix} c & -d \\ d & c \end{pmatrix} = \begin{pmatrix} ac-bd & -bc-ad \\ bc+ad & ac-bd \end{pmatrix}$$

となる．

1.2 数列と級数

複素数列 $\{z_n\}$ が**有界列**であるとは，ある定数 $M>0$ がとれて，すべての n で $|z_n| \le M$ が成り立つときにいう．有界列は収束する部分列をもつ．$\{z_n\}$ が**コーシー列**であるとは，任意の $\epsilon > 0$ に応じて番号 N がとれて，$p,q > N$ ならば

$$|z_p - z_q| < \epsilon$$

が成り立つときにいう．任意の $z \in \mathbb{C}$ に対して成り立つ不等式

$$\max(|\operatorname{Re} z|, |\operatorname{Im} z|) \le |z| \le |\operatorname{Re} z| + |\operatorname{Im} z| \tag{1.3}$$

より，$\{z_n\}$ が $\mathbb{C}$ のコーシー列であるのは，2つの実数列 $\{\operatorname{Re} z_n\}, \{\operatorname{Im} z_n\}$ がともに $\mathbb{R}$ のコーシー列であるときに限る．実数体 $\mathbb{R}$ は**完備**[3]であるから，絶対値から誘導される距離 $d(z,w) = |z-w|$ に関して $\mathbb{C}$ は完備である．よって任意のコーシー列は収束する．収束する列を**収束列**という．収束列は有界列である．特に 0 に収束する列を**零列**という．複素級数

$$\sum_{n=0}^{\infty} z_n \tag{1.4}$$

が収束するとは，その第 n 部分和 $s_n = z_0 + z_1 + \cdots + z_n$ が収束するときにいう．つまり，任意の $\epsilon > 0$ に応じて番号 N がとれて，$p \ge q > N$ ならば

---

[3] X 内のすべてのコーシー列が収束するとき X は完備であるという．

$$|z_q + z_{q+1} + \cdots + z_p| < \epsilon$$

が成り立つときに (1.4) は収束するという．不等式 (1.3) より，(1.4) が収束するのは 2 つの実級数

$$\sum_{n=0}^{\infty} \text{Re}\, z_n \quad \text{と} \quad \sum_{n=0}^{\infty} \text{Im}\, z_n$$

がともに収束するときに限る．級数 (1.4) が収束すれば $\{z_n\}$ は零列である．

級数 (1.4) が**絶対収束**するとは

$$\sum_{n=0}^{\infty} |z_n| < \infty$$

が成り立つときにいう．絶対収束する級数は収束し，加える順序をどのように変えても和は不変である．

[例題] すべての n で $|z_n - 1| \leq 1$ が成り立つとき，$\sum_{n=0}^{\infty} z_n$ が収束すれば $\sum_{n=0}^{\infty} z_n^2$ は絶対収束することを示せ．

[解] 各 n に対して $|z_n - 1| \leq 1$ より $|z_n|^2 = (\text{Re}\, z_n)^2 + (\text{Im}\, z_n)^2 \leq 2\,\text{Re}\, z_n$ が成り立ち，右辺を一般項とする級数は仮定より収束する．∎

1.3　複素数値の関数

区間 I で定義された 2 つの実関数 $x(t)$ と $y(t)$ に対して

$$z(t) = x(t) + iy(t)$$

は複素数値をとる I 上の関数である．特に $\cos t + i \sin t$ は頻繁に登場する重要な関数で，これを e^{it} あるいは $\exp(it)$ と略記する．6.1 節で指数関数を導入するまでは e^{it} を指数関数とは考えないが，指数関数としての性質は容易に導くことができる．例えば，任意の実数 s, t に対して

$$\begin{aligned} e^{i(s+t)} &= \cos(s+t) + i\sin(s+t) \\ &= (\cos s + i\sin s)(\cos t + i\sin t) = e^{is} e^{it} \end{aligned}$$

となる．すなわち，3 角関数の加法定理は e^{it} の指数法則に他ならない．また，すべての t に対して $|e^{it}| = 1$ であり，$\overline{e^{it}} = e^{-it} = 1/e^{it}$ が成り立つ．

第1章 複素数

I の内点 t_0 で $x(t), y(t)$ がともに微分可能ならば，極限

$$\lim_{h \to 0} \frac{z(t_0 + h) - z(t_0)}{h}$$

が存在して $x'(t_0) + iy'(t_0)$ に一致する．したがって $z(t)$ の微分は実部と虚部ごとに微分すればよい．特に $\overline{z(t)}' = x'(t_0) - iy'(t_0) = \overline{z'(t)}$ が成り立つ．

しかし微分積分学の重要な基本定理である平均値の定理は，複素数値をとる関数に対しては一般には成立しない．例えば $z(t) = e^{it}$ は $z(0) = z(2\pi)$ を満たすが，$|z'(t)| = |ie^{it}| = 1$ であるから $z'(t) = 0$ を満たす t は存在しない．

次に $x(t), y(t)$ をともに区間 $[a, b]$ でリーマン積分可能な関数とする．$[a, b]$ の分割 $\Delta : a = t_0 < t_1 < \cdots < t_n = b$ に対する $z(t) = x(t) + iy(t)$ のリーマン和

$$\sum_{k=1}^{n} z(\xi_k)(t_k - t_{k-1}), \quad \xi_k \in [t_{k-1}, t_k]$$

は，分割の幅 $|\Delta| = \max(t_k - t_{k-1})$ を限りなく小さくしていくとき，分割と分点 $\{\xi_k\}$ の選び方に依らず，その実部と虚部はそれぞれ $x(t)$ と $y(t)$ の積分値に収束し，

$$\int_a^b z(t)\,dt = \int_a^b x(t)\,dt + i\int_a^b y(t)\,dt$$

が成り立つ．つまり $z(t)$ の積分は実部と虚部ごとに積分すればよい．特に

$$\overline{\int_a^b z(t)\,dt} = \int_a^b \overline{z(t)}\,dt$$

が成り立つ．また，任意の整数 n に対して

$$\int_0^1 e^{2\pi i n t}\,dt = \begin{cases} 1 & (n = 0) \\ 0 & (n \neq 0) \end{cases}$$

となる．不等式に関しても，実関数と同様に

$$\left|\int_a^b z(t)\,dt\right| \leq \limsup_{|\Delta| \to 0} \sum_{k=1}^{n} |z(\xi_k)|(t_k - t_{k-1}) = \int_a^b |z(t)|\,dt$$

が成り立つ．また $z(t), w(t)$ を区間 $[a, b]$ 上の複素数値をとるリーマン積分可能な関数とし，2つの複素数列

1.3 複素数値の関数

$$z_k = z(\xi_k)(t_k - t_{k-1})^{1/2}, \quad w_k = w(\xi_k)(t_k - t_{k-1})^{1/2}$$

に対して (1.2) を適用し分割を細かくしていけば，(関数の) コーシー-シュヴァルツの不等式

$$\left|\int_a^b z(t)w(t)\,dt\right|^2 \le \left(\int_a^b |z(t)|^2\,dt\right)\left(\int_a^b |w(t)|^2\,dt\right)$$

が導かれる．数列の場合と同様に，実関数のコーシー-シュヴァルツの不等式からも容易に導くことができる．

区間 I 上の連続関数 $z(t)$ が**区分的になめらか**であるとは，I を有限個に分割すれば各小区間の内部において $z(t)$ が連続な導関数をもち，その端点において有限な片側微係数をもつときにいう．複素数値の関数に対しては一般に平均値の定理が成り立たないことを述べたが，次の命題はその代用として役に立つ．

命題 1.1 区間 $[a,b]$ で区分的になめらかな $z(t)$ に対して

$$|z(b) - z(a)| \le |z'(\xi)|(b - a)$$

を満たす点 $\xi \in (a,b)$ が存在する．

[証明] $[a,b]$ の分割を $a = c_0 < c_1 < \cdots < c_n = b$ とし，各 $[c_{k-1}, c_k]$ において $z(t)$ は C^1 級であるとする．このとき $|z'(t)|$ は実数値の連続関数であるから

$$|z(c_k) - z(c_{k-1})| = \left|\int_{c_{k-1}}^{c_k} z'(t)\,dt\right|$$

$$\le \int_{c_{k-1}}^{c_k} |z'(t)|\,dt = |z'(\xi_k)|(c_k - c_{k-1})$$

を満たす ξ_k が (c_{k-1}, c_k) 内に存在する．ゆえに

$$|z(b) - z(a)| \le \sum_{k=1}^n |z(c_k) - z(c_{k-1})| \le |z'(\xi)|(b - a).$$

ただし $|z'(\xi_1)|, \cdots, |z'(\xi_n)|$ の中で最大値を達成する ξ_k を ξ とする．□

演習問題

1. 級数 $\sum_{n=1}^{\infty} z_n, \sum_{n=1}^{\infty} z_n^2$ はともに収束するが，$\sum_{n=1}^{\infty} |z_n|^2$ が発散するような例を作れ．

2. コーシー-シュヴァルツの不等式は，内積
$$\langle z, w \rangle = \sum_{k=1}^{n} z_k \overline{w_k}, \quad z, w \in \mathbb{C}^n$$
を使うと $|\langle z, \overline{w} \rangle|^2 \leq \langle z, z \rangle \langle w, w \rangle$ と表せる．これを内積の性質から導け．

3. 区間 $[a, b]$ 上の連続関数 $z(t)$ が
$$\left| \int_a^b z(t)\, dt \right| = \int_a^b |z(t)|\, dt$$
を満たすとする．このとき 0 ではない複素定数 α と非負の値をとる連続な実関数 $f(t)$ が存在して，$z(t) = \alpha f(t)$ と表せることを示せ．

4. コーシー-シュヴァルツの不等式より次の不等式を導け．
$$\left(\int_a^b |z(t) + w(t)|^2\, dt \right)^{1/2} \leq \left(\int_a^b |z(t)|^2\, dt \right)^{1/2} + \left(\int_a^b |w(t)|^2\, dt \right)^{1/2}$$
これを**ミンコフスキの不等式**という．

5. 区間 $[0, 1]$ 上の連続関数 $z(t)$ に対して $c_n = \int_0^1 z(t) e^{-2\pi i n t}\, dt$ を $z(t)$ の**フーリエ係数**という．次の**ベッセルの不等式**が成り立つことを示せ．
$$\sum_{n=-\infty}^{\infty} |c_n|^2 \leq \int_0^1 |z(t)|^2\, dt$$

6. $|s - t| \leq \pi$ を満たす任意の実数 $s \neq t$ に対して次の不等式が成り立つことを示せ．
$$\frac{2}{\pi} |s - t| \leq |e^{is} - e^{it}| \leq |s - t|$$

第 2 章
複 素 平 面

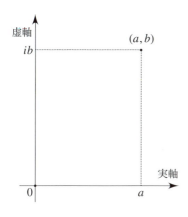

　前節において複素数 $a+ib$ を2つの実数の対 (a,b) として定義できることを述べた．複素数 $a+ib$ を平面 $\mathbb{R}^2$ の直交座標における点 (a,b) と同一視することは自然であるだけでなく，平面の初等幾何学に通じた着想や理解が得られる点で大変有用である．これを**複素平面**あるいは**ガウス平面**といい，横軸を**実軸**，たて軸を**虚軸**という．2点 $z=a+ib$ と $w=c+id$ の距離は $|z-w|=\sqrt{(a-c)^2+(b-d)^2}$ で与えられる．これは平面におけるユークリッドの距離に他ならない．

2.1 複 素 関 数

　複素平面内の領域 D の各点 z に対して一意的に $f(z)\in\mathbb{C}$ が対応しているとき，この $f(z)$ を D 上の複素関数という．いま $z,f(z)$ をそれぞれ実部と虚部に分けて $z=x+iy, f(z)=u+iv$ と表せば，u,v は各点 (x,y) ごとに定まるから D 上の2変数実関数 $u(x,y),v(x,y)$ である．すなわち，複素平面で考えれば複素関数 $f(z)$ は D から平面 $\mathbb{R}^2$ への写像

$$\begin{cases} X=u(x,y) \\ Y=v(x,y) \end{cases}$$

を定める．微分積分学では，実関数 $y=f(x)$ を理解するために，そのグラフ $\{(x,y)\,|\,y=f(x)\}$ を用いたが，複素関数の場合は $\{(z,w)\,|\,w=f(z)\}$ が4次元の集合となるため，それを描いて理解することは容易ではない．それゆえ D 内の簡単な図形がどのように曲がったりねじれて写るのかを調べることが，複素

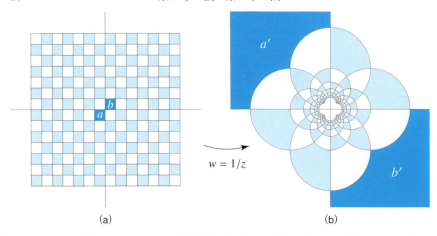

図 2.1 関数 $w = 1/z$ は(a)の市松模様を(b)に写す．(a)の原点に穴を開け，そこを引っ張って裏返しに無限に拡大し，さらに実軸に関して上下を180°反転する．この写像のヤコビ行列式は $(x^2 + y^2)^{-2} > 0$ であるから，裏返さない写像である．原点を頂点にもつ小正方形領域 a, b はそれぞれ無限領域 a', b' に写る．

関数を理解する有力な手段となる．このとき簡単な図形としては，両軸と平行な格子状の直線群や原点中心の同心円群をとることが多い．図形が図形に対応するという意味で，関数のことを変換ともいう．複素共役は実軸に関する対称変換である．

例えば，$z \neq 0$ にその逆数を対応させる関数 $f(z) = 1/z$ は，原点を除く平面上の写像

$$u(x, y) = \frac{x}{x^2 + y^2}, \quad v(x, y) = \frac{-y}{x^2 + y^2}$$

を定める．図2.1に示した $w = 1/z$ の変換の様子は実関数 $y = 1/x$ のグラフのイメージとは程遠いのではないだろうか．

基本的な形の領域には名前をつけておくと便利である．まず点 $\alpha \in \mathbb{C}$ を中心とする半径 r の円の内部は $\{z \in \mathbb{C} \mid |z - \alpha| < r\}$ と表せる．これを略して**円板** $|z - \alpha| < r$ という．2つの正数 $r_1 < r_2$ に対して $r_1 < |z - \alpha| < r_2$ はドーナツ状の領域を表す．これを**円環領域**という．また $0 < |z - \alpha| < r$ を円板から中心点 α を除いた**穴あき領域**という．例えば $f(z) = 1/z$ は穴あき領域 $\mathbb{C} \setminus \{0\}$ で定義された関数である．穴あき領域 $0 < |z| < r$ は変換 $w = 1/z$ によって円の外部

$|w| > 1/r$ に写る．これをを**円外領域**という．

実軸の上側部分 $\{z \in \mathbb{C} \mid \operatorname{Im} z > 0\}$ を略して**上半平面** $\operatorname{Im} z > 0$ といい，下側部分を**下半平面** $\operatorname{Im} z < 0$ という．一般に，ある直線の片側にある無限領域を**半平面**という．点 $\alpha \in \mathbb{C}$ を通る θ 方向の直線は $z = \alpha + e^{i\theta}t, t \in \mathbb{R}$ と表せるから，この直線上の点が t の増加とともに左側に見る半平面は

$$\operatorname{Im} \frac{z - \alpha}{e^{i\theta}} > 0$$

と表される．上半平面は $\alpha = \theta = 0$，下半平面は $\alpha = 0, \theta = \pi$ の場合にあたる．

関数 $f(z)$ が点 $z_0 \in D$ において連続であるとは，任意の $\epsilon > 0$ に応じて正数 δ がとれて，円板 $|z - z_0| < \delta$ 上で $|f(z) - f(z_0)| < \epsilon$ が成り立つときにいう．複素平面で考えれば，$f(z)$ が点 $z_0 = x_0 + iy_0$ で連続であるのは 2 つの実関数 $u(x, y), v(x, y)$ がともに点 (x_0, y_0) において連続であるときに限る．特に，$f(z)$ が D で連続ならば，D 内の空でない任意のコンパクト集合 K 上で $f(z)$ は一様連続であり，実関数 $|f(z)|$ は K において最大値および最小値を達成する．

2.2 極形式

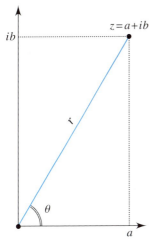

図 2.2 偏角 θ と絶対値 r.

任意の $z \neq 0$ に対して，点 z と原点を結ぶ線分の長さは $r = |z|$ である．その線分が正の実軸から反時計まわりになす角度 θ（単位はラジアン）を z の**偏角**といい $\arg z$ で表す．ただし $\arg z$ は**多価関数**である．すなわち，z から一意的に値が定まるのではなく，その値域に何らかの制限を加えることで，とりうる複数個の値の中から一意的に値が定まるという意味での関数である．つまり，原点のまわりを何回かぐるぐるまわってから測った角度をすべて z の偏角という．よって $\arg z$ のとりうる値の間には常に 2π の整数倍の

差があり，z の任意の2つの偏角 θ_1, θ_2 に対して $\theta_1 \equiv \theta_2 \pmod{2\pi}$ が成り立つ．これに対して，一意的に値を対応させる通常の関数を **1価関数** といって区別する．本書では，多価関数の値域に何らかの制限を加えて1価関数を定めることを **1価化** するという．特に $[-\pi, \pi)$ の範囲で一意的に定まる偏角を $\arg z$ の **主値** といい $\mathrm{Arg}\, z$ で表す．非負の実軸部分は1価関数 $\mathrm{Arg}\, z$ の不連続点となるが，明らかにこれは偏角本来の不連続性ではなく，1価化の都合による人為的なものにすぎない．前ページの図 2.2 から明らかなように z と r, θ の間には

$$\mathrm{Re}\, z = a = r\cos\theta,$$
$$\mathrm{Im}\, z = b = r\sin\theta,$$
$$\arg z \equiv \theta \equiv \arctan \frac{b}{a} \pmod{2\pi}$$

という関係がある．したがって，任意の $z \neq 0$ は

$$z = r(\cos\theta + i\sin\theta) = re^{i\theta}$$

と表すことができる．これを z の **極形式** という．これは複素平面の極座標表示に他ならない．本書では原点における極形式を定めない．

次に極形式による乗算を考えよう．2つ複素数 $z, w \neq 0$ を極形式で表して

$$z = re^{i\theta}, \quad w = Re^{i\eta}$$

とする．複素数値をとる関数 e^{it} は，すでに見ているように指数法則を満たすことから，

$$zw = re^{i\theta} \cdot Re^{i\eta} = rRe^{i(\theta+\eta)}$$

となる．したがって複素数の積は絶対値の積と偏角の和に帰着する．もし複素平面に z と w が図示されていれば，それらの座標を読み取って複素数の積を計算するまでもなく，原点からの距離の積と偏角の和から zw のおおよその位置を知ることができる．同様に商に関しても

$$\frac{z}{w} = \frac{re^{i\theta}}{Re^{i\eta}} = \frac{r}{R}e^{i(\theta-\eta)}$$

となる．よって偏角 $\arg$ は対数関数に似た次のような性質をもつ．

(a) $\arg(zw) \equiv \arg z + \arg w \pmod{2\pi}$
(b) $\arg(z^{-1}) \equiv -\arg z \pmod{2\pi}$

2.2 極形式

例題 $0 < \theta < 2\pi$ のとき $1 - e^{i\theta}$ の偏角を求めよ．

解 $1 - e^{i\theta} = 2\sin(\theta/2)e^{i(\theta-\pi)/2}$ および $\sin(\theta/2) > 0$ より，
$$\arg(1 - e^{i\theta}) \equiv \frac{\theta - \pi}{2} \pmod{2\pi}.$$
なお一般の $\theta \not\equiv 0 \pmod{2\pi}$ に対しては，右辺の θ を，$\theta \equiv \theta_0 \pmod{2\pi}, 0 < \theta_0 < 2\pi$ なる θ_0 で置き換えればよい． ■

偏角を用いると，複素平面において端点で交わる 2 本の線分のなす角度を表すことができる．

例題 相異なる 3 つの複素数 α, β, γ に対して，β と γ を結ぶ線分から反時計まわりに測った α と β を結ぶ線分とのなす角 θ を求めよ（図 2.3）．

解 $\alpha - \beta = re^{i\eta}, \gamma - \beta = Re^{i\omega}$ とおくと $\theta \equiv \eta - \omega \pmod{2\pi}$ である．ゆえに
$$\theta \equiv \arg\left(\frac{\alpha - \beta}{\gamma - \beta}\right) \pmod{2\pi}.$$

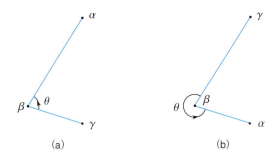

図 2.3 (a) では $\theta = \angle\alpha\beta\gamma$ であるが，(b) では $\theta = 2\pi - \angle\alpha\beta\gamma$ である．

$\arg z \equiv 0 \pmod{\pi}$ と $z \in \mathbb{R} \setminus \{0\}$ は同値であるから，上の例題の直接の帰結として，複素平面における相異なる 3 点 α, β, γ が同一直線上にあるのは $(\alpha - \beta)/(\gamma - \beta)$ が実数であるときに限ることが従う．

例題 相異なる 4 点 $\alpha, \beta, \gamma, \delta$ が同一直線上あるいは同一円上にあるのは
$$\frac{(\alpha - \gamma)(\beta - \delta)}{(\alpha - \delta)(\beta - \gamma)} \tag{2.1}$$
が実数であるときに限ることを示せ．

[解] 3 点 α, β, γ が同一直線上にあるとき $(\alpha - \gamma)/(\beta - \gamma)$ は実数となる．よって (2.1) が実数であることは $(\beta - \delta)/(\alpha - \delta) \in \mathbb{R}$ と，したがって α, β, δ が同一直線上にあることと同値である．次に，どの 3 点も同一直線上にないとき，

$$z = \frac{\gamma - \alpha}{\delta - \alpha}, \quad w = \frac{\delta - \beta}{\gamma - \beta}$$

とおく．性質(a)より (2.1) が実数であることと $\arg z + \arg w \equiv 0 \pmod{\pi}$ は同値である．もし $\alpha, \gamma, \beta, \delta, \alpha$ を順に線分で結んだ図形が 4 角形をなせば，$\arg z + \arg w \equiv 0 \pmod{\pi}$ は向かい合う内角の和が π であることを意味する (図 2.4 (a))．また，リボンのような図形 ⋈ をなせば，$\arg z + \arg w \equiv 0 \pmod{\pi}$ は 2 つの円周角が等しいことを意味する (図 2.4 (b))．したがって (2.1) が実数であることと 4 点が同一円上にあることとは同値である．■

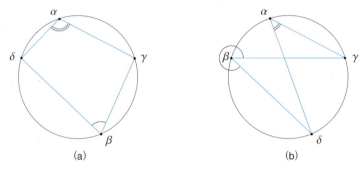

図 2.4　(a) $\arg z = \angle \gamma \alpha \delta$, $\arg w = \angle \gamma \beta \delta$ より 2 つの角度の和は π である．
(b) $\arg w = 2\pi - \angle \gamma \beta \delta$ であるから，$\angle \gamma \alpha \delta \equiv \angle \gamma \beta \delta \pmod{\pi}$ より 2 つの角度は等しい．

2.3　2 項方程式

極形式の積および商の公式から

$$z^n = r^n e^{in\theta} = r^n(\cos n\theta + i \sin n\theta)$$

がすべての $n \in \mathbb{Z}$ に対して成り立つ[1]．この応用として，複素定数 $\alpha \neq 0$ に対する単純な代数方程式 $z^n = \alpha$ を解くことができる．この形の代数方程式を **2 項方程式** という．実際，α の極形式を $re^{i\varphi}$ とすれば，方程式 $z^n = \alpha$ のすべて

---

[1] $r = 1$ のときを **ド・モアブルの公式** という．

2.3　2項方程式

の解は
$$z_k = \sqrt[n]{r} \exp\left(i\frac{\theta + 2k\pi}{n}\right), \quad 0 \leq k < n$$

という n 個の複素数で与えられる．これは α の n 乗根の公式である．特に 1 の n 乗根

$$\zeta_k = \exp\left(2\pi i \frac{k}{n}\right), \quad 0 \leq k < n$$

は重要である．複素平面において n 個の点 $\zeta_0, \zeta_1, \cdots, \zeta_{n-1}$ は単位円上に等間隔に並び，隣同士を線分で結べば円に内接する正 n 角形を作る．$n \geq 2$ のとき，1 の n 乗根の中で，n より小さいいかなる m に対しても 1 の m 乗根にならないものを**原始 n 乗根**という．ζ_k が 1 の原始 n 乗根であることと，k と n が互いに素であることとは同値である．1 の原始 n 乗根のなす集合を G_n とすれば，始めのいくつかは

$$G_2 = \{-1\}$$
$$G_3 = \left\{\frac{-1 \pm i\sqrt{3}}{2}\right\}$$
$$G_4 = \{\pm i\}$$
$$G_5 = \left\{\frac{-1 + \sqrt{5} \pm i\sqrt{10 + 2\sqrt{5}}}{4}, \frac{-1 - \sqrt{5} \pm i\sqrt{10 - 2\sqrt{5}}}{4}\right\}$$
$$G_6 = \left\{\frac{1 \pm \sqrt{3}}{2}\right\}$$

となる．G_n の元が満たす最小次数の（最高次係数を 1 とする）整係数多項式 $\Phi_n(z)$ を**円分多項式**という．例えば，

$$\Phi_2(z) = z + 1$$
$$\Phi_3(z) = z^2 + z + 1$$
$$\Phi_4(z) = z^2 + 1$$
$$\Phi_5(z) = z^4 + z^3 + z^2 + z + 1$$
$$\Phi_6(z) = z^2 - z + 1$$

となる．円分多項式の係数は $-1, 0, 1$ だけではない．それ以外の係数が登場す

る最初のものは $\Phi_{105}(z)$ であり，実際 z^7 と z^{41} の係数が -2 である[2]．

例題 1 の原始 $2n$ 乗根 $\zeta = e^{\pi i/n}$ を使って次の等式を示せ．

$$\prod_{k=1}^{n-1} \sin \frac{k\pi}{2n} = \frac{\sqrt{n}}{2^{n-1}}$$

解 2項方程式 $z^{2n} = 1$ の $2n$ 個の解は $\zeta^k, k = 0, \cdots, 2n-1$ であるから，

$$z^{2n} - 1 = \prod_{k=0}^{2n-1} (z - \zeta^k)$$

と因数分解される．このうち $k = 0, n$ に対応する因数をくくり出して

$$\frac{z^{2n} - 1}{z^2 - 1} = \prod_{k=1}^{n-1} (z - \zeta^k)(z - \zeta^{-k}) = \prod_{k=1}^{n-1} \left(z^2 - 2\cos \frac{k\pi}{n} z + 1 \right)$$

と変形する．極限 $z \to 1$ をとれば，

$$n = 2^{n-1} \prod_{k=1}^{n-1} \left(1 - \cos \frac{k\pi}{n} \right) = 4^{n-1} \prod_{k=1}^{n-1} \sin^2 \frac{k\pi}{2n}. \qquad\blacksquare$$

2.4 パラメータ曲線

区間 $[a, b]$ 上の複素数値をとる連続関数 $z(t) = x(t) + iy(t)$ は，t が a から b まで変動するとき，複素平面に連続な曲線

$$C = \{(z(t), y(t)) \mid a \leq t \leq b\}$$

を描く．これを**パラメータ曲線**という．連続なパラメータ曲線のことを（円弧に限らず）**弧**ともいう．$z(a)$ をこのパラメータ曲線の**始点**，$z(b)$ を**終点**という．同じ始点と終点をもち同一の集合 $z([a, b])$ を描く関数 $z(t)$ は無数に存在するが，$z(t)$ が異なれば対応するパラメータ曲線も異なると考える．特に C は t の増加する方向に「向き」をもつ．例えば，

$$z_1(t) = x(a + b - t) + iy(a + b - t), \quad a \leq t \leq b$$

は同じ曲線を逆向きに描くパラメータ曲線の一例である．このように，C を集合と見るときは単に曲線とよび，$z(t)$ を考えるときはパラメータ曲線と呼ぶ．

---

[2] 105 は異なる 3 つの奇素数の積の中で最小のものであることに注意．

2.4 パラメータ曲線

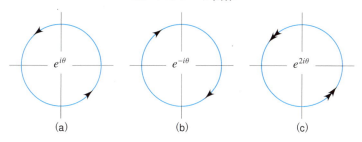

図 2.5 パラメータ t が 0 から 2π まで動くとき，いずれも単位円 $|z| = 1$ を像にもつ閉曲線で，(a)と(b)は単純曲線である．(c)は単位円を2回転するので単純曲線ではない．

パラメータ曲線 C が**単純曲線**であるとは，$s < t$ がともに端点でない限り $z(s) \neq z(t)$ が成り立つときにいう．一般に $z(a) = z(b)$ が成り立つとき**閉曲線**[3]という．例えば，$z(t) = e^{i\theta}, 0 \leq \theta \leq 2\pi$ は単位円 $|z| = 1$ の上を反時計まわりに 1 から出発して 1 に戻る閉曲線を描く（図2.5）．これらはパラメータ曲線の分類であって，平面の曲線を分類するものではない．

C が描く曲線を含む領域で連続な関数 $f(z)$ に対して，合成関数 $f \circ z(t)$ の描くパラメータ曲線を f によって変換されたパラメータ曲線という．単純曲線を変換しても単純になるとは限らないが，閉曲線の変換は常に閉曲線である．

与えられたパラメータ曲線 $z(t) = x(t) + iy(t)$ に対して，$z(t) \neq 0$ のとき，それを極形式で表して

$$z(t) = r(t)e^{i\theta(t)}$$

とおく．$z(t_0) = 0$ のとき $r(t_0) = 0$ と定めれば $r(t) = \sqrt{x^2(t) + y^2(t)}$ は常に t に関して連続である．しかし $\theta(t_0)$ をどのように定めても $\theta(t)$ は t_0 で不連続になる場合がある．例えば，原点を通る線分を描く $z(t) = e^{i\alpha}t, -1 \leq t \leq 1$ は $0 < t \leq 1$ において

$$\theta(t) - \theta(-t) \equiv \pi \pmod{2\pi}$$

を満たし，原点は第1種不連続点である．しかし原点を通らないパラメータ曲線は連続な偏角 $\theta(t)$ をもつことができる．

---
[3] 単純曲線を**ジョルダン弧**，単純閉曲線を**ジョルダン曲線**ともいう．なめらかな曲線を想像しがちであるが，ルベーグ，オズグッド，クノップ達は正の2次元ルベーグ測度をもつジョルダン曲線を構成した．このような特異曲線の構成には自己相似性がしばしば用いられる．

命題 2.1 区間 $[a,b]$ から $\mathbb{C}\setminus\{0\}$ への連続関数 $z(t)$ は，正値をとる連続な実関数 $r(t)$ と連続な実関数 $\theta(t)$ を用いて $z(t) = r(t)e^{i\theta(t)}$ と表すことができる．

証明 連続な偏角 $\theta(t)$ を構成する．各 $\tau \in [a,b]$ を固定するごとに，$\arg z(t)$ が I_τ 上で連続になるような $\arg$ の 1 価化と τ の開区間 I_τ が存在する．例えば

$$\operatorname{Arg} z(\tau) - \pi < \theta < \operatorname{Arg} z(\tau) + \pi$$

の範囲の偏角を採用すればよい．この偏角を $\arg_\tau$ と書く．$\bigcup_{a \leq \tau \leq b} I_\tau$ は $[a,b]$ の開被覆をなし，$[a,b]$ はコンパクト集合であるから有限個の I_τ たちで覆われる．互いに交わるその ような 2 つの区間 $I_\tau, I_{\tau'}$ において，$I_\tau \cap I_{\tau'}$ 上で

$$\arg_{\tau'} z(t) = \arg_\tau z(t) + 2k(t)\pi, \quad k(t) \in \mathbb{Z}$$

と表せる．よって $k(t)$ は $I_\tau \cap I_{\tau'}$ 上で連続であり，一定値 k_0 をとる．ゆえに

$$\theta(t) = \begin{cases} \arg_\tau z(t) + 2k_0\pi & (t \in I_\tau) \\ \arg_{\tau'} z(t) & (t \in I_{\tau'} \setminus I_\tau) \end{cases}$$

は $I_\tau \cup I_{\tau'}$ 上の連続な偏角である．この操作を有限回繰り返せば，求める連続関数 $\theta(t)$ を構成することができる．□

注意 この命題において，もし $z(t)$ が区分的になめらかであれば，$r(t) = \sqrt{x^2(t) + y^2(t)}$ も明らかに区分的になめらかである．さらに，局所的に

$$\theta(t) = \arctan \frac{y(t)}{x(t)}$$

と表せるから，$\theta(t)$ は有限個の点を除いて微分可能であって，

$$\theta'(t) = \frac{x(t)y'(t) - x'(t)y(t)}{x^2(t) + y^2(t)}$$

が成り立ち，$\theta(t)$ も区分的になめらかになる．

区間 $[a,b]$ から $\mathbb{C}\setminus\{\zeta\}$ への連続関数 $z(t) = \zeta + r(t)e^{i\theta(t)}$ が閉曲線を描くとき，偏角の増加量 $\theta(b) - \theta(a)$ は 2π の整数倍の値をとる．このとき

$$\frac{\theta(b) - \theta(a)}{2\pi}$$

なる整数値は点 ζ のまわりを C が何回転しているのかを表す量である．これをパラメータ曲線 C の点 ζ のまわりの**回転数**といい，記号 $n(\zeta; C)$ で表す．命題2.1のいう連続な偏角 $\theta(t)$ は一意的ではないが，別の連続な偏角 $\tilde{\theta}(t)$ に対して $\tilde{\theta}(t) = \theta(t) + 2\pi k(t), k(t) \in \mathbb{Z}$ と表せる．$k(t)$ は連続であるから定数であり，したがって

$$\theta(b) - \theta(a) = \tilde{\theta}(b) - \tilde{\theta}(a)$$

が成り立ち，回転数は $\theta(t)$ の選び方に依存しない．定義からただちに，$z(t)$ と $z(t)/|z(t)|$ の回転数は等しい．

例題 $a, b > 0$ を定数とする．点 $(a, 0)$ から出発し，xy 平面の楕円 $(x/a)^2 + (y/b)^2 = 1$ に沿って反時計まわりに一周するパラメータ曲線を極形式で表せ．

解 この楕円と直線 $y = (\tan t)x$ との交点を求め，その点と原点との距離を計算して $r(t)$ を定めると，題意を満たす1つのパラメータ曲線として

$$z(t) = \left(\frac{\cos^2 t}{a^2} + \frac{\sin^2 t}{b^2} \right)^{-1/2} e^{it}, \quad 0 \leq t \leq 2\pi$$

を得る．■

演習問題

7. 複素平面の任意の直線は，2つの実パラメータ θ, c を用いて $\mathrm{Re}(e^{i\theta}z) + c = 0$ と表せることを示せ．

8. 固定した2点からの距離の比が一定になる点の軌跡は円である（**アポロニウスの円**）．これを複素数を使って示せ．

9. 正方形領域 $\max(|\mathrm{Re}\, z|, |\mathrm{Im}\, z|) < 1$ を $|z|$ と $\arg z$ を使って表せ．

10. ガウス整数を頂点にもつ正3角形は存在しないことを示せ．

11. 異なる3点 α, β, γ を頂点にもつ3角形が正3角形であることと

$$\alpha^2 + \beta^2 + \gamma^2 = \alpha\beta + \beta\gamma + \gamma\alpha$$

が成り立つこととは同値であることを示せ．

12. 任意の実数 $\theta, \omega, \sigma, \tau$ に対して，分母が 0 でない限り
$$\frac{(e^{i\theta} - e^{i\omega})(e^{i\sigma} - e^{i\tau})}{(e^{i\theta} - e^{i\sigma})(e^{i\omega} - e^{i\tau})}$$
は実数であることを示せ．

13. $\mathbb{N} \cup \{0\}$ 上で定義された複素数値関数 $f(x)$ に対して
$$F(t) = \sum_{x=0}^{n-1} f(x) \exp\left(-2\pi i \frac{tx}{n}\right)$$
を f の **離散フーリエ変換** という．離散化された信号の周波数解析に用いられる．n は任意の自然数で，$x = 0, 1, \cdots, n-1$ を **標本点** という．このとき
$$f(x) = \frac{1}{n} \sum_{t=0}^{n-1} F(t) \exp\left(2\pi i \frac{xt}{n}\right)$$
が成り立つことを示せ．

14. 穴あき領域 $0 < |z| < 2$ において定義された連続関数
$$f(z) = \frac{z^2(z - \bar{z})}{z^4 + (z - \bar{z})^2}$$
を考える．原点における $f(z)$ の連続性に関する次の推論の誤りを指摘せよ．

> $z = re^{i\theta}$ とおくと
> $$f(re^{i\theta}) = \frac{2ire^{2i\theta} \sin\theta}{r^4 e^{4i\theta} - 4\sin^2\theta}$$
> である．$\sin\theta = 0$ のときは $f(\pm r) = 0$ であり，$\sin\theta \neq 0$ ならば上式の右辺は $r \to 0$ のとき 0 に収束する．$z \to 0$ と $r \to 0$ は同値であるから，$f(0) = 0$ と定義すれば $f(z)$ は原点において連続な関数である．

15. 領域 D 上の連続関数 $f(z)$ が $|f(z)| < 1$ を満たすとき $\text{Arg}(1 + f(z))$ も D 上の連続関数であることを示せ．

第3章
複 素 球 面

　複素数を球面上の点とみなすことにより無限遠点が自然に導入され，半平面や円領域の変換を統一的に扱うことができる．ただし，無限に広がる複素平面を，いわば無理やりにコンパクトな球面に圧縮する変換であるから，コンパクトな集合でのみ成り立つ関数の性質を論じるときは注意する必要がある．

　微分積分学における無限大 ∞ は極限の状態を表す記号であって，数や点を表すものではない．形式的に拡張された実数として数のように扱うことはあっても，あくまでも極限に関する記述を簡素化するための便宜上の記号として導入される．これに対して，複素関数論における無限遠点は（同じ記号 ∞ を用いるが），拡張された複素数であるばかりでなく，関数が定義できる「点」としての役割も担うものである．

3.1　立 体 射 影

　3次元空間 $\mathbb{R}^3$ における原点 $O = (0,0,0)$ を中心とする半径 1 の球面を Σ とする．Σ を地球儀の表面に例えれば，北極点 N は点 $(0,0,1)$ にあたり，南極点 S は点 $(0,0,-1)$ にあたる．xy 平面を複素平面と同一視して点 $z = x + iy$ を $P = (x, y, 0)$ に対応させ，点 N と P を結ぶ直線と球面 Σ との交点のうち N でない方の点の座標を $Q = (\xi, \eta, \zeta)$ とおく（次ページの図 3.1）．こうして $z \in \mathbb{C}$ を球面上の点 Q に対応させる**立体射影** $\Psi : \mathbb{C} \to \Sigma \setminus \{N\}$ が定まる．式で表すと

$$\Psi(z) = \left(\frac{z + \bar{z}}{|z|^2 + 1}, \frac{-i(z - \bar{z})}{|z|^2 + 1}, \frac{|z|^2 - 1}{|z|^2 + 1} \right)$$

である．写像 Ψ は全単射であり，その逆写像 $\Psi^{-1} : \Sigma \setminus \{N\} \to \mathbb{C}$ は

$$\Psi^{-1}(\xi, \eta, \zeta) = \frac{\xi + i\eta}{1 - \zeta}$$

で与えられる．複素平面の原点から伸びる半直線たちは地球儀の経線に写り，

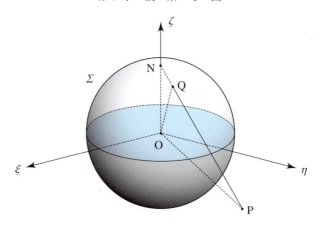

図 3.1 球面 Σ.

原点を中心とする同心円たちは地球儀の緯線に写る．

例題 異なる 2 点 z, w に対して $\Psi(z)$ と $\Psi(w)$ の $\mathbb{R}^3$ における距離を求めよ．

解 z に対応する P, Q に対して，w に対応する点をそれぞれ P′, Q′ とおく．A と B を結ぶ線分の長さを $\overline{\mathrm{AB}}$ で表すと，

$$\overline{\mathrm{NQ}} = \frac{2}{\sqrt{1+|z|^2}}, \quad \overline{\mathrm{NP}} = \sqrt{1+|z|^2}, \quad \overline{\mathrm{NQ'}} = \frac{2}{\sqrt{1+|w|^2}}, \quad \overline{\mathrm{NP'}} = \sqrt{1+|w|^2}$$

であるから，3 角形 NQQ′ と NPP′ において余弦定理より $\overline{\mathrm{QQ'}}$ と $\overline{\mathrm{PP'}} = |z-w|$ の関係が得られる．すなわち

$$\overline{\mathrm{QQ'}} = \frac{2|z-w|}{\sqrt{1+|z|^2}\sqrt{1+|w|^2}}. \quad \blacksquare$$

次に立体射影 Ψ の基本的な性質を 2 つ述べよう．

㋐ xy 平面の円および直線を Σ 上の円に写す．この逆も正しい．

証 xy 平面の円および直線は，$\alpha, \beta, \gamma, \delta$ を実定数として

$$\alpha(x^2+y^2) + \beta x + \gamma y + \delta = 0$$

の形で表される．この式に $x = \dfrac{\xi}{1-\zeta}, y = \dfrac{\eta}{1-\zeta}$ を代入し，$\xi^2 + \eta^2 + \zeta^2 = 1$ を

用いて
$$\beta\xi + \gamma\eta + (\alpha-\delta)\zeta + \delta = 0$$
を得る．これは $\mathbb{R}^3$ 内の平面の方程式であり，球面 Σ との切り口は円である．逆に，与えられた Σ 上の円を含む平面の方程式を $\alpha\xi + \beta\eta + \gamma\zeta + \delta = 0$ とする．これより
$$(\gamma+\delta)(x^2+y^2) + 2\alpha x + 2\beta y + \delta - \gamma = 0$$
となり，これは xy 平面の直線あるいは円を表す．特に xy 平面の直線に対応するのは Σ 上の円が北極点を通るときに限る． ■

[イ] xy 平面における角度と対応する Σ における角度とは相等しい．つまり，立体射影 Ψ は角度を保存する[1]．

[証] xy 平面内の点 $\mathrm{P} = (p_0, p_1, 0)$ を通りこの平面に含まれる直線
$$\{(p_0 + te_0, p_1 + te_1, 0) \mid t \in \mathbb{R}\}$$
を考える．ここで (e_0, e_1) は xy 平面における単位方向ベクトルである．これに対応する Σ 上の座標を $(\xi(t), \eta(\zeta)(t))$ とすれば，$t \to \infty$ のとき
$$\xi(t) = \frac{e_0}{t} + O\!\left(\frac{1}{t^2}\right), \quad \eta(t) = \frac{e_1}{t} + O\!\left(\frac{1}{t^2}\right), \quad \zeta(t) = 1 + O\!\left(\frac{1}{t^2}\right)$$
が成り立つ．よって $(\xi(t), \eta(t), \zeta(t))$ は (e_0, e_1) 方向から北極点 N に近づく．点 P で交差する xy 平面内の 2 本の直線のなす角 ω は，性質 [ア] より Σ 上の北極点における 2 つの円のなす角度に等しい．この 2 つの円の囲む三日月状の図形は 2 つの円の中心と O を通る平面に関して左右対称であり，この 2 つの円のもう一方の交点，すなわち P に対応する Σ 上の点において 2 つの円がなす角度は ω である． ■

領域 D で定義された連続関数 $f(z)$ に対して $\boldsymbol{f} = \Psi \circ f \circ \Psi^{-1}$ は $\Psi(D)$ で定義された $\Sigma \setminus \{\mathrm{N}\}$ への連続写像を定める．また，2 つの関数 f と g の合成が定義できるとき，
$$\boldsymbol{f} \circ \boldsymbol{g} = \Psi \circ f \circ \Psi^{-1} \circ \Psi \circ g \circ \Psi^{-1} = \Psi \circ f \circ g \circ \Psi^{-1}$$
であるから，合成関数 $f \circ g$ が誘導する $\Sigma \setminus \{\mathrm{N}\}$ 上の連続写像は $\boldsymbol{f} \circ \boldsymbol{g}$ で与えら

---

[1] 正角図法としては古くから航海に利用されてきたメルカトル図法が有名である．これは地球儀を赤道で接する円柱に投影して平面に伸ばす図法で，経緯線が直交する平行直線に対応する．メルカトル図法では両極点の付近が無限に引き伸ばされるのに対し，Ψ^{-1} は北極点の付近だけを無限に引き伸ばす．

れる．例えば，穴あき領域 $\mathbb{C}\setminus\{0\}$ で定義された関数 $T(z) = 1/z$ に対しては，

$$T(\xi,\eta,\zeta) = \Psi \circ f\left(\frac{\xi + i\eta}{1-\zeta}\right)$$

$$= \Psi\left(\frac{(1-\zeta)(\xi - i\eta)}{\xi^2 + \eta^2}\right) = (\xi, -\eta, -\zeta)$$

となる．この T は $\Sigma\setminus\{N,S\}$ からそれ自身への写像であり，球面 Σ を ξ 軸のまわりに180°回転する変換に他ならない．しかし，T の定義域から N, S 両極を除外する理由は何もないから，T を Σ 上の180°回転として扱うことは全く自然である．

この北極点 N に対応する(複素平面上の)仮想的な点として**無限遠点** ∞ を導入する．このアイデアの元となる Σ を**複素球面**あるいは**リーマン球面**といい，$\mathbb{C}$ を拡大した複素平面 $\widehat{\mathbb{C}} = \mathbb{C} \cup \{\infty\}$ を球面 Σ と位相を込めて同一視する．すなわち，無限遠点 ∞ の基本近傍系は $\{|z| > r\} \cup \{\infty\}$ の形の集合からなる．特に $z \to \infty$ (無限遠点) と $|z| \to \infty$ (無限大) は同値である．こうして $\widehat{\mathbb{C}}$ においては $1/0 = \infty$ や $1/\infty = 0$ が正当化される．

さらに，円外領域で定義された関数 $f(z)$ の無限遠点の近傍での振舞いを，無限遠点を使って簡潔に表現することができる．例えば「$f(z)$ が無限遠点 ∞ において連続である」ことは，$\mathbb{C}$ の世界では

$$\lim_{|z|\to\infty} f(z) = \alpha \quad \text{あるいは} \quad \lim_{|z|\to\infty} |f(z)| = \infty$$

が成り立つことを意味する(上記の ∞ はすべて無限大)．これらは，また次のように表すことができる．

$$\lim_{z\to 0} f\left(\frac{1}{z}\right) = \alpha \quad \text{あるいは} \quad \lim_{z\to 0} \left|f\left(\frac{1}{z}\right)\right| = \infty$$

すなわち，無限遠点の近傍における $f(z)$ の挙動は合成関数 $f \circ T(z) = f(1/z)$ の $z = 0$ の近傍における挙動に帰着する．球面では T は単なる回転であるから，北極点の近傍を南極点の近傍となるように回転して考えていることに他ならない．また，複素平面の直線は球面では北極点を通る円であるから，直線はすべて半径が無限大の円とみなすことができる．

3.2 有理関数

複素係数をもつ2つの多項式

3.2 有理関数

$$P(z) = a_0 + a_1 z + \cdots + a_m z^m, \quad Q(z) = b_0 + b_1 z + \cdots + b_n z^n \neq 0$$

の比で表される関数 $f(z) = P(z)/Q(z)$ を**有理関数**といい，$\max(m, n)$ を有理関数 $f(z)$ の**次数**という．特に，多項式自体も有理関数である．点 $\alpha \in \mathbb{C}$ が Q の零点であれば，多項式の割算を何回か実行して

$$Q(z) = (z - \alpha)^\ell Q_0(z), \quad Q_0(\alpha) \neq 0$$

の形に表すことができる．零点でないときも $\ell = 0$ とすれば，このように表せる．同様に $P(z) = (z - \alpha)^k P_0(z), P_0(\alpha) \neq 0$ と表すと，

$$f(z) = (z - \alpha)^{k-\ell} f_0(z), \quad f_0(z) = \frac{P_0(z)}{Q_0(z)} \neq 0$$

であるから，$\widehat{\mathbb{C}}$ において

$$\lim_{z \to \alpha} f(z) = \begin{cases} 0 & (k > \ell) \\ f_0(\alpha) & (k = \ell) \\ \infty & (k < \ell) \end{cases}$$

となる．したがって $f(\alpha)$ の値を右辺で定めれば，分母の零点においても $f(z)$ は $\widehat{\mathbb{C}}$ 上の連続関数になる．変換 $w = 1/z$ によって

$$f\left(\frac{1}{w}\right) = \frac{a_m w^n + a_{m-1} w^{n+1} + \cdots + a_0 w^{m+n}}{b_n w^m + b_{n-1} w^{m+1} + \cdots + b_0 w^{m+n}}$$

は w の有理関数であるから，$w = 0$ における値を上述のように定めれば，$f(z)$ は無限遠点 ∞ において連続になる．以上から，有理関数は $\widehat{\mathbb{C}}$ から $\widehat{\mathbb{C}}$ への連続な写像に拡張できる．

特に次数が 1 の有理関数

$$\varphi(z) = \frac{az + b}{cz + d}, \quad \{a, b, c, d\} \subset \mathbb{C}$$

を **1 次分数関数**あるいは**メービウス関数**という．0 次ではないので a, c はともに 0 になることはない．また分母は多項式として 0 ではないので c, d はともに 0 になることはない．さらに分子と分母が約せる場合，つまり共通因数をもつ場合は定数に退化するので除外する．以上をまとめて $ad - bc \neq 0$ を仮定しておく．関数 $w = \varphi(z)$ の逆変換は，1 次分数関数

$$z = \varphi^{-1}(w) = \frac{b - dw}{cw - a}$$

であり，したがって 1 次分数関数 φ は $\widehat{\mathbb{C}}$ からそれ自身への**同相写像**[2]である．言い換えれば，1 次分数関数は複素球面を破ったり重ねたりすることなく同じ球面に重ねる写像である．

相異なる 3 つの複素数 $z_1, z_2, z_3 \in \mathbb{C}$ に対して，1 次分数関数

$$\varphi(z) = \frac{(z - z_2)(z_1 - z_3)}{(z - z_3)(z_1 - z_2)}$$

は，3 点 z_1, z_2, z_3 をそれぞれ $1, 0, \infty$ に写す[3]．本書では $\varphi(z)$ が 3 つの複素パラメータをもつことを強調して，これを $(z|z_1, z_2, z_3)$ と略記する．$(z|z_1, z_2, z_3)$ は各 z_k に関しても 1 次分数関数であるから，この意味でパラメータに無限遠点を許すことができる．例えば z_1 に関する 1 次分数関数と見れば，$z_1 = \infty$ における値は

$$(z|\infty, z_2, z_3) = \frac{z - z_2}{z - z_3}$$

となる．同様にして

$$(z|z_1, \infty, z_3) = \frac{z_1 - z_3}{z - z_3}, \quad (z|z_1, z_2, \infty) = \frac{z - z_2}{z_1 - z_2}$$

となるが，これら 3 つの関数のいずれもが，3 点 z_1, z_2, z_3 をそれぞれ $1, 0, \infty$ に写している．つまり相異なるパラメータ z_1, z_2, z_3 として $\widehat{\mathbb{C}}$ から選ぶことができる．以下に，1 次分数関数の基本性質をいくつか述べよう．

ウ $\widehat{\mathbb{C}}$ の相異なる 3 点 z_1, z_2, z_3 をそれぞれ $1, 0, \infty$ に写す 1 次分数関数は一意的である．

証 そのような 1 次分数関数を $\varphi(z)$ とすると，1 次分数関数どうしの合成関数は 1 次分数関数であるから，$\phi(z) = (\varphi^{-1}(z)|z_1, z_2, z_3)$ は $1, 0, \infty$ をそれぞれ $1, 0, \infty$ に写す 1 次分数関数である．それを

$$\phi(z) = \frac{az + b}{cz + d}$$

---

[2] 写像 $\varphi : X \to Y$ が同相写像であるとは，φ が X において連続かつ全単射であり，さらに逆写像 φ^{-1} も Y において連続であるときにいう．

[3] これを 4 数 z, z_1, z_2, z_3 の**複比**という．2.2 節ですでに登場している．これを表す記号は書物によって様々である．

3.2 有理関数

とおく. $\phi(0) = 0$ より $b = 0$, $\phi(\infty) = \infty$ より $c = 0$, $\phi(1) = 1$ より $a+b = c+d$ を得る. よって $\phi(z)$ は恒等変換であり, $\varphi(z) = (z|z_1,z_2,z_3)$ である. ∎

エ 1次分数関数 $\varphi(z)$ が $\widehat{\mathbb{C}}$ の相異なる4点 z_1,z_2,z_3,z_4 を w_1,w_2,w_3,w_4 にそれぞれ写すとき, $(z_1|z_2,z_3,z_4) = (w_1|w_2,w_3,w_4)$ が成り立つ.

証 $\phi(z) = (\varphi^{-1}(z)|z_2,z_3,z_4)$ は3点 w_2,w_3,w_4 をそれぞれ $1,0,\infty$ に写す1次分数関数である. よってウより $\phi(z) = (z|w_2,w_3,w_4)$ となる. これに $z = w_1 = \varphi(z_1)$ を代入して $(z_1|z_2,z_3,z_4) = (w_1|w_2,w_3,w_4)$ を得る. ∎

2.2節の例題を復習すると, 相異なる4数 $z_1,z_2,z_3,z_4 \in \mathbb{C}$ が同一直線上あるいは同一円上にあるのは

$$(z_1|z_2,z_3,z_4) \in \mathbb{R}$$

であるときに限る. 4数のどれか1つが ∞ の場合, 上の条件は残りの3数が同一直線上にあるための必要十分条件になり, 複素球面 Σ 上では4数が同一円上にある. よって, 相異なる4数 $z_1,z_2,z_3,z_4 \in \widehat{\mathbb{C}}$ が同一円上にあるのは $(z_1|z_2,z_3,z_4) \in \mathbb{R}$ であるときに限ることがわかる. これを用いて次の各性質を示そう.

オ 1次分数関数は $\widehat{\mathbb{C}}$ の円を円に写す.

証 $\widehat{\mathbb{C}}$ の相異なる4点 z_1,z_2,z_3,z_4 が同一円上にあり, この1次分数関数によって w_1,w_2,w_3,w_4 にそれぞれ写るとすれば, 性質エより $(w_1|w_2,w_3,w_4) \in \mathbb{R}$ となって, これらの4点は同一円上にある. この逆も正しい. ∎

カ $\widehat{\mathbb{C}}$ において2組の相異なる3点 $\{z_1,z_2,z_3\}, \{w_1,w_2,w_3\}$ が与えられたとき, z_1,z_2,z_3 をそれぞれ w_1,w_2,w_3 に写す1次分数関数が一意的に存在する.

証 $(w|w_1,w_2,w_3) = (z|z_1,z_2,z_3)$ によって定まる1次分数関数を $w = w(z)$ とおくと, 右辺は z_1,z_2,z_3 をそれぞれ $1,0,\infty$ に写すので, 性質ウより $w(z_k) = w_k$ ($1 \le k \le 3$) である. このような1次分数関数と $(z|w_1,w_2,w_3)$ との合成関数は, 性質ウより $(z|z_1,z_2,z_3)$ に一致するので一意的である. ∎

キ 前項の1次分数関数は z_1,z_2,z_3 を通る円を w_1,w_2,w_3 を通る円に写す. もし, これらの6点がすべて実数ならば, その1次分数関数の係数をすべて実数にとることができる.

[証] 点 z が z_1, z_2, z_3 を通る円上にあれば，$(z|z_1, z_2, z_3)$ は実数である．よって $(w|w_1, w_2, w_3)$ も実数になり，w は w_1, w_2, w_3 を通る円上にある．もし 6 点すべてが実数ならば，明らかに $(w|w_1, w_2, w_3) = (z|z_1, z_2, z_3)$ は実係数の 1 次分数関数を定める．■

3.3 鏡像原理

複素平面において z とその複素共役 $\bar{z}$ は実軸に関して線対称の位置にある．しかし直線と円を区別する理由はないので，線対称は円対称というべきものに拡張されて当然であろう．

1 次分数関数 $w = \varphi(z)$ によって実軸が円 C に写るとき，上半平面 $\mathrm{Im}\, z > 0$ と下半平面 $\mathrm{Im}\, z < 0$ は C の内側か外側に写る．このとき 2 点 $w = \varphi(z)$ と $w^* = \varphi(\bar{z})$ は円 C に関して**鏡像の位置**にあるという．

これが真の定義となるには，1 次分数関数 φ の選び方に依らないことを示す必要がある．そのために，実軸を円 C に写す別の 1 次分数関数 ϕ を考える．すると $\phi^{-1} \circ \varphi$ は実軸を実軸に写す 1 次分数関数であるから，性質 キ より，その係数は全て実数であるとしてよい．ゆえに

$$\overline{\phi^{-1}(w)} = \overline{\phi^{-1} \circ \varphi(z)} = \phi^{-1} \circ \varphi(\bar{z}) = \phi^{-1}(w^*)$$

であり，$\zeta = \phi^{-1}(w)$ とおけば，$w = \phi(\zeta)$ かつ

$$w^* = \phi \circ \phi^{-1}(w^*) = \phi\left(\overline{\phi^{-1}(w)}\right) = \phi(\bar{\zeta})$$

が成り立つ．よって別の 1 次分数関数を用いても鏡像の位置にある．

次に，鏡像の位置に関する基本性質を 2 つ示そう．

[ク] 相異なる 3 点 $z_1, z_2, z_3 \in \widehat{\mathbb{C}}$ を通る円に関して点 z と z^* が鏡像の位置にあるためには

$$(z^* | z_1, z_2, z_3) = \overline{(z|z_1, z_2, z_3)}$$

であることが必要十分である．

[証] 性質 キ より 1 次分数関数 $(w|z_1, z_2, z_3)$ は z_1, z_2, z_3 を通る円を実軸に写す．よって，これは定義を言い換えたものに他ならない．■

3.3 鏡像原理

ケ 点 z と z^* が α を中心とする半径 r の円 C に関して鏡像の位置にあるためには
$$(\overline{z} - \overline{\alpha})(z^* - \alpha) = r^2$$
となることが必要十分である．

証 円 C 上の任意の 3 点 z_1, z_2, z_3 に対し
$$\overline{(z|z_1,z_2,z_3)} = \overline{(z-\alpha|z_1-\alpha, z_2-\alpha, z_3-\alpha)}$$
$$= \left(\overline{z}-\overline{\alpha} \,\middle|\, \frac{r^2}{z_1-\alpha}, \frac{r^2}{z_2-\alpha}, \frac{r^2}{z_3-\alpha}\right)$$

であるが，ここで複比の定義に戻って

$$\text{右辺} = \frac{\overline{z}-\overline{\alpha} - \dfrac{r^2}{z_2-\alpha}}{\overline{z}-\overline{\alpha} - \dfrac{r^2}{z_3-\alpha}} \times \frac{\dfrac{r^2}{z_1-\alpha} - \dfrac{r^2}{z_3-\alpha}}{\dfrac{r^2}{z_1-\alpha} - \dfrac{r^2}{z_2-\alpha}}$$

$$= \frac{\dfrac{r^2}{\overline{z}-\overline{\alpha}} - (z_2-\alpha)}{\dfrac{r^2}{\overline{z}-\overline{\alpha}} - (z_3-\alpha)} \times \frac{z_1-z_3}{z_1-z_2}$$

$$= \left(\dfrac{r^2}{\overline{z}-\overline{\alpha}} \,\middle|\, z_1-\alpha, z_2-\alpha, z_3-\alpha\right) = \left(\dfrac{r^2}{\overline{z}-\overline{\alpha}} + \alpha \,\middle|\, z_1, z_2, z_3\right)$$

となる．ゆえに
$$z^* = \frac{r^2}{\overline{z}-\overline{\alpha}} + \alpha \quad \text{すなわち} \quad (\overline{z}-\overline{\alpha})(z^* - \alpha) = r^2. \blacksquare$$

特に円の中心から見た z と z^* の方向は一致する．また円の中心のこの円に関する鏡像の位置は無限遠点 ∞ である．

定理 3.1（**鏡像原理**）1 次分数関数 φ は円 C を円 C' に写し，2 点 z, z^* は C に関して鏡像の位置にあるとする．このとき点 $\varphi(z)$ と $\varphi(z^*)$ は C' に関して鏡像の位置にある．

証明 円 C 上の任意の 3 点 $z_k (k=1,2,3)$ に対して $w_k = \varphi(z_k)$ とおく．性質 エ より $(z|z_1,z_2,z_3) = (\varphi(z)|w_1,w_2,w_3)$ であるから，性質 ク より
$$\overline{(\varphi(z)|w_1,w_2,w_3)} = \overline{(z|z_1,z_2,z_3)} = (z^*|z_1,z_2,z_3)$$

$$= (\varphi(z^*) | w_1, w_2, w_3)$$

を得る．再び性質[2]より，点 $\varphi(z), \varphi(z^*)$ は C' に関して鏡像の位置にある．□

鏡像原理を用いると，特定の領域を対応させる 1 次分数関数の一般形を容易に求めることができる．例えば，円領域 $|z| < 1$ をそれ自身に写す 1 次分数関数 $w(z)$ の一般形を求めてみよう．それを

$$w(z) = \frac{az+b}{cz+d}$$

とおく．まず $\alpha = w^{-1}(0), |\alpha| < 1$ とおくと，単位円に関する鏡像原理より，無限遠点 ∞ に写る点は $1/\overline{\alpha}$ である．ゆえに $a\alpha + b = 0, c/\overline{\alpha} + d = 0$ から b, d を消去して，

$$w(z) = \frac{az - a\alpha}{cz - c/\overline{\alpha}} = -\frac{a\overline{\alpha}}{c} \frac{z - \alpha}{1 - \overline{\alpha}z}$$

を得る．また $|z| = 1$ のとき

$$|1 - \overline{\alpha}z| = |z\overline{z} - \overline{\alpha}z| = |z| \cdot |\overline{z} - \overline{\alpha}| = |z - \alpha|$$

であり，単位円 $|z| = 1$ はそれ自身に対応することから $|a\overline{\alpha}/c| = 1$ である．よって $-a\overline{\alpha}/c = e^{i\theta}$ と書くことができる．こうして複素パラメータ α ($|\alpha| < 1$) と実パラメータ θ をもつ一般形として，

$$w(z) = e^{i\theta} \frac{z - \alpha}{1 - \overline{\alpha}z} \tag{3.1}$$

を得る．なお $|\alpha| > 1$ のときは円領域 $|z| < 1$ をその外部に写す 1 次分数関数の一般形を与える（$|\alpha| = 1$ のときは定数に退化する）．

また $|\alpha_1| < 1, \cdots, |\alpha_m| < 1$ を満たす定数に対する 1 次分数関数 (3.1) の m 個の積は，円領域 $|z| < 1$ をそれ自身に写し $\alpha_1, \cdots, \alpha_m$ を零点にもつ m 次有理関数の例を与える．このような積で表される有理関数を**ブラシュケ積**という（演習問題[6]（11 章）の解答を参照）．

例題 上半平面 $\mathrm{Im}\, z > 0$ を円領域 $|w| < 1$ に写す 1 次分数関数の一般形を求めよ．

解 この 1 次分数関数を $w(z) = (az+b)/(cz+d)$ とおき，$w = 0$ に写る点を $z = \alpha$ とする（$\mathrm{Im}\, \alpha > 0$）．$z = \infty$ は $|w| = 1$ なる点に対応するので $\alpha \neq \infty$ である．鏡像原理（定理 3.1）より $w = \infty$ に写る点は $z = \overline{\alpha}$ である．ゆえに $a\alpha + b = 0, c\overline{\alpha} + d = 0$ から

b, d を消去して，
$$w(z) = \frac{az - a\alpha}{cz - c\overline{\alpha}} = \frac{a}{c} \cdot \frac{z - \alpha}{z - \overline{\alpha}}$$
を得る．実軸上で $|z - \alpha| = |z - \overline{\alpha}|$ であるから $|a/c| = 1$ であり，これを $e^{i\theta}$ と書くことができる．よって複素パラメータ α ($\operatorname{Im} \alpha > 0$) と実パラメータ θ をもつ一般形として
$$w = e^{i\theta} \frac{z - \alpha}{z - \overline{\alpha}}$$
を得る．■

演習問題

⑯ 球面 Σ を ξ 軸のまわりに $90°$ 回転する変換（点 $(0, 1, 0)$ を $(0, 0, 1)$ に写す）に対応する有理関数 $f(z)$ を求め，関数等式 $f \circ f(z) = 1/z$ が成り立つことを確かめよ．

⑰ $f(z) = z$ を満たす点 z を f の**不動点**という．$\widehat{\mathbb{C}}$ において相異なる 3 点を不動点にもつ 1 次分数関数は $w(z) = z$ だけであることを示せ．

⑱ $|z| < 1, |w| < 1$ を満たす任意の z, w に対して
$$|z - w| < |1 - z\overline{w}|$$
が成り立つことを示せ．

⑲ $0 < |\alpha| < 1$ を満たす定数 α に対して
$$\phi(z) = \frac{z - \alpha}{1 - \alpha \overline{z}}$$
と定める．$\phi(z)$ は $\overline{z}$ を含む関数である．次の各問に答えよ．
  (i) ϕ は円領域 $|z| < 1$ からそれ自身への同相写像であることを示せ．
  (ii) ϕ の不動点を求めよ．
  (iii) $|z| < 1, |w| < 1$ を満たす任意の z, w に対して
  $$|z + w - zw(\overline{z} + \overline{w})| + |zw|^2 < 1$$
  が成り立つことを示せ．

第 4 章
正 則 関 数

　実解析では，区間上のいたるところ微分可能な関数に対してロルの定理が成り立ち，それを応用してテイラーの定理やロピタルの定理などが導かれる．しかし，いたるところ微分可能な関数の導関数は特異な性質をもつことがあり，例えば，どんなに小さな部分区間においても，その導関数が正と負の両方の値を取るような，どこも単調にならない微分可能関数が存在する．これに対して，複素関数の世界では，いたるところ微分可能であるという性質は非常に強い条件となり，特異性を排除するどころか導関数の連続性までも導くことができる(グルサの定理 8.4)．

4.1　微分と正則性

　複素関数の微分は形式的に実関数の場合と同様に定義される．すなわち，領域 D 上で定義された複素変数 z の関数 $f(z)$ が点 $z_0 \in D$ において微分可能であるとは，極限

$$\lim_{z \to z_0} \frac{f(z) - f(z_0)}{z - z_0}$$

が $\mathbb{C}$ において存在するときにいう．このとき，その極限値を $f(z)$ の z_0 における微係数といい $f'(z_0)$ と表す．カラテオドリ[4]は，これと同値な定義として，次の定義を採用した．

定義 4.1　領域 D 上の関数 $f(z)$ が点 $z_0 \in D$ において**微分可能**であるとは，D のすべての点 z で

$$f(z) - f(z_0) = (z - z_0)\varphi(z; z_0) \tag{4.1}$$

を満たし，かつ $z = z_0$ において連続な関数 $\varphi(z; z_0)$ が存在するときにいう．このとき $f'(z_0) = \varphi(z_0; z_0)$ と表す．

　点 z_0 を選ぶごとに関数 $\varphi(z; z_0)$ は一般に異なるから，それを強調するため

に $\varphi(z;z_0)$ と記している. $z \neq z_0$ のとき

$$\varphi(z;z_0) = \frac{f(z) - f(z_0)}{z - z_0}$$

であるから,φ は f の差分商に他ならず,微分の定義と同値であることは明らかであろう.実際,微分可能性を差分商の連続性に言い換えただけであり,両者に差異はないように見える.にもかかわらず,この定義の方が非常に使いやすく教育的効果も大きいと思われる.実際,この定義から関数の和・差・積・商の微分法が実関数と同じ公式に従うことが容易に示せる.

また,合成関数の微分公式も容易に従う.いま,$f(z)$ は $z_0 \in D$ で微分可能,$g(z)$ は像 $f(D)$ を含む領域 E で定義され点 $w_0 = f(z_0) \in E$ で微分可能とする.定義4.1より,それぞれ D, E において定義され,z_0, w_0 において連続な関数 $\varphi(z;z_0), \phi(w;w_0)$ が存在して,

$$f(z) - f(z_0) = (z - z_0)\varphi(z;z_0), \quad f'(z_0) = \varphi(z_0;z_0)$$

および

$$g(w) - g(w_0) = (w - w_0)\phi(w;w_0), \quad g'(w_0) = \phi(w_0;w_0)$$

が成り立つ.よって

$$\begin{aligned}g \circ f(z) - g \circ f(z_0) &= (f(z) - f(z_0))\phi(f(z);f(z_0))\\ &= (z - z_0)\varphi(z;z_0)\phi(f(z);f(z_0))\end{aligned}$$

であり,右辺を $(z - z_0)\Phi(z;z_0)$ とおくと関数 $\Phi(z;z_0)$ は合成関数 $\phi \circ f$ の連続性より $z = z_0$ において連続である.ゆえに合成関数 $g \circ f(z)$ は z_0 において微分可能であり,

$$(g \circ f)'(z_0) = \Phi(z_0;z_0) = \varphi(z_0;z_0)\phi(w_0;w_0) = g'(f(z_0))f'(z_0)$$

が成り立つ.誤差項を無限小として評価する通常の方法に比べ,はるかに簡潔に扱うことができる.カラテオドリによる微分の定義は,多変数実関数の微分の定義にも採用することができる[1].

---

[1] 例えば,笠原[7] 命題2.5および命題5.4を参照.

第4章 正則関数

定義 4.2 領域 D 上の関数 $f(z)$ が点 $z_0 \in D$ において**正則**であるとは，z_0 を中心とする D 内の円領域 $E = \{|z - z_0| < r\}$ があって，E 内のすべての点において $f(z)$ が微分可能であるときにいう．点 z_0 を $f(z)$ の**正則点**という．$f(z)$ が領域 D のすべての点で微分可能であるとき，$f(z)$ は D で正則であるという．

微係数を z の関数としてみたものを f の導関数といい $f'(z)$ で表す．また n 回続けて微分した関数を $f^{(n)}(z)$ と表す．正則な関数を**正則関数**という．以上をまとめて次の定理を得る．

定理 4.3 関数 $f(z), g(z)$ がともに領域 D で正則ならば $f(z) \pm g(z), f(z)g(z), f(z)/g(z)$ も D で正則であり，

$$(f \pm g)' = f' \pm g',$$
$$(fg)' = f'g + fg',$$
$$\left(\frac{f}{g}\right)' = \frac{f'g - fg'}{g^2}$$

が成り立つ．ただし，商の微分公式では $g(z) \neq 0$ とする．また，f と g の合成関数が定義されるとき $(g \circ f)' = g' \circ f \cdot f'$ が成り立つ．

例えば $f(z) = z^n, n \in \mathbb{N}$ のとき $f'(z) = nz^{n-1}$ であるから，上定理より任意の有理関数の導関数が計算できる．特に，1次分数関数 $f(z) = (az + b)/(cz + d)$ の導関数は

$$f'(z) = \frac{ad - bc}{(cz + d)^2}$$

となるから，$f'(z) = 0$ を満たす $z \in \mathbb{C}$ は存在しない．

[例題] 半平面 H に属する n 個の複素数 $\alpha_1, \alpha_2, \cdots, \alpha_n$ に対して，多項式

$$P(z) = c(z - \alpha_1)(z - \alpha_2) \cdots (z - \alpha_n), \quad c \neq 0$$

の導関数 $P'(z)$ のすべての零点も同じ半平面 H に属することを示せ[2]．

[解] 半平面 H を定める不等式を $\mathrm{Im}\, \dfrac{z - \beta}{e^{i\theta}} > 0$ とする．いま $P'(z)$ の零点 z_0 が H に

---

[2] $P'(z)$ の零点が H にあることを示せという問題ではなく，もし $P'(z)$ の零点があれば H に属することを示せという問題である．実際は，のちに示される代数学の基本定理によって $P'(z)$ は重複を込めて $n - 1$ 個の零点をもつ．

4.1 微分と正則性

属さないと仮定すれば,$\mathrm{Im}\,\dfrac{z_0-\beta}{e^{i\theta}}\leq 0$ であるから,各 k について

$$\mathrm{Im}\,\frac{z_0-\alpha_k}{e^{i\theta}}=\mathrm{Im}\,\frac{z_0-\beta}{e^{i\theta}}-\mathrm{Im}\,\frac{\alpha_k-\beta}{e^{i\theta}}<0$$

が成り立つ.一方,

$$\frac{P'(z)}{P(z)}=\frac{1}{z-\alpha_1}+\cdots+\frac{1}{z-\alpha_n}$$

であるから,両辺に $e^{i\theta}$ を乗じて $z=z_0$ を代入して虚部をとれば

$$0=\mathrm{Im}\,\frac{e^{i\theta}}{z_0-\alpha_1}+\cdots+\mathrm{Im}\,\frac{e^{i\theta}}{z_0-\alpha_n}$$

を得るが,これは矛盾である.つまり $P'(z)$ の零点は $P(z)$ の零点を含む最小の凸体に属する. ∎

穴あき領域 $0<|z|<r$ で定義された正則関数 $g(x)$ が, $z\to 0$ のとき

$$g(z)=\alpha+\beta z+o(|z|) \tag{4.2}$$

という漸近展開をもつとき,$g(0)=\alpha$ と定めることによって $g(z)$ は原点において連続のみならず微分可能になり,$g'(0)=\beta$ が成り立つ.すなわち $g(z)$ を円領域 $|z|<r$ において正則な関数に拡張できる.

次に,円外領域 $|z|>R$ で定義され,そこで正則な関数 $f(z)$ を考える.すると合成関数

$$g(z)=f\circ T(z)=f\!\left(\frac{1}{z}\right)$$

は穴あき領域 $0<|z|<1/R$ において正則であり,この $g(z)$ が (4.2) の形の漸近展開をもつとき,$g(z)$ は円領域 $|z|<1/R$ で正則な関数に拡張できる.それゆえ対応する $f(z)$ は, $f(\infty)=\alpha$ と定めることによって,無限遠点 ∞ において連続になるのみならず,無限遠点において正則であるという[3].複素球面 Σ で考えると,3.1 節で述べたように変換 $T(z)=1/z$ は単に Σ の $180°$ 回転であり,無限遠点における関数 $f(z)$ の様子を回転によって原点での関数 $g(z)$ の様子として見ていることに他ならない.

---

[3] 無限遠点における微係数の値は議論しない.その理由の 1 つは,$f'(1/z)=-z^2 g'(z)$ であるから,$g'(z)$ が原点で連続である限り $z\to 0$ のとき右辺は β に無関係に 0 に収束するからである.ただし,値は議論しなくても $\beta\neq 0$ という性質は,のちに述べる等角性と関連しているので重要である.

例題 1次分数関数 $f(z) = (az+b)/(cz+d)$ が無限遠点において正則になるのはどのような場合か．

解 $c \neq 0$ のとき ∞ において正則である．なぜなら，$z \to 0$ のとき

$$f\left(\frac{1}{z}\right) = \frac{a+bz}{c+dz} = \frac{a}{c} + \frac{bc-ad}{c^2}z + O(|z|^2)$$

となるからである．$c = 0$ のとき $f(z)$ は 1 次関数であり，$f(1/z)$ は (4.2) の形の漸近展開をもたないので ∞ で正則にならない．■

4.2 コーシー-リーマンの関係式

関数 $f(z)$ は点 $z_0 = x_0 + iy_0$ において微分可能とする．定義 4.1 より

$$f(z) - f(z_0) = (z - z_0)\varphi(z; z_0) \tag{4.3}$$

を満たし，z_0 において連続な関数 $\varphi(z; z_0)$ が存在する．そこで，関数 $f(z)$ と $\varphi(z; z_0)$ をそれぞれ実部と虚部に分けて

$$f(z) = u(x,y) + iv(x,y), \quad \varphi(z;z_0) = U(x,y) + iV(x,y)$$

と表す．ここで U, V ともに点 (x_0, y_0) において連続である．これらを (4.3) に代入して実部と虚部を比較すれば，

$$\begin{cases} u(x,y) - u(x_0, y_0) = (x - x_0)U(x,y) - (y - y_0)V(x,y) \\ v(x,y) - v(x_0, y_0) = (x - x_0)V(x,y) + (y - y_0)U(x,y) \end{cases}$$

を得る．これらは実 2 変数の実関数 $u(x,y), v(x,y)$ の点 (x_0, y_0) における全微分可能性に他ならず[4]，このとき

$$\begin{cases} \dfrac{\partial u}{\partial x}(x_0, y_0) = U(x_0, y_0), & \dfrac{\partial u}{\partial y}(x_0, y_0) = -V(x_0, y_0), \\ \dfrac{\partial v}{\partial x}(x_0, y_0) = V(x_0, y_0), & \dfrac{\partial v}{\partial y}(x_0, y_0) = U(x_0, y_0) \end{cases}$$

が成り立つ．特に $f'(z_0) = \varphi(z_0; z_0)$ であるから，$f'(z_0) = 0$ であることと，u, v の 1 階偏微分係数が 4 つとも (x_0, y_0) で 0 になることとは同値である．こうして次の定理が成り立つ．

---

[4] 笠原[7] 命題 5.4.

4.2 コーシー-リーマンの関係式

定理 4.4 関数 $f(z) = u(x,y) + iv(x,y)$ は点 $z_0 = x_0 + iy_0$ において微分可能とする．このとき u, v は点 (x_0, y_0) において全微分可能であり，この点で関係式

$$\frac{\partial u}{\partial x} = \frac{\partial v}{\partial y}, \quad \frac{\partial u}{\partial y} = -\frac{\partial v}{\partial x} \tag{4.4}$$

を満たす．これを**コーシー-リーマンの関係式**という．

注意 コーシー-リーマンの関係式は 1 つの式 $\dfrac{\partial f}{\partial x} + i\dfrac{\partial f}{\partial y} = 0$ で表すことができる．

領域のすべての点で (4.4) が成り立つとき，これを**コーシー-リーマンの微分方程式**と称する．もし実関数 u, v が連続な 2 階偏導関数をもてば，(4.4) より

$$\Delta u = \frac{\partial^2 u}{\partial x^2} + \frac{\partial^2 u}{\partial y^2} = \frac{\partial^2 v}{\partial x \partial y} - \frac{\partial^2 v}{\partial y \partial x} = 0$$

が成り立ち，v についても同様である．よって u, v は調和関数である．一方，次の意味で定理 4.4 の逆も成り立つ．

定理 4.5 xy 平面の領域 D で定義された 2 つの実関数 $u(x,y), v(x,y)$ がともに D で全微分可能[5]，かつ D でコーシー-リーマンの微分方程式を満たすとする．このとき $z = x + iy$ の関数として $u(x,y) + iv(x,y)$ は D で正則である．

証明 簡単のため 2 変数実関数に (x,y) を付けるのを略し，また $u(x_0, y_0) = u_0$ などと記す．いま，任意に固定した点 $(x_0, y_0) \in D$ における u, v の全微分可能性から，

$$\begin{cases} u - u_0 = (x - x_0)\alpha + (y - y_0)\beta \\ v - v_0 = (x - x_0)\gamma + (y - y_0)\delta \end{cases}$$

を満たす x, y の関数 $\alpha, \beta, \gamma, \delta$ が存在して，4 つとも (x_0, y_0) において連続，かつ

$$\alpha_0 = \frac{\partial u}{\partial x}(x_0, y_0), \quad \beta_0 = \frac{\partial u}{\partial y}(x_0, y_0), \quad \gamma_0 = \frac{\partial v}{\partial x}(x_0, y_0), \quad \delta_0 = \frac{\partial v}{\partial y}(x_0, y_0)$$

が成り立つ．次に $f(z) = u(x,y) + iv(x,y), z_0 = x_0 + iy_0$ とおくと，

---

[5] D において u が x, y に関して偏微分可能，かつ，どちらかの偏導関数が連続であれば，u は全微分可能である（笠原 [7] 定理 5.6）．実は，偏導関数の連続性すら不要である：D において 1 階偏微分可能な連続関数 u, v がコーシー-リーマンの微分方程式を満たすならば，$u(x,y) + iv(x,y)$ は D で正則である（ローマン-メンショフの定理，功力 [8] p.134）．

$$f(z) - f(z_0) = (x - x_0)(\alpha + i\gamma) + (y - y_0)(\beta + i\delta)$$
$$= (z - z_0)(\delta - i\beta) + (x - x_0)(\alpha - \delta + i(\beta + \gamma))$$

である．そこで，z_0 以外の $z \in D$ に対して

$$\varphi(z; z_0) = \delta - i\beta + \frac{x - x_0}{z - z_0}(\alpha - \delta + i(\beta + \gamma))$$

と定めれば，$|(x - x_0)/(z - z_0)| \leq 1$ であることと，コーシー-リーマンの関係式より $\alpha_0 = \delta_0, \beta_0 + \gamma_0 = 0$ であることから，$\varphi(z; z_0)$ は $z \to z_0$ のとき $\delta_0 - i\beta_0$ に収束することがわかる．つまり $\varphi(z_0) = \delta_0 - i\beta_0$ と定義すれば，φ は点 z_0 において連続であり

$$f(z) - f(z_0) = (z - z_0)\varphi(z; z_0)$$

が成り立つ．□

例題 領域 D で正則な関数 $f(z)$ が D 上いたるところで $f'(z) = 0$ を満たすならば，$f(z)$ は D において定数であることを示せ．

解 $f(z) = u(x, y) + iv(x, y)$ とおく．$f'(z) \equiv 0$ より，D 上いたるところで

$$\frac{\partial u}{\partial x}(x, y) = \frac{\partial u}{\partial y}(x, y) = \frac{\partial v}{\partial x}(x, y) = \frac{\partial v}{\partial y}(x, y) = 0$$

が成り立つ．D に含まれる任意の2点を z_0, z_1 とする．領域 D は弧状連結でもあるから，この2点を結ぶ D 内の連続曲線が存在し，したがって2点を結ぶ D 内の折れ線がとれる．いま，D 内の2点 $w_0 = a_0 + ib_0, w_1 = a_1 + ib_1$ を結ぶ線分 ℓ をとると，u は D において全微分可能であるから平均値の定理[6]より，

$$u(a_1, b_1) - u(a_0, b_0) = \frac{\partial u}{\partial x}(\xi, \eta)(a_1 - a_0) + \frac{\partial u}{\partial y}(\xi, \eta)(b_1 - b_0)$$

を満たす点 $\xi + i\eta$ が線分 ℓ 上に存在する．v に対しても同様であるから $f(w_0) = f(w_1)$ となる．これを有限回繰り返して $f(z_0) = f(z_1)$ を得る．あるいは，上述の折れ線を区分的になめらかなパラメータ曲線と見て命題1.1を使っても示せる．■

例題 $f(z)$ は領域 D で正則な関数とし，D を実軸に関して反転した領域を D' とする．このとき，関数 $\overline{f(\bar{z})}$ は D' において正則であることを示し，その導関数を求めよ．

解 $f(z) = u(x, y) + iv(x, y)$ とおく．

---

[6] 笠原[7] 定理 5.16.

$$\overline{f(\overline{z})} = u(x,-y) - iv(x,-y) = U(x,y) + iV(x,y)$$

とおくと，U, V はともに $(x,y) \in D'$ で全微分可能な実 2 変数関数であり，

$$\frac{\partial U}{\partial x}(x,y) = \frac{\partial u}{\partial x}(x,-y) = \frac{\partial v}{\partial y}(x,-y) = \frac{\partial V}{\partial y}(x,y)$$

$$\frac{\partial U}{\partial y}(x,y) = -\frac{\partial u}{\partial y}(x,-y) = \frac{\partial v}{\partial x}(x,-y) = -\frac{\partial V}{\partial x}(x,y)$$

が成り立つ．つまり U, V はコーシー-リーマンの微分方程式を満たすので，$\overline{f(\overline{z})}$ は D' において正則であり，その導関数は

$$\frac{\partial U}{\partial x}(x,y) + i\frac{\partial V}{\partial x}(x,y) = \frac{\partial u}{\partial x}(x,-y) - i\frac{\partial v}{\partial x}(x,-y) = \overline{f'(\overline{z})}$$

となる．∎

4.3 正則関数の特性

関数 $f(z)$ は点 $z_0 \in D$ において微分可能であるとし，$f'(z_0) \neq 0$ とする．点 z_0 を始点とする 2 つの線分 L_1, L_2 を考え，正の実軸から反時計まわりに測った L_1, L_2 の角度をそれぞれ $\theta_1 < \theta_2$ とし，L_1, L_2 が f によって $f(z_0)$ を始点とする連続な曲線 C_1, C_2 にそれぞれ写るとする（図 4.1）．定義 4.1 より

$$f(z) - f(z_0) = (z - z_0)\varphi(z; z_0), \quad \varphi(z_0, z_0) = f'(z_0) \neq 0$$

を満たす関数 $\varphi(z; z_0)$ が存在し点 z_0 において連続である．そこで L_1, L_2 上の 2 点 z, z' を，比 $|z' - z_0|/|z - z_0| = \rho$ を一定に保ちながら z_0 に近づけよう．すると

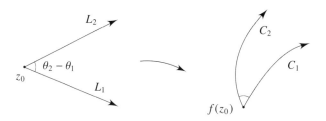

図 4.1 等角性．

$$\frac{z'-z_0}{z-z_0}\frac{f(z)-f(z_0)}{f(z')-f(z_0)} = \frac{\varphi(z;z_0)}{\varphi(z';z_0)}$$

の右辺は 1 に近づくので，両辺の偏角と絶対値をとって，

$$\arg\left(\frac{f(z')-f(z_0)}{f(z)-f(z_0)}\right) \to \theta_2 - \theta_1 \quad (\mathrm{mod}\ 2\pi)$$

および

$$\frac{|f(z')-f(z_0)|}{|f(z)-f(z_0)|} \to \rho$$

が成り立つ．言い換えれば，L_1, L_2 のなす角 $\theta_2 - \theta_1$ は極限において同じ角度に写され，z', z_0, z を頂点とする 3 角形は限りなくそれに相似な 3 角形に写される．

一般に角度を保つ写像を**等角写像**という．以上をまとめて，次の定理を得る．

定理 4.6 正則関数 $f(z)$ は $f'(z) \neq 0$ なる点で等角写像である．

3.1 節で扱った立体射影 $\Psi : \mathbb{C} \to \Sigma$ は性質 ④ より等角写像である．したがって，f が点 z_0 で等角性をもてば，球面 Σ に誘導される $\boldsymbol{f} = \Psi \circ f \circ \Psi^{-1}$ も $\Psi^{-1}(z_0)$ において等角性をもつ．

いま，円外領域で定義された正則関数 $f(z)$ が無限遠点まで正則に拡張されるとき，(4.2) において $\beta \neq 0$ であるとする．球面 Σ において北極点 N から出る 2 本の円弧が角度 ω をなすとき，それを $\boldsymbol{T}$ によって 180°回転すれば，南極点から出る角度 ω をなす 2 本の円弧に写る．そのとき $g(z) = f(1/z)$ は原点において正則，かつ $g'(0) = \beta \neq 0$ より等角性をもつことから，g によって写る 2 本の線分の像は点 α から出る角度 ω をなす 2 本の連続な曲線となる．したがって，f によって球面 Σ に誘導される $\boldsymbol{f} = \Psi \circ f \circ \Psi^{-1}$ は，実際に北極点においても等角性を有する．この意味において，f は無限遠点において等角であるという．

例題 1 次分数関数 $f(z) = (az+b)/(cz+d)$ が誘導する Σ 上の写像は，(無限遠点において正則ではない場合も込めて) Σ からそれ自身への等角写像であることを示せ．

解 $f(z)$ の正則点では $f'(z) \neq 0$ であることから等角である．もし $c \neq 0$ ならば点 $-d/c$ は ∞ に写るが，その逆関数を考えれば無限遠点における等角性に帰着できる．4.1 節の 2 番目の例題で見ているように，(4.2) において $\beta \neq 0$ を満たすので，無限遠点において等角である．$c = 0$ ならば $f(z)$ は 1 次関数 $az + b, a \neq 0$ であり，無限

4.3 正則関数の特性

遠点において正則ではない（∞ を ∞ に写す）．定義域である球面 Σ と値域である球面 Σ の両方で $180°$ 回転して考えれば，結局 $1/f(1/z)$ が $z=0$ において正則であれば，$f(z)=az+b$ の無限遠点での等角性が従う．実際，$z \to 0$ のとき

$$\frac{1}{f(1/z)} = \frac{1}{a/z+b} = \frac{z}{a+bz} = \frac{z}{a} + o(|z|)$$

であるから，$z=0$ において微分可能である． ∎

実関数では，区間 I で定義された連続で狭義単調な関数 $f(x)$ は $f(I)$ 上で逆関数 $f^{-1}(y)$ をもち，もし $f(x)$ が $x_0 \in I$ において微分可能で $f'(x_0) \neq 0$ を満たせば，f^{-1} は $y_0 = f(x_0)$ において微分可能である．次の定理はこの局所的な複素関数版にあたる．

定理 4.7 領域 D において $f(z)$ は正則かつ $f'(z)$ は連続とする．このとき，点 $z_0 \in D$ において $f'(z_0) \neq 0$ ならば，z_0 の近傍 U が存在して，$f(U)$ 上で f の逆関数 $f^{-1}(w)$ が一意的に定義でき，$f^{-1}(w)$ は $f(U)$ において正則である．

証明 十分に小さい z_0 の近傍 U をとれば U 上で $f'(z) \neq 0$ が成り立つようにできる．いま $z = x+iy$ とおいて $f(z)$ を U 上の変換

$$\begin{pmatrix} x \\ y \end{pmatrix} \mapsto \begin{pmatrix} u(x,y) \\ v(x,y) \end{pmatrix}$$

とみる．コーシー-リーマンの関係式より

$$\begin{vmatrix} \frac{\partial u}{\partial x}(x,y) & \frac{\partial u}{\partial y}(x,y) \\ \frac{\partial v}{\partial x}(x,y) & \frac{\partial v}{\partial y}(x,y) \end{vmatrix} = \left(\frac{\partial u}{\partial x}(x,y)\right)^2 + \left(\frac{\partial u}{\partial y}(x,y)\right)^2 = |f'(z)|^2 > 0$$

であるから，そのヤコビ行列は正則となる．よって逆写像定理[7]より，$w_0 = f(z_0)$ の十分小さい近傍 V で逆写像 $f^{-1}(w)$ が一意的に存在し C^1 級となるから，$f^{-1}(w)$ は正則である．U としてこの $f^{-1}(V)$ を取りなおせばよい．□

注意 実は $f'(z)$ の連続性は $f(z)$ の正則性から導けるので（8.3 節のグルサの定理），この仮定は不要である．また，V 上で $f \circ f^{-1}(w) = w$ が成り立つので，合成関数の微

---

[7] 笠原[7] 定理 5.28．

分法より次の逆関数の微分公式を得る．

$$(f^{-1})'(w) = \frac{1}{f'(f^{-1}(w))}$$

この定理は逆関数の一意的な存在を局所的に保証するもので，D 上いたるところ $f'(z) \neq 0$ を満たしていても，$f(D)$ で一意的な逆関数 $f^{-1}(w)$ が存在するとは限らない．

例えば，正則関数 $P_n(z) = z^n$, $n \in \mathbb{N}$ は穴あき領域 $\mathbb{C}_0 = \mathbb{C} \setminus \{0\}$ において $P_n'(z) \neq 0$ を満たす．2.3節で述べたように，任意の $w \in \mathbb{C}_0$ に対して $w = re^{i\theta}$ とおくと，2項方程式 $z^n = w$ は丁度 n 個の解

$$z_k = \sqrt[n]{r} \exp\left(i\frac{\theta + 2\pi k}{n}\right), \quad 0 \leq k < n$$

をもつ．したがって $P_n : \mathbb{C}_0 \to \mathbb{C}_0$ は全射であるが，$n \geq 2$ のとき単射ではない．$z = 1$ を出発し単位円 $|z| = 1$ 上を反時計まわりに一周するパラメータ曲線 $z(\theta) = e^{i\theta}$ は，P_n によって $w(\theta) = e^{in\theta}$ に変換され，単位円 $|w| = 1$ 上を反時計まわりに n 周する．$P_n(z)$ は $\mathbb{C}_0$ を $\mathbb{C}_0$ の上に n 重に写す写像である．

例題 正方形領域 $S = \{\max(|\operatorname{Re} z|, |\operatorname{Im} z|) < 1\}$ を $w = z^2$ で変換した領域 E の面積を求めよ（次ページの図 4.2）．

解 E は 2本の放物線で囲まれた領域であり，P_2 によって S は E に 2重に写される．P_2 のヤコビアンは $|P_2'(z)|^2 = 4|z|^2$ であるから，

$$4 \iint_{|x|<1, |y|<1} (x^2 + y^2)\, dx\, dy = \frac{32}{3}$$

は E の面積の 2倍である．よって求める E の面積は 16/3 である． ■

演 習 問 題

[20] 関数 $z^4/|z|^2$, $z = x + iy$ を原点以外で定義された実2変数 x, y の複素数値関数とみて $\phi(x, y)$ とおく．$\phi(0, 0) = 0$ と定めることによって ϕ は $\mathbb{R}^2$ で連続になる．このとき

$$\frac{\partial^2 \phi}{\partial x \partial y}(0, 0) \quad \text{と} \quad \frac{\partial^2 \phi}{\partial y \partial x}(0, 0)$$

はともに存在するが異なる値であることを示せ．

演 習 問 題

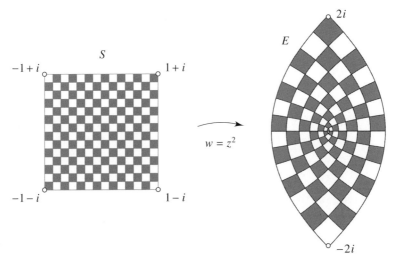

図 4.2 右の領域 E は変換 $w = z^2$ による S の像.

21 関数 $f(z)$ を，$z \neq 0$ のときは e^{-1/z^4}，$z = 0$ のときは $f(0) = 0$ と定める．$f(z)$ は $\mathbb{C}$ のすべての点においてコーシー-リーマンの関係式を満たすが，原点において正則ではないことを示せ．

22 $0 < |\alpha| < 1$ を満たす定数 α に対して，演習問題 19（3章）で登場した関数
$$\phi(z) = \frac{z - \alpha}{1 - \overline{\alpha} z}$$
の微分可能性を円領域 $|z| < 1$ において調べよ．

23 関数 $f(z)$ は領域 D において正則とする．もし $|f(z)|$ が D で定数ならば $f(z)$ も D で定数であることを示せ．

24 関数 $f(z)$ は領域 D において正則とする．もし $\operatorname{Re} f(z) \cdot \operatorname{Im} f(z)$ が D で定数ならば $f(z)$ も D で定数であることを示せ．

25 $f(z)$ を 1 次分数関数とし，$D = \{|z| < 1\}$ とおく．等式
$$\frac{|f'(z)|}{1 - |f(z)|^2} = \frac{1}{1 - |z|^2}$$
が成り立つのは $f(D) = D$ のときに限ることを示せ．

第5章
整 級 数

関数を一般項とする級数の中で最も基本的である整級数は，円領域で絶対収束することから，和・積や合成などの演算に関して扱いやすい．整級数は初等関数の導入において，また解析接続の理論の出発点として重要な道具である．ここでは，整級数が収束円の内部で正則であることを示す．逆に，正則な関数は局所的に整級数に展開できることが9.1節で示される．

整級数の収束円上での挙動は予想以上に複雑であるが，タウバー型定理はリトルウッドやハーディによって最終的にほぼ決着がつけられた．

5.1 一 様 収 束

$f_1(z), f_2(z), \cdots$ を複素平面の部分集合 E 上の（正則とは限らない）関数の無限列とする．任意の $\epsilon > 0$ に応じて番号 N がとれて，$p \geq q > N$ ならば，$z \in E$ によらず

$$|f_q(z) + f_{q+1}(z) + \cdots + f_p(z)| < \epsilon \tag{5.1}$$

が成り立つとき，級数 $\sum_{n=1}^{\infty} f_n(z)$ は E で**一様収束**するという．一様収束列は明らかに各点で収束する．また，E に含まれる任意のコンパクト集合 K の上で一様収束するとき，この級数は E で**広義一様収束**するという．

定理 5.1（**ワイエルシュトラスの優級数定理**）関数列 $f_1(z), f_2(z), \cdots$ は集合 E 上で定義されており，E のすべての点 z で $|f_n(z)| \leq M_n$ を満たし，かつ正項級数 $\sum_{n=1}^{\infty} M_n$ は収束するとする．このとき級数 $\sum_{n=1}^{\infty} f_n(z)$ は E 上で絶対かつ一様収束する．

証明 $\sum_{n=1}^{\infty} M_n < \infty$ より，任意の $\epsilon > 0$ に応じて番号 N がとれて，$p \geq q > N$

ならば
$$M_q + M_{q+1} + \cdots + M_p < \epsilon$$
が成り立つようにできる．よって $z \in E$ に関わらず，
$$|f_q(z)| + |f_{q+1}(z)| + \cdots + |f_p(z)| < \epsilon$$
となるから，級数 $\sum_{n=1}^{\infty} f_n(z)$ は E 上で絶対一様収束する．□

実関数の場合と同じく，もし各 $f_n(z)$ が連続であれば，級数の一様収束極限も連続である．

定理 5.2 集合 E 上の連続関数列 $f_1(z), f_2(z), \cdots$ に対して，もし級数 $\sum_{n=1}^{\infty} f_n(z)$ が E 上で $f(z)$ に一様収束すれば，$f(z)$ も E で連続である．

証明 この級数の第 n 部分和を $s_n(z)$ とし，残りの無限和を $r_n(z)$ とする．任意の $\epsilon > 0$ に応じて番号 N がとれて，$p \geq q > N$ ならば (5.1) が成り立つ．そこで $p \to \infty$ とすれば $|r_q(z)| \leq \epsilon$ が z に無関係に成り立つ．よって，任意の点 $z, z_0 \in E$ に対して
$$|f(z) - f(z_0)| \leq |s_q(z) - s_q(z_0)| + |r_q(z) - r_q(z_0)|$$
$$\leq |s_q(z) - s_q(z_0)| + 2\epsilon$$
となる．$s_q(z)$ は連続関数の有限和であるから連続で，集合 $\{|z - z_0| < \delta\} \cap E$ の上で $|s_q(z) - s_q(z_0)| < \epsilon$ が成り立つように十分小さい $\delta > 0$ がとれる．こうして $|f(z) - f(z_0)| < 3\epsilon$ となるから，$f(z)$ は点 z_0 において連続である．□

5.2 収束半径

与えられた複素数列 $a_0, a_1, \cdots$ に対して
$$\sum_{n=0}^{\infty} a_n (z - \alpha)^n$$
の形の関数項級数を点 α を中心とする**整級数**，**ベキ級数**あるいは**テイラー級数**という．以下，簡単のために原点を中心とする整級数を扱う．

定理 5.3 点 $z_0 \neq 0$ において整級数 $\sum_{n=0}^{\infty} a_n z^n$ が収束すれば，この級数は円領域 $|z| < |z_0|$ において絶対かつ広義一様に収束する．

証明 数列 $\{|a_n| \cdot |z_0|^n\}$ は零列であるから，すべての n で $|a_n| \cdot |z_0|^n \leq M$ が成り立つような定数 $M > 0$ がとれる．いま $|z| < |z_0|$ 内の任意のコンパクト集合 K をとる．円領域の境界である円周 $|z| = |z_0|$ と K とは交わらないので，すべての $z \in K$ に対して $|z| \leq \lambda < |z_0|$ を満たす $\lambda > 0$ がとれる．このとき

$$|a_n z^n| \leq \frac{M}{|z_0|^n} \lambda^n = M \left(\frac{\lambda}{|z_0|} \right)^n$$

であり，右辺は公比が 1 より小さい等比級数の一般項である．ワイエルシュトラスの優級数定理5.1より級数 $\sum_{n=0}^{\infty} a_n z^n$ は K で絶対かつ一様に収束する．□

与えられた整級数が原点以外の点 z_0 で収束すれば，定理5.3より $|z| < |z_0|$ で絶対収束する．このとき $|z| < R$ ならば整級数が絶対収束するような正数 R の上限を整級数の**収束半径** $\rho \in (0, \infty]$ という．収束半径は拡張された実数として扱う．また，原点以外のいかなる点においても収束しない整級数の収束半径は $\rho = 0$ と定める．

収束半径が無限大であるような整級数を**整関数**という．例えば多項式は整関数である．多項式ではない整関数，つまり $a_n \neq 0$ を満たす n が無限個ある整関数を**超越整関数**という．のちに述べる指数関数や3角関数がその例である．

定理 5.4 正で有限の収束半径をもつ整級数は，円領域 $|z| < \rho$ で絶対かつ広義一様収束し，円外領域 $|z| > \rho$ では発散する．整関数は $\mathbb{C}$ のすべての点で絶対収束する．

証明 収束性は明らか．整級数が $|z_0| > \rho$ を満たす何らかの点 z_0 で収束したとする．定理5.3より $|z_0| > \rho' > \rho$ なる ρ' に対して整級数は円領域 $|z| < \rho'$ で絶対収束するが，これは収束半径の定義に反する．□

収束半径 $0 < \rho < \infty$ をもつ整級数は $|z| < \rho$ において絶対かつ広義一様に収束するので，この境界にあたる円 $|z| = \rho$ を整級数の**収束円**という．また，整級数が収束する点からなる集合を**収束域**という．したがって収束円の内部は

収束域に含まれるが，定理 5.4 より収束域は閉円板 $|z| \leq \rho$ に含まれる．関数 $f(z) = \sum_{n=0}^{\infty} a_n z^n$ の定義域は右辺の整級数の収束域である．

定理 5.5 整級数 $\sum_{n=0}^{\infty} a_n z^n$ の収束半径 ρ は

$$\frac{1}{\rho} = \limsup_{n \to \infty} \sqrt[n]{|a_n|} \tag{5.2}$$

で与えられる．右辺が 0 あるいは ∞ のときはそれぞれ $\rho = \infty$ あるいは $\rho = 0$ と解釈する．(5.2) を**コーシー・アダマールの公式**という．

証明 与えられた数列 $\{a_n\}$ に対して (5.2) の右辺の上極限を $\lambda \in [0, \infty]$ とおく．この λ に応じて 3 つの場合に分ける．

(i) $0 < \lambda < \infty$ のとき．上極限の定義から，任意の $\epsilon \in (0, \lambda)$ に応じて番号 N がとれて，すべての $n > N$ で $\sqrt[n]{|a_n|} < \lambda + \epsilon$ が成り立ち，かつ無限個の n で $\sqrt[n]{|a_n|} > \lambda - \epsilon$ が成り立つ．すると $|z_0| < (\lambda + \epsilon)^{-1}$ を満たす z_0 に対して，すべての $n > N$ で

$$|a_n| \cdot |z_0|^n < (|z_0|(\lambda + \epsilon))^n$$

となることから $(\lambda + \epsilon)^{-1} \leq \rho$ を得る．ϵ は任意であったから $\lambda^{-1} \leq \rho$ である．逆に，$|z_0| \geq (\lambda - \epsilon)^{-1}$ を満たす z_0 に対して，無限個の n で

$$|a_n| \cdot |z_0|^n \geq (|z_0|(\lambda - \epsilon))^n \geq 1$$

となるから，$a_n z_0^n$ を一般項とする級数は収束しない．よって $\rho \leq (\lambda - \epsilon)^{-1}$ を得る．ϵ は任意であったから $\rho \leq \lambda^{-1}$ となる．ゆえに $\rho = \lambda^{-1}$ である．

(ii) $\lambda = 0$ のとき．(i) の前半部の議論が $\lambda = 0$ としてそのまま有効である．ゆえに $\rho = \infty$ である．

(iii) $\lambda = \infty$ のとき．(i) の後半部の議論が $\lambda - \epsilon$ を任意の $M > 0$ に置き換えてそのまま成り立つ．ゆえに $\rho = 0$ である．□

[例題] 2つの整級数 $\sum_{n=0}^{\infty} a_n z^n$ と $\sum_{n=0}^{\infty} b_n z^n$ の収束半径をそれぞれ ρ, ρ_0 とする. このとき整級数 $\sum_{n=0}^{\infty} (a_n + b_n) z^n$ の収束半径は $\min(\rho, \rho_0)$ 以上であることを示せ.

[解] $\rho, \rho_0 > 0$ としてよい. 上極限の定義から, 任意の $\epsilon > 0$ に対して, 十分に大きいすべての n で
$$|a_n| < \left(\frac{1}{\rho} + \epsilon\right)^n \quad \text{かつ} \quad |b_n| < \left(\frac{1}{\rho_0} + \epsilon\right)^n$$
が成り立つ. したがって
$$|a_n + b_n| \leq |a_n| + |b_n| < 2\left(\frac{1}{\min(\rho, \rho_0)} + \epsilon\right)^n$$
より
$$\limsup_{n \to \infty} \sqrt[n]{|a_n + b_n|} \leq \frac{1}{\min(\rho, \rho_0)} + \epsilon$$
となる. ϵ は任意であったので収束半径は $\min(\rho, \rho_0)$ 以上である. この整級数の収束域は2つの収束域の共通部分であり, そこで和 $f(z) + g(z)$ を表す.

[例題] 2つの整級数 $\sum_{n=0}^{\infty} a_n z^n$ と $\sum_{n=0}^{\infty} b_n z^n$ の収束半径をそれぞれ ρ, ρ_0 とし,
$$c_n = a_0 b_n + a_1 b_{n-1} + \cdots + a_n b_0$$
とおく. c_n は2つの整級数の積を形式的に展開したときの z^n の係数である. このとき整級数 $\sum_{n=0}^{\infty} c_n z^n$ の収束半径は $\min(\rho, \rho_0)$ 以上であり, 収束円内において積 $f(z)g(z)$ を表すことを示せ.

[解] $\rho, \rho_0 > 0$ としてよい. 任意の $\epsilon > 0$ に対して, すべての n で
$$|a_n| < C_\epsilon \left(\frac{1}{\rho} + \epsilon\right)^n \quad \text{かつ} \quad |b_n| < C_\epsilon \left(\frac{1}{\rho_0} + \epsilon\right)^n$$
が成り立つように定数 $C_\epsilon > 0$ がとれる. したがって
$$|c_n| \leq C_\epsilon^2 (n+1) \left(\frac{1}{\min(\rho, \rho_0)} + \epsilon\right)^n$$
より
$$\limsup_{n \to \infty} \sqrt[n]{|c_n|} \leq \frac{1}{\min(\rho, \rho_0)} + \epsilon$$
を得る. 収束円の内部で級数は絶対収束することから, 積 $f(z)g(z)$ の展開において和の順序を変えても和の値は変わらない. したがって c_n を係数とする整級数はもとの2つの整級数の積を表す. ∎

5.2 収束半径

コーシー-アダマールの公式より，2つの級数

$$f(z) = \sum_{n=0}^{\infty} a_n z^n \quad \text{と} \quad f_+(z) = \sum_{n=0}^{\infty} |a_n| z^n$$

の収束半径は一致し，さらに収束円の内部で常に $|f(z)| \leq f_+(|z|)$ が成り立つ．また，$f(z) = \sum_{n=0}^{\infty} a_n z^n$ を項別微分した級数とは $f_1(z) = \sum_{n=1}^{\infty} n a_n z^{n-1}$ のことをいう．

定理 5.6 $f_1(z)$ の収束半径 ρ_1 は $f(z)$ の収束半径 ρ と一致する．

証明 $f_1(z)$ の z^n の係数は $b_n = (n+1)a_{n+1}$ である．ρ に応じて3つの場合に分ける．

(i) $0 < \rho < \infty$ のとき．定理5.5の証明と同じように ϵ, N を定める．すべての $n > N$ で $\sqrt[n]{|a_n|} < 1/\rho + \epsilon$ が成り立ち，

$$\limsup_{n \to \infty} \sqrt[n]{|b_n|} \leq \limsup_{n \to \infty} \sqrt[n]{n+1} \left(\frac{1}{\rho} + \epsilon\right)^{1+1/n} = \frac{1}{\rho} + \epsilon$$

であるから $1/\rho_1 \leq 1/\rho$ を得る．一方，無限個の n で $\sqrt[n]{|a_n|} > 1/\rho - \epsilon$ が成り立ち，

$$\limsup_{n \to \infty} \sqrt[n]{|b_n|} \geq \limsup_{n \to \infty} \sqrt[n]{n+1} \left(\frac{1}{\rho} - \epsilon\right)^{1+1/n} = \frac{1}{\rho} - \epsilon$$

を得る．よって $1/\rho_1 \geq 1/\rho$ より $\rho_1 = \rho$ となる．

(ii) $\rho = \infty$ のとき．(i)の前半部の議論が $1/\rho = 0$ としてそのまま有効である．ゆえに $\rho_1 = \infty$ である．

(iii) $\rho = 0$ のとき．(i)の後半部の議論が $1/\rho - \epsilon$ を任意の $M > 0$ に置き換えてそのまま成り立つ．ゆえに $\rho_1 = 0$ である． □

したがって形式的に項別微分を k 回続けた級数

$$\sum_{n=k}^{\infty} n(n-1) \cdots (n-k+1) a_n z^{n-k}$$

は，k に関わらずもとの整級数と同じ収束半径 ρ をもつ．

5.3 整級数の特性

収束半径が 0 である整級数は関数として意味がないので,以後考える整級数は正の収束半径をもつとする.これは列 $\{\sqrt[n]{|a_n|}\}$ の有界性を仮定することに他ならない.

定理 5.7 整級数は収束円の内部で正則であり,その導関数は項別微分した整級数である.

証明 $f(z) = \sum_{n=0}^{\infty} a_n z^n$, $f_1(z) = \sum_{n=1}^{\infty} n a_n z^{n-1}$ の収束半径を $\rho > 0$ とする.任意に固定した $|z_0| < \rho$ に対して,関数項級数

$$\varphi(z; z_0) = \sum_{n=1}^{\infty} a_n (z^{n-1} + z_0 z^{n-2} + \cdots + z_0^{n-1}) \tag{5.3}$$

を定める.$|z_0| \leq r < \rho$ なる任意の r に対して,$|z| \leq r$ ならば

$$|a_n| \cdot |z^{n-1} + z_0 z^{n-2} + \cdots + z_0^{n-1}| \leq n |a_n| r^{n-1}$$

であり,$f_1(r)$ が絶対収束することから (5.3) は絶対収束する.よって定理 5.1 と 5.2 より $\varphi(z; z_0)$ は $|z| < \rho$ において連続関数を表す.いま

$$f(z) - f(z_0) = (z - z_0) \varphi(z; z_0)$$

であるから,カラテオドリの定義より $f(z)$ は点 z_0 において微分可能,したがって円領域 $|z| < \rho$ において正則である.このとき $f'(z_0) = \varphi(z_0; z_0) = f_1(z_0)$ が成り立つ.□

この定理を繰り返し適用すると,整級数は収束円の内部で無限回微分可能であることが従う.$f(z)$ の n 階導関数を $f^{(n)}(z)$ と表すと,$a_n = f^{(n)}(0)/n!$ より

$$f(z) = f(0) + f'(0) z + \frac{f''(0)}{2!} z^2 + \cdots + \frac{f^{(n)}(0)}{n!} z^n + \cdots$$

と書くことができる.すなわち,$f(z)$ の原点における微係数列 $\{f^{(n)}(0)\}$ が $f(z)$ の値を決定する.整級数はさらに次の性質をもつ.

5.3 整級数の特性

定理 5.8 2つの整級数 $f(z) = \sum_{n=0}^{\infty} a_n z^n, g(z) = \sum_{n=0}^{\infty} b_n z^n$ の収束半径をそれぞれ $\rho_f, \rho_g > 0$ とする．穴あき領域 $0 < |z| < \min(\rho_f, \rho_g)$ に属する零列 $\{z_n\}$ があって，すべての n で $f(z_n) = g(z_n)$ が成り立つならば，整級数 f と g は一致する．

証明 $c_n = a_n - b_n$ とおけば，$|z| < \min(\rho_f, \rho_g)$ で

$$f(z) - g(z) = \sum_{n=0}^{\infty} c_n z^n$$

が成り立つ．定理を背理法で証明しよう．もし $c_n \neq 0$ なる係数が存在したとすれば，そのような最小の番号 k に対して

$$\frac{f(z) - g(z)}{z^k} = c_k + c_{k+1} z + \cdots$$

が $0 < |z| < \min(\rho_f, \rho_g)$ で成り立つ．これに $z = z_n$ を代入すれば，左辺は 0 であり右辺は $n \to \infty$ のとき c_k に収束する．よって $c_k = 0$ となり c_k の選び方に反する．□

注意 この定理は未知数 $\{c_n\}$ に関する無限個の斉次連立 1 次方程式 $c_0 z_k + c_1 z_k^2 + \cdots = 0$ ($k = 1, 2, \cdots$) が所与の条件下では零解しかもたないことを主張するものである．のちに述べる一致の定理の特別な場合にあたる．

整級数は収束円の内部でなめらかであるから，定理 4.7 より $f'(0) = a_1 \neq 0$ ならば，$w = f(0)$ の近傍において逆関数 $z = f^{-1}(w)$ が存在する．未定係数法によって，この逆関数を整級数として構成することができる．

定理 5.9 整級数 $f(z) = \sum_{n=0}^{\infty} a_n z^n$ は正の収束半径をもち，$f'(0) = a_1 \neq 0$ とする．$M = \sup_{n \geq 2} \sqrt[n]{|a_n|}$ とおく．このとき $w = f(0)$ を中心とする整級数 $g(w)$ で，

$$r^* = \left(\sqrt{1 + \frac{|a_1|}{M}} - 1 \right)^2$$

以上の収束半径をもち，円領域 $|w - f(0)| < r^*$ において $f \circ g(w) = w$ を満たすものが一意的に構成できる．

証明 簡単のために $f(0) = a_0 = 0$ とする．未知の整級数

52　　　　　　　　　　第 5 章　整　級　数

$$g(w) = \sum_{m=1}^{\infty} b_m w^m$$

に対して形式的に $f \circ g(w)$ のすべての項を展開し，w のベキに並び替えた級数を

$$\sum_{n=1}^{\infty} a_n g^n(w) = \sum_{N=1}^{\infty} c_N w^N$$

とおく．ここで

$$c_N = \sum_{\substack{m_1+\cdots+m_n=N \\ n \geq 1}} a_n b_{m_1} \cdots b_{m_n}$$

であり，右辺は $m_1 + \cdots + m_n = N$ を満たすすべての自然数 $n, m_1, \cdots, m_n$ にわたる和である．$c_1 = 1, c_2 = c_3 = \cdots = 0$ とおいてできる未知数 $\{b_m\}$ に関する無限個の非線形連立方程式の解は，漸化式

$$b_1 = \frac{1}{a_1}, \quad b_N = -\frac{1}{a_1} \sum_{\substack{m_1+\cdots+m_n=N \\ n \geq 2}} a_n b_{m_1} \cdots b_{m_n} \quad (N \geq 2) \tag{5.4}$$

によって求まる．こうして $g(w)$ は少なくとも形式的には一意的に定まる．

　この $g(w)$ が正の収束半径をもつことを次に示そう．$M = 0$ のとき，すなわち $f(z) = a_1 z$ のときは，$g(w) = w/a_1$ であるから $r^* = \infty$ と理解すれば定理は正しい．よって以降 $M > 0$ とする．上限の定義から，すべての $n \geq 2$ で $|a_n| \leq M^n$ が成り立ち，また $f(z)$ の収束半径 ρ_f は $\rho_f \geq 1/M$ を満たす．そこで $d_n = |a_1 b_n| (n \geq 1)$ とおく．すると (5.4) から

$$d_1 = 1, \quad d_N \leq \sum_{\substack{m_1+\cdots+m_n=N \\ n \geq 2}} \alpha^n d_{m_1} \cdots d_{m_n} \quad (N \geq 2), \quad \alpha = \frac{M}{|a_1|}$$

が導かれる．これに対して不等号を等号に変えた漸化式

$$D_1 = 1, \quad D_N = \sum_{\substack{m_1+\cdots+m_n=N \\ n \geq 2}} \alpha^n D_{m_1} \cdots D_{m_n} \quad (N \geq 2)$$

を考えると，明らかに $d_n \leq D_n$ がすべての $n \geq 1$ で成り立つ．この漸化式を少し変形しよう．すべての $N \geq 2$ に対して

$$D_N = \alpha^2 \sum_{m_1+m_2=N} D_{m_1} D_{m_2} + \sum_{\substack{m_1+\cdots+m_n=N \\ n \geq 3}} \alpha^n D_{m_1} \cdots D_{m_n}$$

5.3 整級数の特性

$$= \alpha^2 \sum_{k=1}^{N-1} D_k D_{N-k} + \alpha \sum_{k=1}^{N-2} D_k \sum_{\substack{m_1+\cdots+m_{n-1}=N-k \\ n \geq 3}} \alpha^{n-1} D_{m_1} \cdots D_{m_{n-1}}$$

$$= \alpha(1+\alpha)(D_1 D_{N-1} + \cdots + D_{N-1} D_1) - \alpha D_1 D_{N-1}$$

が成り立つ．この最後の式は初期値 $D_1 = 1$ から順次 D_n を定めているから，正数列 $\{D_n\}$ が満たすもう1つの漸化式である．ところで，実関数

$$\phi(x) = \frac{1 + \alpha x - \sqrt{1 - 2\alpha(1+2\alpha)x + \alpha^2 x^2}}{2\alpha(1+\alpha)}$$

は

$$|x| < 2 + \frac{1}{\alpha} - 2\sqrt{1 + \frac{1}{\alpha}} = r^*$$

において収束する整級数

$$\phi(x) = \sum_{n=1}^{\infty} \nu_n x^n \tag{5.5}$$

に展開され，

$$\limsup_{n \to \infty} \sqrt[n]{\nu_n} \leq \frac{1}{r^*}$$

を満たす．一方，

$$\alpha(1+\alpha)\phi^2(x) - (1+\alpha x)\phi(x) + x = 0$$

に (5.5) を代入して係数 ν_n たちの満たす関係式を求めると

$$\nu_1 = 1, \quad \alpha(1+\alpha) \sum_{m+\ell=n} \nu_m \nu_\ell - \nu_n - \alpha \nu_{n-1} = 0 \ (n \geq 2)$$

となる．これは D_n の満たす漸化式と初期値を込めて同一であるから $\nu_n = D_n$ がすべての n で成り立つ．ゆえに

$$\limsup_{n \to \infty} \sqrt[n]{|b_n|} = \limsup_{n \to \infty} \sqrt[n]{|d_n|} \leq \limsup_{n \to \infty} \sqrt[n]{|D_n|} = \limsup_{n \to \infty} \sqrt[n]{|\nu_n|} \leq \frac{1}{r^*}$$

となり，$g(w)$ の収束半径は r^* 以上である．

次に，任意の $|w| < r^*$ に対して

$$|g(w)| \leq g_+(|w|) = \frac{1}{|a_1|} \sum_{m=1}^{\infty} d_m |w|^m \leq \frac{1}{|a_1|} \phi(|w|)$$

である．関数 $\phi(x)$ は $(0, r^*]$ において単調増加であるから，

$$|g(w)| \leq \frac{1}{|a_1|}\phi(r^*) = \frac{1}{|a_1|}\left(\frac{1}{\alpha} - \frac{1}{\sqrt{\alpha(1+\alpha)}}\right) < \frac{1}{M} \leq \rho_f$$

となり，確かに $|w| < r^*$ の $z = g(w)$ による像は f の収束円の内部に入る．また $f_+ \circ g_+(|w|)$ が有限確定することから，$f \circ g(w)$ の形式的展開におけるすべての項

$$a_n b_{m_1} \cdots b_{m_n} w^{m_1+\cdots+m_n}$$

の絶対値の $n, m_1, \cdots, m_n \geq 1$ にわたる総和は収束する．したがって和の順序交換が許され，任意の $|w| < r^*$ に対して

$$f \circ g(w) = \sum_{N=1}^{\infty} c_N w^N = w$$

が成り立つ．□

注意 合成関数の微分法より $f' \circ g(w) \cdot g'(w) = 1$ が成り立つことから，$|w| < r^*$ において $g'(w) \neq 0$ が成り立つ．また，整級数 $f(z)$ の各係数がガウス整数で $|a_1| = 1$ であれば，その逆関数 $g(w)$ の各係数も同じ性質をもつことが (5.4) より従う．

5.4　アーベルの連続性定理

整級数は収束円の内部では素直な性質をもつが，収束円の上での振舞いはやや複雑である．例えば，$s \in \mathbb{R}$ を定数として整級数

$$\sum_{n=1}^{\infty} \frac{z^n}{n^s} \tag{5.6}$$

を考える．$n^{-s/n} = e^{-s(\log n)/n}$ は $n \to \infty$ のとき 1 に収束するから，公式 (5.2) より (5.6) の収束半径は s に依らず 1 である．しかし，その収束域は s に依存する．実際，$s > 1$ のときは $\sum n^{-s} < \infty$ であるから，優級数定理より (5.6) は単位円 $|z| = 1$ 上のすべての点で絶対収束し，閉円板 $|z| \leq 1$ 上で連続関数を表す．一方，$s \leq 0$ のときは一般項が 0 に収束しないことから，(5.6) は $|z| = 1$ 上のすべての点で発散する．では $0 < s \leq 1$ のときは何が起こるのであろうか．

例題 $0 < s \leq 1$ を定数とする．整級数 (5.6) は $z = 1$ では発散するが，収束円 $|z| = 1$ 上の $z = 1$ を除くすべての点において収束することを示せ．

[解] $s_n(\theta) = e^{i\theta} + \cdots + e^{in\theta}$ とおくと, $0 < \theta < 2\pi$ のとき

$$|s_n(\theta)| = \left|\frac{e^{i\theta}(e^{in\theta} - 1)}{e^{i\theta} - 1}\right| \leq \frac{2}{|e^{i\theta} - 1|} = \frac{1}{|\sin(\theta/2)|}$$

となる.この右辺を M_θ とおく.すべての $p \geq q \geq 2$ に対して

$$\sum_{n=q}^{p} \frac{e^{in\theta}}{n^s} = \sum_{n=q}^{p} \frac{s_n(\theta) - s_{n-1}(\theta)}{n^s} = \frac{s_p(\theta)}{p^s} - \frac{s_q(\theta)}{q^s} + \sum_{n=q}^{p-1}\left(\frac{1}{n^s} - \frac{1}{(n+1)^s}\right)s_n(\theta)$$

であるから,

$$\left|\sum_{n=q}^{p} \frac{e^{in\theta}}{n^s}\right| \leq M_\theta\left(\frac{1}{p^s} + \frac{1}{q^s} + \sum_{n=q}^{p-1}\left(\frac{1}{n^s} - \frac{1}{(n+1)^s}\right)\right) = \frac{2M_\theta}{q^s}$$

を得る.$s > 0$ より q さえ大きくとれば右辺を任意に小さくできる.よって (5.6) は $z = e^{i\theta}$ において収束する. ∎

整級数の収束域 E とその導関数の収束域 E' の間には包含関係 $E \supset E'$ が成立する.

定理 5.10 整級数 $\sum_{n=0}^{\infty} a_n z^n$ の導関数が収束円上の点 z_0 において収束すれば,もとの整級数も z_0 において収束する.

[証明] $\sigma_n = na_n z_0^{n-1} + (n+1)a_{n+1}z_0^n + \cdots$ とおく.$\{\sigma_n\}$ は零列であるから,任意の $\epsilon > 0$ に応じて番号 N がとれて,すべての $n > N$ で $|\sigma_n| < \epsilon$ が成り立つ.このとき,すべての $p \geq q > N$ に対して

$$\sum_{n=q}^{p} a_n z_0^{n-1} = \sum_{n=q}^{p} \frac{\sigma_n - \sigma_{n+1}}{n}$$
$$= \frac{\sigma_q}{q} - \frac{\sigma_{p+1}}{p} + \sum_{n=q+1}^{p}\left(\frac{1}{n} - \frac{1}{n-1}\right)\sigma_n$$

であるから,

$$\left|\sum_{n=q}^{p} a_n z_0^n\right| \leq \epsilon|z_0|\left(\frac{1}{q} + \frac{1}{p} + \sum_{n=q+1}^{p}\left(\frac{1}{n-1} - \frac{1}{n}\right)\right) = \frac{2\epsilon|z_0|}{q}$$

を得る.ゆえに $f(z)$ は z_0 において収束する. □

整級数が収束円上の点 z_0 で収束するとき,関数は z_0 で連続的につながることを主張するのが次の定理である.ただし収束円の内部から z_0 への近づき方

にある制限を課した上での連続性である．

いま，整級数 $\sum_{n=0}^{\infty} a_n z^n$ は有限な収束半径 $\rho > 0$ をもつとし，収束円上の点 $z_0 = \rho e^{i\theta}$ で収束するとする．$z = \rho e^{i\theta}\zeta$ によって変数を z から ζ に変換すれば，この整級数は ζ に関する整級数

$$\sum_{n=0}^{\infty} A_n \zeta^n, \quad A_n = \rho^n e^{in\theta} a_n$$

に変換され，その収束半径は 1 であり $\zeta = 1$ において収束する．よって最初から，係数の和が収束するような収束半径 1 の整級数を考えれば十分である．

定理 5.11（**アーベルの連続性定理**）収束半径 1 をもつ整級数 $\sum_{n=0}^{\infty} a_n z^n$ が $z = 1$ において収束するとする．このとき任意の $K > 1$ に対して閉集合

$$E_K = \left\{ 0 < \frac{|1-z|}{1-|z|} \leq K \right\} \cup \{1\}$$

の上でこの整級数は一様収束する（次ページの図 5.1）．

[証明] $\sigma_n = a_n + a_{n+1} + \cdots$ とおく．$\{\sigma_n\}$ は零列であるから，任意の $\epsilon > 0$ に応じて番号 N がとれて，すべての $n > N$ で $|\sigma_n| < \epsilon$ が成り立つ．いま任意の点 $z \in E_K$ と $p \geq q > N$ に対して

$$\sum_{n=q}^{p} a_n z^n = \sum_{n=q}^{p} (\sigma_n - \sigma_{n+1}) z^n$$
$$= \sigma_q z^q - \sigma_{p+1} z^p + (z-1) \sum_{n=q+1}^{p} \sigma_n z^{n-1}$$

となる．ゆえに $|z| \leq 1$ を用いて

$$\left| \sum_{n=q}^{p} a_n z^n \right| \leq 2\epsilon + \epsilon |1-z| \sum_{n=q+1}^{p} |z|^{n-1}$$

を得る．この右辺は，$z = 1$ のときは 2ϵ であり，$z \in E_K \setminus \{1\}$ のときは

$$2\epsilon + \epsilon \frac{|1-z|}{1-|z|}(|z|^q - |z|^p) < (K+2)\epsilon$$

と評価されるから，いずれにしても E_K 上で $(K+2)\epsilon$ より小さい．□

5.4 アーベルの連続性定理

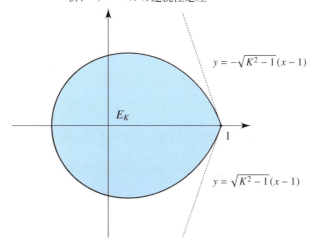

図 5.1 閉集合 E_K.

注意 E_K の境界は点 $z = 1$ において 2 本の半直線 $y = \pm\sqrt{K^2 - 1}(x - 1), x < 1$ と接し、集合 $E_K \setminus \{1\}$ は角領域

$$\left\{ |\mathrm{Arg}(1 - z)| < \arctan\sqrt{K^2 - 1} \right\}$$

に入る(図 5.1). 逆に,この角領域と 1 の近傍の共通部分は,十分に大きく K' をとって $E_{K'}$ に含まれるようにできる.このような角領域内にあって $z = 1$ に終わる連続な道を**シュトルツの道**という.したがって,シュトルツの道に沿って z が 1 に近づくとき,$f(z)$ は $f(1)$ に近づく.しかし $K > 1$ は任意であるからといって,円領域 $|z| < 1$ 内の任意の道に沿って z が 1 に近づくときも $f(z)$ は $f(1)$ に近づくと早合点してはいけない.例えば,演習問題 28 の整級数 $f(z)$ は収束円上の点 $e^{2\pi i e}$ で収束する.ところが,同問の (i) より,e の近似有理数列 $\{t_n\}$ に対して $z_n = \rho_n e^{2\pi i t_n}, 0 < \rho_n < 1$ で,

$$\lim_{n \to \infty} \rho_n = 1 \quad \text{かつ} \quad \lim_{n \to \infty} \mathrm{Re}\, f(z_n) = \infty$$

となる点列 $\{z_n\}$ がとれる.すると z_n は単位円の内部から $e^{2\pi i e}$ に近づくが,$f(z_n)$ は $f(e^{2\pi i e})$ に収束しない.

アーベルの連続性定理は,$\sum_{n=0}^{\infty} a_n$ の収束性から整級数 $f(z) = \sum_{n=0}^{\infty} a_n z^n$ の $z = 1$ における連続性を導くものである.しかし $n \to \infty$ のとき $|a_0 + \cdots + a_n|$ が ∞ に発散するからといって $f(z)$ の $z = 1$ の近傍での挙動が悪いというわけではない.例えば,等比級数を微分して得られる ($|z| < 1$ のみで定義される) 整級数

$$\frac{1}{(1+z)^2} = 1 - 2z + 3z^2 - \cdots + (-1)^n(n+1)z^n + \cdots$$

は，収束円内から $z=1$ に近づくいかなる道に沿っても $1/4$ に収束する．

一方，何らかの条件を課してアーベルの連続性定理の逆を主張する定理を総称して**タウバー型定理**という．次の定理はその原型である．

定理 5.12（**タウバーの定理**）整級数 $f(z) = \sum_{n=0}^{\infty} a_n z^n$ の収束半径は 1 であるとし，実数 x が $x < 1$ を満たしながら 1 に近づくとき $f(x)$ は α に収束するとする．このとき $\{na_n\}$ が零列ならば $\sum_{n=0}^{\infty} a_n = \alpha$ が成り立つ．

証明 $s_n = a_0 + a_1 + \cdots + a_n$ とおく．$\{na_n\}$ は零列であるから，任意の $\epsilon > 0$ に応じて番号 N がとれて，すべての $n > N$ で $n|a_n| < \epsilon$ が成り立つ．このとき $0 < x < 1, n > N$ に対して

$$|s_n - f(x)| = \left| \sum_{k=1}^{n} a_k(1-x^n) - \sum_{k>n} a_n x^n \right|$$
$$\leq (1-x)\sum_{k=1}^{n} k|a_k| + \frac{\epsilon}{n(1-x)}$$

となる．これに $x = 1 - 1/n$ を代入して

$$\left| s_n - f\left(1 - \frac{1}{n}\right) \right| \leq \frac{1}{n}\sum_{k=1}^{n} k|a_k| + \epsilon$$

を得る．右辺第 1 項は零列の相加平均なので再び零列である．よって $n \to \infty$ の極限をとって

$$\limsup_{n \to \infty} |s_n - \alpha| \leq \epsilon$$

となり，ϵ は任意であったから s_n は α に収束する． □

注意 この定理の na_n が零列であるという条件は，リトルウッドによって $n|a_n|$ の有界性に弱められ，さらにハーディとリトルウッドによって na_n が上に有界であれば（例えば $na_n \to -\infty$ のときにも）定理が成り立つことが示された．条件 $a_n = O(1/n)$ はこれ以上よくはならない．

演 習 問 題

26 収束する（絶対収束とは限らない）2つの級数 $\sum_{n=0}^{\infty} a_n$ と $\sum_{n=0}^{\infty} b_n$ の**コーシー積**
$$\sum_{n=0}^{\infty}(a_0 b_n + a_1 b_{n-1} + \cdots + a_n b_0)$$
が収束すれば，その極限値は2つの級数の積に等しいことを示せ．

27 原点を中心とする整級数 $f(z) = \sum_{n=1}^{\infty} a_n z^n$ は原点の近傍で $f \circ f(z) = z$ を満たすとする．次の各問に答えよ．
  (i) $a_1 = 1$ ならば $f(z) = z$ であることを示せ．
  (ii) $a_1 = -1$ を満たす1次分数関数 $f(z)$ をすべて求めよ．

28 自然数 n の約数の中で階乗で表せる最大のものを $k!$ とし，$c_n = k$ と定める．始めのいくつかは $c_1 = 1, c_2 = 2, c_3 = 1, c_4 = 2, c_5 = 1, c_6 = 3$ である．$0 < s \leq 1$ を定数とする．このとき，整級数
$$f(z) = \sum_{n=1}^{\infty} \frac{c_n}{n^s} z^n$$
について，次のことを示せ．
  (i) すべての $t \in \mathbb{Q}$ に対して，$\rho \to 1-$ のとき $\mathrm{Re}\, f(\rho e^{2\pi i t}) \to \infty$ が成り立つ．（よって，アーベルの連続性定理の対偶より $f(z)$ は点 $z = e^{2\pi i t}$ において発散する．）
  (ii) 点 $z = e^{2\pi i e}$ において $f(z)$ は収束する．

29 整級数
$$f(z) = \sum_{n=1}^{\infty} \frac{(-1)^{[\sqrt{n}]}}{n} z^n$$
について[1]，次のことを示せ．
  (i) 円 $|z| = 1$ 上のすべての点において $f(z)$ は収束する．
  (ii) 点 $z = 1$ を除く円 $|z| = 1$ 上のすべての点において $f(z)$ は連続である．
  (iii) 閉円板 $|z| \leq 1$ において $f(z)$ は一様収束しない．

---

[1] 実数 x に対して $x \geq k$ を満たす最大の整数 k を $[x]$ と表し，x の整数部分あるいは**ガウス記号**という．$[x]$ は**床関数** $\lfloor x \rfloor$ と同じである．これに対し $x \leq k$ を満たす最小の整数 k を $\lceil x \rceil$ と表し，これを**天井関数**という．

第6章
初 等 関 数

　　　前章で述べた整級数を用いて，指数関数や代数関数などの初等関数を複素関数に拡張する．その逆関数は定義域を制限するごとに1対1写像の逆として定まるという意味において多価関数である．したがって逆関数を1価関数として取り扱うときは，どのような定義域で考えるのかを明示しなければならない．逆関数の大域的なつながりを理解するにはリーマン面の概念が必要である．

6.1 指 数 関 数

整級数
$$\sum_{n=0}^{\infty} \frac{z^n}{n!}$$
を e^z あるいは $\exp(z)$ と表し，**指数関数**という．実数値の指数関数 e^x の原点を中心とするテイラー展開に $x = z$ を代入したものに他ならない．この整級数の収束半径は $+\infty$ であり，したがって e^z は $\mathbb{C}$ 上いたるところ正則な関数，すなわち整関数である．また，その名の通り指数法則 $e^{\alpha+\beta} = e^\alpha e^\beta$ が成り立つ．実際に，

$$\begin{aligned}
e^{\alpha+\beta} &= \sum_{n=0}^{\infty} \frac{(\alpha+\beta)^n}{n!} \\
&= \sum_{n=0}^{\infty} \left(\frac{\alpha^n}{n!} + \frac{\alpha^{n-1}}{(n-1)!} \frac{\beta}{1!} + \cdots + \frac{\alpha}{1!} \frac{\beta^{n-1}}{(n-1)!} + \frac{\beta^n}{n!} \right) \\
&= \sum_{n=0}^{\infty} \frac{\alpha^n}{n!} \sum_{m=0}^{\infty} \frac{\beta^m}{m!} = e^\alpha e^\beta
\end{aligned}$$

となる．第2式から第3式への変形にはコーシー積の公式を用いた．あるいは別証明として，項別微分より $(e^z)' = e^z$ であるから，整関数 $e^z e^{\alpha+\beta-z}$ を微分

6.1 指数関数

して
$$(e^z e^{\alpha+\beta-z})' = e^z e^{\alpha+\beta-z} - e^z e^{\alpha+\beta-z} = 0$$
となる．したがって $e^z e^{\alpha+\beta-z}$ は $\mathbb{C}$ 上で定数となることから指数法則が導かれる．点 z_0 を中心とする e^z の整級数展開は
$$e^z = e^{z_0} e^{z-z_0} = \sum_{n=0}^{\infty} \frac{e^{z_0}}{n!} (z-z_0)^n$$
で与えられる．さらに，
$$\sin z = \frac{e^{iz} - e^{-iz}}{2i}, \quad \cos z = \frac{e^{iz} + e^{-iz}}{2}$$
とおけば，それらの整級数展開は
$$\sin z = \sum_{n=0}^{\infty} (-1)^n \frac{z^{2n+1}}{(2n+1)!}, \quad \cos z = \sum_{n=0}^{\infty} (-1)^n \frac{z^{2n}}{(2n)!}$$
となるが，これらも実3角関数 $\sin x, \cos x$ の原点を中心とするテイラー展開に $x = z$ を代入したものに他ならない．項別微分によって
$$(\sin z)' = \cos z, \quad (\cos z)' = -\sin z$$
となる．e^z の原点を中心とする整級数に $z = iy$ を代入すれば，**オイラーの公式**
$$e^{iy} = \sum_{n=0}^{\infty} \frac{i^n y^n}{n!} = \cos y + i \sin y$$
を得る．したがって 1.3 節で定義した複素数値関数 $e^{i\theta}$ は指数関数 e^z の虚軸上の関数である．一般に $e^{x+iy} = e^x (\cos y + i \sin y)$ であるから，特に $|e^z| = e^x$ であり，整関数 e^z は $\mathbb{C}$ に零点をもたない．明らかに $e^{\mathrm{Re}\, z}$ は $z \to \infty$ のとき収束しないので，e^z は無限遠点において正則ではない．

[例題] 3角関数の加法公式 $\sin(z+w) = \sin z \cos w + \cos z \sin w$ を示せ．

[解] 定義と指数法則より
$$\sin z \cos w + \cos z \sin w = \frac{e^{iz} - e^{-iz}}{2i} \frac{e^{iw} + e^{-iw}}{2} + \frac{e^{iz} + e^{-iz}}{2} \frac{e^{iw} - e^{-iw}}{2i}$$
$$= \frac{e^{i(z+w)} - e^{-i(z+w)}}{2i} = \sin(z+w). \quad \blacksquare$$

定義 6.1 $\mathbb{C}$ 上で定義された $f(z)$ が周期関数であるとは，すべての $z \in \mathbb{C}$ に対して $f(z+\omega) = f(z)$ が成り立つような定数 $\omega \neq 0$ が存在するときにいう．このとき ω を f の周期という．f の任意の周期が 1 つの周期 ω_0 の整数倍で表されるとき，f を**単一周期関数**と呼び ω_0 を**基本周期**という．

指数法則より，指数関数が周期 ω をもつことと $e^\omega = 1$ とは同値である．$\omega = a + ib$ とおけば，$a = 0, \cos b = 1$ と同値であるから，指数関数 e^z は基本周期 $2\pi i$ をもつ単一周期関数である．同様に，3 角関数 $\sin z, \cos z$ が周期 ω をもつことと $e^{i\omega} = 1$ は同値であるから，ともに基本周期 2π をもつ単一周期関数である．

写像としての指数関数は，$w = e^z = e^x e^{iy}$ 自体が極形式であるから，実軸に平行な直線 $\operatorname{Im} z = \alpha$ を原点から伸びる半直線 $\arg w = \alpha$ に写し，虚軸に平行な直線 $\operatorname{Re} z = \beta$ を原点を中心とする円 $|w| = e^\beta$ に幾重にも重ねて写す．例えば，$a < b$ を実定数として，長方形集合 $R = \{a \leq \operatorname{Re} z < b, -\pi \leq \operatorname{Im} z < \pi\}$ は上辺と下辺が糊付けされる形で円環集合 $T = \{e^a \leq |w| < e^b\}$ に全単射で写される（図 6.1）．同様に R を虚軸方向に任意に平行移動した長方形集合 R' も T に全単射で写される．

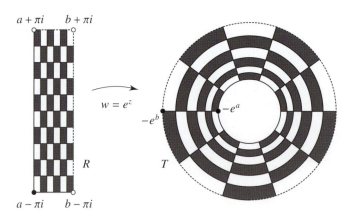

図 6.1 関数 $w = e^z$ は点 $a \pm \pi i$ を $-e^a$ に，点 $b \pm \pi i$ を $-e^b$ に写す．よって帯状集合 $\{-\pi \leq \operatorname{Im} z < \pi\}$ は穴あき領域 $\mathbb{C} \setminus \{0\}$ に全単射で写される．こうして関数 e^z は 0 以外のすべての値を無限回とる．

6.2 対数関数

対数関数は多価関数として定義される e^z の逆関数である．$(e^z)' = e^z \neq 0$ であるから，定理4.7より任意の $z_0 \in \mathbb{C}$ に対して $w_0 = e^{z_0}$ の近傍において $w = e^z$ の逆関数が一意的に存在する．$w = e^z \neq 0, z = x + iy$ とおけば

$$|w| = e^x, \quad \arg w \equiv y \pmod{2\pi}$$

であるから，

$$z = \log|w| + i(\operatorname{Arg} w + 2n\pi), \quad n = 0, \pm1, \pm2, \cdots$$

という無限個の点が e^z によって同一の点 w に写される．この右辺を多価関数として $\log w$ と表す．よって対数関数の多価性は偏角の多価性に由来する．特に e^z の定義域を帯状集合 $B = \{-\pi \leq \operatorname{Im} z < \pi\}$ に制限したときの逆関数

$$\log|w| + i\operatorname{Arg} w, \quad w \in \mathbb{C}\setminus\{0\}$$

は標準的な1価化であり，本書ではこれを対数関数の**主値**と呼び $\operatorname{Log} w$ で表す[1]．

[注意] $\operatorname{Log} w$ の定義域は，集合としては B を e^z で写した領域 $\mathbb{C}\setminus\{0\}$ であるが，実軸の負の点において $\operatorname{Log} w$ は不連続である．実際，$r > 0$ に対して

$$\lim_{\substack{w \to -r \\ \operatorname{Im} w > 0}} \operatorname{Log} w = \log r + \pi i \neq \lim_{\substack{w \to -r \\ \operatorname{Im} w < 0}} \operatorname{Log} w = \log r - \pi i$$

となるからである．このように対数関数を1価化する際に現れる不連続線を**切断線**という．$\operatorname{Log} w$ の切断線は実軸の負の部分である．また，原点から出発する自己交差しない連続曲線を連続線とする対数関数の1価化も可能である．例えば，$[0, \infty)$ 上の連続関数 $\omega(t)$ に対して連続曲線 $C = te^{i\omega(t)}, t \geq 0$ を不連続線とする対数関数は，集合 $\{\omega(e^{\operatorname{Re} z}) \leq \operatorname{Im} z < 2\pi + \omega(e^{\operatorname{Re} z})\}$ に制限した e^z の逆関数として定義される．$\omega(t) = -\pi$ のときが $\operatorname{Log} w$ である．対数関数を含む積分計算では問題に適した1価化を行う．

対数関数 $\log z$ は，どのような1価化であっても定理4.7より

$$(\log z)' = \frac{1}{z}, \quad z \in \mathbb{C}\setminus\{0\}$$

を満たす．すなわち対数関数の導関数は有理関数であり，定理4.3より

---

[1] $0 \leq \arg w < 2\pi$ に対する $\log w = \log|w| + i\arg w$ を主値の定義とする書物もある．

$$(\log z)^{(n)} = (-1)^{n-1}\frac{(n-1)!}{z^n}, \quad n \geq 1$$

が成り立つ.

$n \geq 2$ のときの 1 の n 乗根 $\zeta_k = e^{2k\pi i/n} \neq 1$, $0 \leq k < n$ に対して

$$\log \zeta_k \equiv \frac{2k\pi}{n}i \pmod{2\pi i}$$

であるから, 1 価化の如何によらず $\log \zeta_k^n = \log 1 \neq n \log \zeta_k$ となる k が存在する. よって, 積の対数は対数の和であるという法則は一般には成り立たない.

1 価化の如何によらず, すべての $z \in \mathbb{C} \setminus \{0\}$ に対して $e^{\log z} = z$ が成り立つ. しかし $\log(e^z) = z$ が成り立つのは, z が $\log$ の値域に入るときのみである.

ここで比較のために, 実関数の逆関数について考えてみよう. $\mathbb{R}$ でいたるところ微分可能な実関数 $f(x)$ に対して, ある区間 I で $f'(x) \neq 0$ が成り立つならば, 導関数に関する中間値の定理より $f'(x)$ の符号は一定となり, したがって $f(x)$ は狭義単調関数となって区間 $f(I)$ 上で f の逆関数 $f^{-1}(y)$ が存在する. このような区間 I を最大限にとろうとしたとき, その限界点 x_0 があるとすれば, そこで $f'(x_0) = 0$ が成り立つ. つまり逆関数が局所的に定義できなくなるところまで大域的に定義できるということである. しかし, それぞれの定義域どうしは重ならない. 例えば $\cos x$ の逆関数は $[k\pi, (k+1)\pi]$ という区間ごとに定義される.

複素関数 e^z は $(e^z)' = e^z \neq 0$ を満たすから, 複素平面のいたるところで局所的に逆関数が存在する. 実関数の場合と異なり, 複素関数の場合は逆関数の限界点は存在しない. このことは, ある意味で実関数より良い状況にあるといえる. つまり限界点がないということは, 多価関数どうしが実は互いにつながっていて, 対数関数の実体は 1 つであることを示唆しているのではないか. この対数関数が棲む世界をもう少し調べてみよう.

対数の主値 $\mathrm{Log}\, w$ の値域は帯状集合 $B = \{-\pi \leq \mathrm{Im}\, z < \pi\}$ であり, 実軸の負の部分が $\mathrm{Log}\, w$ の不連続線であった. よって実数 $r > 0$ に対して

$$\lim_{\substack{w \to -r \\ \mathrm{Im}\, w > 0}} \mathrm{Log}\, w = \log r + \pi i$$

であり, B を虚軸方向に 2π だけ平行移動した集合を $B_1 = \{\pi \leq \mathrm{Im}\, z < 3\pi\}$ とすれば, 上式の右辺は, e^z を B_1 から $\mathbb{C} \setminus \{0\}$ への全単射としてみたときの逆関数

$z = \log w = \operatorname{Log} w + 2\pi i$ の $w = -r$ における値に他ならない．つまり $\operatorname{Log} w$ と $\log w$ は実軸の負の部分で連続的に，そして定理 4.7 より正則関数としてきれいにつながっている．実軸の負の部分が $\operatorname{Log} w$ の不連続線であるというのは主値の 1 価化の都合であって，対数関数本来の性質ではない．むしろ対数関数が棲む世界は $\mathbb{C}\setminus\{0\}$ ではないと考える方が自然であろう．すなわち，$\operatorname{Log} w$ の定義域 $\mathbb{C}\setminus\{0\}$ と $\log w$ の定義域 $\mathbb{C}\setminus\{0\}$ は異なる世界であると考えれば，対数関数を 1 つの関数として扱うことができて煩わしい多価性の問題は解消する．こうして無限枚の $\mathbb{C}\setminus\{0\}$ を用意し，それらを螺旋状につなげた 1 つの曲面 Σ を考えれば（図 6.2），指数関数は $\mathbb{C}$ から Σ への全単射となり，その逆関数としての対数関数は Σ から $\mathbb{C}$ への全単射と考えることができる．この Σ を対数関数の**リーマン面**という．1 枚の $\mathbb{C}\setminus\{0\}$ を Σ の葉ということもある．Σ の形状から，原点から無限枚の葉が分岐しているように見える．対数関数が定義されない点 $w = 0$ を**対数分岐点**，あるいは**対数特異点**という．

なお，e^z 以外の複素数の累乗 $w^z, w \neq 0$ については，対数関数と指数関数の合成として $w^z = e^{z \log w}$ と定める．よって w^z は一般に多価関数であるが，1 価

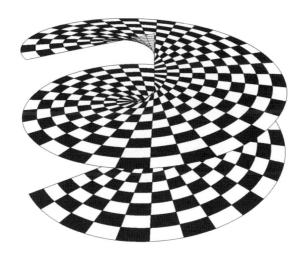

図 6.2 対数関数のリーマン面のイメージ図．同じ方向にまわり続ければ次々と新しい世界に入る．

化の如何によらず指数法則

$$w^z w^\zeta = e^{z\log w} e^{\zeta \log w} = e^{(z+\zeta)\log w} = w^{z+\zeta}$$

が成り立つ．特に $z \in \mathbb{Z}$ のとき w^z は一意的に定まる．

次に，$f(z)$ を領域 D において正則な関数とする．もし $f(z)$ が D 内に零点をもたなければ，局所的には1価化に依らず $\log f(z)$ は正則関数の合成として正則である．では，果たして D 上の正則な関数として定義できるであろうか．もし f が D を $f(D)$ に単射で写すならば，定義域の適当な制限による1価化によって $\log f(z)$ を D 上の正則関数として扱うことができる．しかし，$f(z_0) = f(z_1)$ を満たす2点 $z_0, z_1 \in D$ が存在し，z_0 から z_1 に至る曲線 C を f によって変換した閉曲線 Γ が原点を回転する場合（図6.3 (a)）は，単に定義域の制限という方法では $\log f(z)$ を D 上の正則関数として扱うことはできない．というのは，点 z が z_0 から z_1 まで C に沿って旅行するとき，点 $f(z)$ が Γ に沿って原点のまわりを連続的に $n(0; \Gamma)$ 回転するとすれば，$\log f(z)$ が連続関

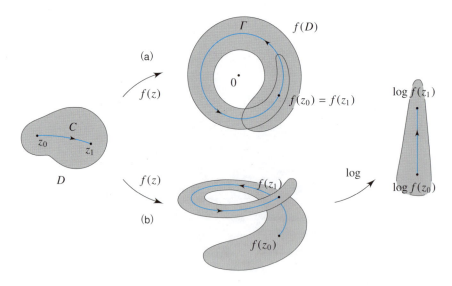

図6.3 (a) 普通に扱うと $f(z_0) = f(z_1)$ であるから $\log f(z_0) \neq \log f(z_1)$ を正当化することができない．(b) D は f によって $\log$ のリーマン面の何枚かの葉の中に写され，$f(z_0)$ と $f(z_1)$ を異なる点とみなすことができる．

6.2 対数関数

数として定義されるためには，
$$\log f(z_1) = \log f(z_0) + n(0;\Gamma) \cdot 2\pi i$$
となることが必要だからである．そして，この多価性の問題を回避するのが log のリーマン面による考え方である（図 6.3 (b)）．要するに，$\log f(z)$ が D 上の連続な関数として定義できるためには，z_0 から z_1 に至る D 内のすべてのパラメータ曲線 C に対して，それを f によって変換した閉曲線 Γ の原点のまわりの回転数 $n(0;\Gamma)$ が一定であればよい．そのためには D にある条件を課す必要がある．

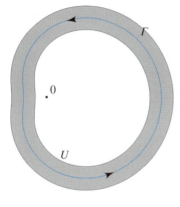

図 6.4

z_0 から z_1 に至るパラメータ曲線 C を $\{z(t) \,|\, a \le t \le b\}$ とし，それを f によって変換した曲線 Γ は原点を通らない閉曲線であるから，命題 2.1 より
$$f \circ z(t) = r(t) e^{i\theta(t)}$$
と表せる．$r(t) > 0$ は連続であるから正の最小値 m をもつ．このとき，もし同じ条件を満たす別のパラメータ曲線 $\widetilde{C} = \{\tilde{z}(t) \,|\, a \le t \le b\}$ が
$$\max_{a \le t \le b} |f \circ z(t) - f \circ \tilde{z}(t)| < \frac{m}{2}$$
を満たすとする．$\widetilde{C}$ を f によって変換した曲線を $\widetilde{\Gamma}$ は，Γ から $m/2$ 以内の距離にある環状の集合 U に含まれ，よって Γ と $\widetilde{\Gamma}$ の原点のまわりの回転数は一致する（図 6.4）．

領域内の任意の単純閉曲線を，その領域の中で連続的な変形で1点に縮めることができるとき，この領域は**単連結**であるという．穴あき領域や円環領域は単連結ではない．いま，D を単連結な領域とする．z_0 から z_1 に至る D 内の2つのパラメータ曲線 C, C' に対して，D の中で C を C' に連続的に変形することができる．その変形を $[0,1]^2$ 上の D に値をとる2変数連続関数 $z(s,t)$ で表す．ここで $s \in [0,1]$ を固定するごとに $\{z(s,t) \,|\, 0 \le t \le 1\}$ は $z(s,0) = z_0$ から $z(s,1) = z_1$ に至る曲線であり，$z(0,t), z(1,t)$ がそれぞれ C, C' を表すとする．

関数 $f \circ z(s,t)$ は $[0,1]^2$ 上で連続であるから,その像は原点を含まないコンパクト集合であり,

$$m^* = \min_{0 \le s,t \le 1} |f \circ z(s,t)| > 0$$

が成り立つ.また,$[0,1]^2$ 上で一様連続であるから,ある正数 δ がとれて,平面の 2 点 (s,t) と (s',t') の距離が δ 以下であれば $|f \circ z(s,t) - f \circ z(s',t')| < m^*/2$ が成り立つ.そこで s の区間 $[0,1]$ を分割して $0 = s_0 < s_1 < \cdots < s_N = 1$ とし,すべての k で $s_{k+1} - s_k < \delta$ となるようにしておく.それぞれに対応する曲線を $z_k(t) = z(s_k, t)$ とおけば,

$$\max_{0 \le t \le 1} |f \circ z_{k+1}(t) - f \circ z_k(t)| < \frac{m^*}{2}$$

となり,$z_k(t)$ を f で変換した閉曲線を Γ_k と書けば,上述の考察によって,

$$n(0;C) = n(0;\Gamma_0) = \cdots = n(0;\Gamma_N) = n(0;C')$$

が従う.以上を次の定理にまとめておく.

定理 6.2 単連結領域 D において正則な関数 $f(z)$ は D 内に零点をもたないとする.このとき $\log f(z)$ を D 上の 1 価正則な関数になるように定めることができる.定め方には $2\pi i$ の整数倍を加える任意性があるが,その定め方に依らず,D において次の各等式が成り立つ.

$$e^{\log f(z)} = f(z), \quad \operatorname{Re} \log f(z) = \log|f(z)|, \quad (\log f(z))' = \frac{f'(z)}{f(z)}$$

6.3 代数関数

$P_0(z), P_1(z), \cdots, P_n(z)$ を多項式とし,$P_n(z)$ は恒等的に 0 ではないとする.のちに述べる代数学の基本定理 8.7 によって,方程式

$$P_n(z)w^n + \cdots + P_1(z)w + P_0(z) = 0$$

の解 w は,z を固定するごとに重複を込めて高々 n 個ある.この w を z の多価関数とみて**代数関数**という.特に $n = 1$ のときは 3.2 節で述べた有理関数に他ならない.簡単な例として 2 項方程式 $w^n = z$ を考えよう.2.3 節で述べたように,$z \ne 0$ のとき

6.3 代数関数

図 6.5 $\sqrt{z}$ のリーマン面のイメージ図．原点のまわりを 2 回まわると元の世界に戻る．平面が交わっているようにしか描けないが，実際は交わることなく 2 つの平面がつながっている．

$$w = |z|^{1/n} \exp\left(i\frac{\text{Arg}\, z + 2k\pi}{n}\right), \quad 0 \le k < n$$

が $w^n = z$ の n 個の解を与える．この z の n 乗根を n 価の多価関数として $\sqrt[n]{z}$ と表す．一方，

$$e^{(1/n)\log z} = |z|^{1/n} \exp\left(i\frac{\text{Arg}\, z + 2k\pi}{n}\right), \quad k \in \mathbb{Z}$$

の表す値は丁度 n 個であるから，$\sqrt[n]{z}$ と $z^{1/n}$ は同一の多価関数を表す．すべての葉の共有点である原点を**代数分岐点**，あるいは**代数特異点**という．任意の $z \in \mathbb{C}$ に対して $(\sqrt[n]{z})^n = z$ が成り立つが，一般に $\sqrt[n]{z^n}$ の値は z に 1 の n 乗根を乗じた値になる．$\sqrt[n]{z} = e^{(1/n)\log z}$ であるから，$\sqrt[n]{z}$ のリーマン面は $\log z$ のリーマン面を n 周期で同一視したものとなる（図 6.5）．また定理 6.2 と同様に，次の定理が成り立つ．

定理 6.3 単連結領域 D において正則な関数 $f(z)$ は D 内に零点をもたないとする．このとき $\sqrt[n]{f(z)}$ を D 上の 1 価正則な関数になるように定めることができる．定め方には 1 の n 乗根倍の任意性があるが，その定め方に依らず，D において次の各等式が成り立つ．

$$\left(\sqrt[n]{f(z)}\right)^n = f(z), \quad \left|\sqrt[n]{f(z)}\right| = |f(z)|^{1/n}, \quad \left(\sqrt[n]{f(z)}\right)' = \frac{f'(z)}{n\left(\sqrt[n]{f(z)}\right)^{n-1}}$$

対数関数のリーマン面には原点をまわる閉曲線は存在しない．まわり込むた

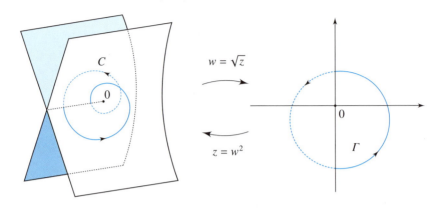

図 6.6　$\sqrt{z}$ は正の実数 x に $\sqrt{x}$ を対応させるよう負の実軸を切断線とする 1 価化がなされている．曲線が切断線を横断する際は必ず上下の葉の移動が起こる．左図の上の白い葉にある C の部分は実線で，下の葉にある C の部分は破線で示した．

びに次々と新しい世界に入るからである．しかし，代数関数のリーマン面ではそのような閉曲線が存在する．例えば，$\sqrt{z}$ のリーマン面において原点のまわりを 2 回転する閉曲線 C は，$\sqrt{z}$ によって原点のまわりを 1 回転する閉曲線 Γ に写される（図 6.6）．また，正の実数 λ に対して $\sqrt{\lambda z} = \sqrt{\lambda}\sqrt{z}$ が成り立つかどうかは 1 価化に依存する．例えば図 6.7 のように原点から無限遠に伸びる曲線 C を切断線とし，正の実数 x に対して実関数の $\sqrt{x}$ と一致するように $\sqrt{z}$ を 1 価化すれば，$\sqrt{-1} = -i$ であるが，$\sqrt{-2} = \sqrt{2}i$ であるから

$$\sqrt{2(-1)} \neq \sqrt{2}\sqrt{-1}$$

となる．逆に言えば，原点から伸びる半直線を切断線にとる限り，一般に $\sqrt{\lambda z} = \sqrt{\lambda}\sqrt{z}$ が成り立つ．

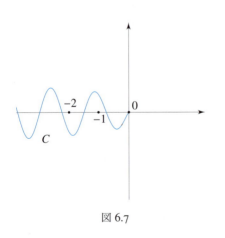

図 6.7

演習問題

30 $\mathbb{R}$ 上で定義された定数ではない連続関数を $f(t)$ とする．すべての $t \in \mathbb{R}$ に対して $f(t+\omega) = f(t)$ が成り立つような実定数 $\omega \neq 0$ があるとき，ω を f の周期という．f の任意の周期 ω はある基本周期 ω_0 の整数倍であることを示せ．

31 代数関数 $f(z) = \sqrt[n]{z}, n \geq 2$ に対して $f(0) = 0$ と定義すれば，$f(z)$ は原点において連続である．しかし $f(z)$ は原点において正則ではないことを示せ．

32 関数 $f(z) = z^i = e^{i \mathrm{Log}\, z}$ は $\mathbb{C} \setminus \{0\}$ から $\mathbb{C} \setminus \{0\}$ への写像を定める．$f(z)$ は負の実軸上のすべての点において不連続であることを示せ．次に $f \circ f(z) = z$ を満たす点 $z \in \mathbb{C} \setminus \{0\}$ をすべて求めよ．

33 $\mathbb{C}$ 上で定義された関数 $g(z) = i^z = e^{z \mathrm{Log}\, i}$ は $\mathbb{C} \setminus \{0\}$ への写像を定める．4 半円 $B = \{z \,|\, |z| \leq 1, \mathrm{Re}\, z \geq 0, \mathrm{Im}\, z \geq 0\}$ に対して $g(B) \subset B$ を示せ．

34 指数関数 $f(z) = e^z$ は $f(0) = 1, f'(0) = 1$ を満たすから，定理 5.9 より e^z の逆関数 $\mathrm{Log}\, w$ の $w = 1$ を中心とする整級数は正の収束半径をもつ．その整級数を求めよ．また，それを使って，$|z| \leq \delta < 1$ のとき

$$|\mathrm{Log}(1+z)| \leq \frac{|z|}{1-\delta}.$$

さらに $|z| \leq \delta < 1/2$ のとき

$$|\mathrm{Log}(1+z)| \geq \frac{1-2\delta}{1-\delta}|z|$$

が成り立つことを示せ．

第 7 章
複 素 積 分

　実関数のリーマン積分が区間において定義されるのに対し，複素積分は複素平面の曲線上のリーマン和の極限値として定義される．複素積分の基本的な性質はそのまま実関数の性質を受け継ぐものが多い．しかし，実関数の場合は連続関数の不定積分が常に存在するのに対し，複素積分の場合は連続関数の不定積分を定義するには閉曲線に沿う積分に関するある種の条件が必要となる．

7.1　曲線の長さ

　区間 $[a,b]$ の分割 $\Delta : a = t_0 < t_1 < \cdots < t_n = b$ に対して $t_1 - t_0, \cdots, t_n - t_{n-1}$ の最大値を $|\Delta|$ で表す．パラメータ曲線 $C = \{z(t) \mid a \leq t \leq b\}$ に対して，分割 Δ に対応する C の点列 $z_k = z(t_k)$ を順につないでできる折れ線の長さは

$$\ell(\Delta) = \sum_{k=0}^{n-1} |z_{k+1} - z_k|$$

である（図 7.1）．Δ があらゆる分割にわたるときの $\ell(\Delta)$ の上限が有限であるとき，この値をパラメータ曲線としての C の長さといい $|C|$ で表す．パラメータ区間を $[a,c]$ と $[c,b]$ の 2 つに分割し，曲線のそれぞれに対応する部分を C_1, C_2 とおけば $|C| = |C_1| + |C_2|$ が成り立つ．

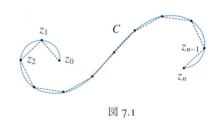

図 7.1

　パラメータ曲線 $z(t)$ を時間 t とともに動く質点と見なせば，$|C|$ は質点が移動する総距離を表す．$|C|$ は必ずしも曲線 C の長さを表すものではないが，C が単純曲線のときは曲線 C の長さを表す．区分的になめらかなパラメータ曲線の導関数 $z'(t)$ を質点の速度と考えれば，

7.1 曲線の長さ

$$|C| = \int_a^b |z'(t)|\, dt$$

は質点が移動した総距離を表す．

本書では，区間 $[a,b]$ を有限個に分割すれば，各小区間ではなめらかな単純曲線を描き $z'(t) \neq 0$ を満たすパラメータ曲線を標準的と呼ぶ．簡単に言えば，動きを止めることなく自己交差せずになめらかに描いた曲線を有限個つないだ曲線である．標準的なパラメータ曲線の中で特に $|z'(t)| = 1$ を満たすものを弧長によるパラメータ表示という．$[a, a+s]$ に対応する曲線部分の長さが s になるからである．例えば，$z(\theta) = e^{i\theta}, 0 \leq \theta \leq 2\pi$ は弧長による単位円のパラメータ表示である．

与えられた標準的なパラメータ曲線 $C = \{z(t) \mid a \leq t \leq b\}$ に対して，

$$\phi(t) = \int_a^t |z'(t)|\, dt$$

の逆関数 $\phi^{-1}: [0, |C|] \to [a, b]$ は $(\phi^{-1})'(s) = |z' \circ \phi^{-1}(s)|^{-1}$ を満たす．よって

$$(z \circ \phi^{-1})'(s) = \frac{z' \circ \phi^{-1}(s)}{|z' \circ \phi^{-1}(s)|}$$

であるから，$z \circ \phi^{-1}(s)$ は弧長による C のパラメータ表示を与える．これは弧長によるパラメータ表示の構成法であるとともに，標準的な2つのパラメータ曲線 $z(t)$ と $w(s)$ の間になめらかな実関数 φ を介して $z(t) = w \circ \varphi(t)$ なる関係があることを示している．

区間 $(0, b-a]$ において定義される単調増加関数

$$\omega_z(t) = \sup_{\substack{|s-s'| \leq t \\ a \leq s, s' \leq b}} |z(s) - z(s')|$$

を $z(t)$ の**連続率**という．$z(t)$ の一様連続性から，$t \to 0$ のとき $\omega_z(t) \to 0$ が成り立つ．特に $\omega_z(t) \leq Kt$ を満たす定数 K が存在するとき，$z(t)$ は**リプシッツ連続**であるという．

[例題] $a > b > 0$ のとき長軸と短軸がそれぞれ $2a, 2b$ の楕円の周の長さを積分で表せ．

[解] 原点を中心とするこの楕円は単純曲線 $z(\theta) = a\cos\theta + ib\sin\theta, 0 \leq \theta \leq 2\pi$ で表される．よってその長さは

$$\int_0^{2\pi}\sqrt{a^2\sin^2\theta+b^2\cos^2\theta}\,d\theta = 4a\int_0^{\pi/2}\sqrt{1-k^2\sin^2\theta}\,d\theta$$

となる．$k=(1-(b/a)^2)^{1/2}$ を楕円の離心率といい，右辺の積分を第 2 種完全楕円積分という．■

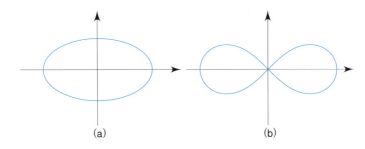

図 7.2 (a) は楕円，(b) はレムニスケート曲線．

例題 $r^2=\cos 2\theta$ で極座標表示される平面曲線（レムニスケート）の第 1 象限にある部分の長さを積分で表せ．

解 曲線の第 1 象限にある部分は単純曲線 $z(\theta)=\sqrt{\cos 2\theta}\,e^{i\theta}, 0\leq\theta\leq\pi/4$ で表される．よってその長さは

$$\int_0^{\pi/4}\frac{d\theta}{\sqrt{\cos 2\theta}}=\int_0^1\frac{dx}{\sqrt{1-x^4}}=\frac{1}{\sqrt{2}}\int_0^{\pi/2}\frac{d\phi}{\sqrt{1-(1/2)\sin^2\phi}}$$

となる[1]．右辺の積分を $k=1/\sqrt{2}$ のときの第 1 種完全楕円積分という．■

7.2 複 素 積 分

関数 $f(z)$ は長さをもつパラメータ曲線 $C=\{z(t)\,|\,a\leq t\leq b\}$ 上で連続とする．分割 $\Delta: a=t_0<t_1<\cdots<t_n=b$ に対して，各小区間 $[t_k,t_{k+1}]$ から任意に点 ξ_k を選んで作った和

$$s_\Delta=\sum_{k=0}^{n-1}f\circ z(\xi_k)(z_{k+1}-z_k),\quad z_k=z(t_k),\quad 0\leq k<n$$

を f の**リーマン和**という．

---

[1] 第 1 式から第 2 式は $x=\sqrt{\cos 2\theta}$ による．第 1 式から第 3 式は $\cos 2\theta=\cos^2\phi$ による．このとき $\dfrac{d\theta}{\sqrt{\cos 2\theta}}=\dfrac{\sin\phi}{\sin 2\theta}d\phi=\dfrac{d\phi}{\sqrt{1+\cos^2\phi}}$ が成り立つ．

7.2 複素積分

補題 7.1 任意の 2 つの分割 Δ, Δ_0 と任意のリーマン和 s_Δ, s_{Δ_0} に対して

$$|s_\Delta - s_{\Delta_0}| \leq 2|C|\omega_{f \circ z}(\delta)$$

が成り立つ．ここで $\delta = \max(|\Delta|, |\Delta_0|)$ である．

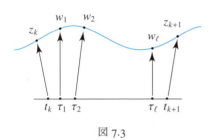

図 7.3

[証明] Δ と Δ_0 の分点を合わせた分割 Δ^* に対する任意のリーマン和 s_{Δ^*} が

$$|s_{\Delta^*} - s_\Delta| \leq |C|\omega_{f \circ z}(|\Delta|)$$

を満たすことを示せば十分である．分割 Δ における小区間 (t_k, t_{k+1}) の中に Δ_0 の分点たち $\tau_1, \cdots, \tau_\ell$ が入るとき，$s_{\Delta^*} - s_\Delta$ の $[t_k, t_{k+1}]$ における寄与は，$w_0 = z_k, w_1 = z(\tau_1), \cdots, w_\ell = z(\tau_\ell), w_{\ell+1} = z_{k+1}$ とおくと，

$$\sigma_k = \sum_{j=0}^{\ell} f \circ z(\eta_j)(w_{j+1} - w_j) - f \circ z(\xi_k)(z_{k+1} - z_k)$$
$$= \sum_{j=0}^{\ell} (f \circ z(\eta_j) - f \circ z(\xi_k))(w_{j+1} - w_j) \tag{7.1}$$

となる（図 7.3）．η_j や ξ_k は $[t_k, t_{k+1}]$ 内の点であるから，

$$|f \circ z(\eta_j) - f \circ z(\xi_k)| \leq \omega_{f \circ z}(t_{k+1} - t_k) \leq \omega_{f \circ z}(|\Delta|).$$

これより

$$|\sigma_k| \leq \omega_{f \circ z}(|\Delta|) \sum_{j=0}^{\ell} |w_{j+1} - w_j| \leq |C_k|\omega_{f \circ z}(|\Delta|).$$

ここで $C_k = \{z(t) \mid t_k \leq t \leq t_{k+1}\}$ である．ゆえに

$$|s_{\Delta^*} - s_\Delta| \leq \sum_{k=0}^{n-1} |\sigma_k| \leq |C|\omega_{f \circ z}(|\Delta|)$$

が成り立つ．□

C を f で変換したパラメータ曲線 $f \circ z(t)$ は $[a,b]$ 上で連続,よって一様連続であり $\delta \to 0$ のとき $\omega_{f \circ z}(\delta) \to 0$ が成り立つ.よって補題7.1から,任意の $\epsilon > 0$ に応じて $\delta > 0$ がとれて,$|\Delta|, |\Delta_0| < \delta$ ならば $|s_\Delta - s_{\Delta_0}| < \epsilon$ が成り立つ.$|\Delta_n| < \delta$ かつ $|\Delta_n| \to 0 \, (n \to \infty)$ となる適当な分割列 $\{\Delta_n\}$ をとれば,それに対応する任意のリーマン和の列 $\{s_{\Delta_n}\}$ は閉円板 $\{|z - s_\Delta| \leq \epsilon\}$ に属し,したがって収束する部分列が存在する.その極限値を α とおけば,$|\Delta| < \delta$ である限り

$$|s_\Delta - \alpha| \leq |s_\Delta - s_{\Delta_n}| + |s_{\Delta_n} - \alpha| \leq 2\epsilon$$

となる n がとれる.言い換えれば,極限値 α は一意的であり,$|\Delta| \to 0$ のとき s_Δ は α に収束する.この α を

$$\int_C f(z) \, dz$$

と書き,関数 $f(z)$ のパラメータ曲線 C に沿う**複素積分**という.また C を**積分路**という.

ちなみに,以上の議論はリーマン和 s_Δ の代わりに

$$S_\Delta = \sum_{k=0}^{n-1} f \circ z(\xi_k) |z_{k+1} - z_k|$$

に対しても適用することができる.ただし,寄与の部分 (7.1) は

$$\Sigma_k = \sum_{j=0}^{\ell} f \circ z(\eta_j) |w_{j+1} - w_j| - f \circ z(\xi_k) |z_{k+1} - z_k|$$

であり,3角不等式

$$|z_{k+1} - z_k| \leq \sum_{j=0}^{\ell} |w_{j+1} - w_j|$$

において等号は一般に期待できないから,ここだけは改めて別に議論する必要がある.そこで,上の不等式の右辺から左辺を引いた値を $T_k \geq 0$ とおく.

$$\Sigma_k = \sum_{j=0}^{\ell} (f \circ z(\eta_j) - f \circ z(\xi_k)) |w_{j+1} - w_j| + f \circ z(\xi_k) \cdot T_k$$

と表すと,右辺の第1項はリーマン和と全く同様に評価できるから,$|f(z)|$ の C における最大値を M とおけば,$|\Sigma_k| \leq |C_k| \omega_{f \circ z}(|\Delta|) + MT_k$ を得る.

7.2 複素積分

さて，$z(t)$ を標準的なパラメータ曲線とすれば，有限個の小区間ごとに考えればよいので，初めから $z'(t)$ は $[a,b]$ で連続としてよい．すると

$$w_{j+1} - w_j - z'(t_k)(\tau_{j+1} - \tau_j) = \int_{\tau_j}^{\tau_{j+1}} (z'(s) - z'(t_k))\,ds$$

であるから，この右辺の絶対値は $(\tau_{j+1} - \tau_j)\omega_{z'}(|\Delta|)$ で評価できる．よって

$$\bigl||w_{j+1} - w_j| - |z'(t_k)|(\tau_{j+1} - \tau_j)\bigr| \leq (\tau_{j+1} - \tau_j)\omega_{z'}(|\Delta|)$$

を得る．左辺の絶対値の中身を A_j とおくと，上の評価は $\tau_j = t_k, \tau_{j+1} = t_{k+1}$ と置きかえても有効であるから，

$$\bigl||z_{k+1} - z_k| - |z'(t_k)|(t_{k+1} - t_k)\bigr| \leq (t_{k+1} - t_k)\omega_{z'}(|\Delta|)$$

も成り立つ．この左辺の絶対値の中身を B とおくと，

$$\begin{aligned} T_k &= \sum_{j=0}^{\ell} |w_{j+1} - w_j| - |z_{k+1} - z_k| \\ &= \sum_{j=0}^{\ell} (A_j + |z'(t_k)|(\tau_{j+1} - \tau_j)) - (B + |z'(t_k)|(t_{k+1} - t_k)) \\ &= \left|\sum_{j=0}^{\ell} A_j - B\right| \leq \sum_{j=0}^{\ell} |A_j| + |B| \leq 2(t_{k+1} - t_k)\omega_{z'}(|\Delta|) \end{aligned}$$

が成り立つ．ゆえに

$$|S_{\Delta^*} - S_\Delta| \leq \sum_{k=0}^{n-1} |\Sigma_k| \leq |C|\omega_{f \circ z}(|\Delta|) + 2(b-a)M\omega_{z'}(|\Delta|)$$

であるから，後はリーマン和の場合と同様に議論できる．こうして $|\Delta| \to 0$ のとき S_Δ は収束し，その極限値を

$$\int_C f(z)\,|dz|$$

と書く．特に $f(z) = 1$ の場合は $\int_C dz$ や $\int_C |dz|$ のように略記する．前者は C の終点と始点の差を表し，後者はパラメータ曲線としての C の長さを表す．

定理 7.2 標準的なパラメータ曲線 $C = \{z(t) \mid a \leq t \leq b\}$ に沿う連続関数 $f(z)$ の複素積分は

$$\int_C f(z)\,dz = \int_a^b f \circ z(t)\, z'(t)\,dt$$

で与えられる．

証明 分割 $\Delta: a = t_0 < t_1 < \cdots < t_n = b$ の各小区間 $[t_k, t_{k+1}]$ において $z'(t)$ は連続であるとしてよい．このとき

$$\left| \sum f \circ z(\xi_k)(z(t_{k+1}) - z(t_k)) - \sum f \circ z(\xi_k) z'(\xi_k)(t_{k+1} - t_k) \right|$$
$$\leq M(b-a)\omega_{z'}(|\Delta|)$$

が成り立ち，右辺は $|\Delta|$ とともに 0 に収束する．ここで M は $|f(z)|$ の C における最大値である．一方，$|\Delta| \to 0$ のとき左辺の絶対値の中の 2 つのリーマン和はそれぞれ

$$\int_C f(z)\,dz \quad \text{と} \quad \int_a^b f \circ z(t)\, z'(t)\,dt$$

に収束する．□

同様の考察から，次の等式が成り立つ．

$$\int_C f(z)\,|dz| = \int_a^b f \circ z(t)\,|z'(t)|\,dt$$

注意 複素積分はパラメータ曲線 C に対するリーマン和の極限値であるから，集合として同じ曲線 C であっても，そのパラメータの取り方に依存する．しかし，少なくとも標準的なパラメータ曲線に関する限り，積分値はパラメータ表示には依存せず一意的に定まる．言い換えれば，向きをもつ曲線 C に対して一意的に定まる．これを示そう．

C を同じ向きに描く 2 つの標準的なパラメータ曲線を

$$\{z(t) \mid a \leq t \leq b\} \quad \text{と} \quad \{w(s) \mid c \leq s \leq d\}$$

とする．すでに見ているように，なめらかな実関数 $\varphi(t)$ があって $z(t) = w \circ \varphi(t)$ および $\varphi'(t) > 0$ を満たすことから，変数変換 $s = \varphi(t)$ によって

$$\int_c^d f \circ w(s)\, w'(s)\,ds = \int_a^b f \circ w \circ \varphi(t) \cdot w' \circ \varphi(t) \cdot \varphi'(t)\,dt = \int_a^b f \circ z(t)\, z'(t)\,dt$$

が成り立ち，両者から定義される積分値は一致する．

[例題] 単位円を反時計まわりに描くパラメータ曲線 $C = \{e^{i\theta} \mid 0 \leq \theta \leq 2\pi\}$ に対して次式を示せ.

$$\int_C f(z)\,|dz| = -i \int_C \frac{f(z)}{z}\,dz$$

[解] $z(\theta) = e^{i\theta}$ とおく. $z'(\theta) = ie^{i\theta}, |z'(\theta)| = 1$ であるから,

$$\int_C f(z)\,|dz| = \int_0^{2\pi} f \circ z(\theta)\,d\theta = -i \int_0^{2\pi} \frac{f \circ z(\theta)}{z(\theta)} z'(\theta)\,d\theta = -i \int_C \frac{f(z)}{z}\,dz. \quad \blacksquare$$

7.3 積分の基本性質

以下に積分に関する基本的な性質をまとめておく.

(I) 任意の $\alpha, \beta \in \mathbb{C}$ と C 上の連続関数 f, g に対して

$$\int_C (\alpha f(z) + \beta g(z))\,dz = \alpha \int_C f(z)\,dz + \beta \int_C g(z)\,dz.$$

(II) C の向きを逆にした曲線 $\{z(a+b-t) \mid a \leq t \leq b\}$ を $-C$ で表すと,

$$\int_{-C} f(z)\,dz = -\int_a^b f \circ z(a+b-t) z'(a+b-t)\,dt$$
$$= -\int_a^b f \circ z(s) z'(s)\,ds$$

であるから,

$$\int_{-C} f(z)\,dz + \int_C f(z)\,dz = 0.$$

(III) 2つのパラメータ曲線 C_1, C_2 において,C_1 の終点と C_2 の始点が一致するとき,C_1 を描いた後に引き続き C_2 を描くパラメータ曲線を $C_1 + C_2$ で表す.このとき

$$\int_{C_1+C_2} f(z)\,dz = \int_{C_1} f(z)\,dz + \int_{C_2} f(z)\,dz.$$

(IV)
$$\left| \int_C f(z)\,dz \right| \leq \int_C |f(z)|\,|dz|.$$

特に,曲線 C 上の $|f(z)|$ の最大値を M とおくと

$$\left|\int_C f(z)\,dz\right| \leq M|C|.$$

(V) C 上の連続関数の列 $\{f_n(z)\}$ が $f(z)$ に一様収束すれば，任意の $\epsilon > 0$ に応じて番号 N がとれて，$|f_n(z) - f(z)| < \epsilon$ がすべての $n > N$ と $z \in C$ に対して成り立つ．よって

$$\left|\int_C f_n(z)\,dz - \int_C f(z)\,dz\right| \leq \int_C |f_n(z) - f(z)||dz| < \epsilon|C|$$

であるから，

$$\lim_{n \to \infty} \int_C f_n(z)\,dz = \int_C f(z)\,dz.$$

この性質(V)は被積分関数に関する近似であるが，次の補題は標準的なパラメータ曲線による積分路の近似である．

補題 7.3 領域 D で関数 $f(z)$ は連続であるとし，C を D 内の長さをもつパラメータ曲線とする．このとき，任意の $\epsilon > 0$ に対して，C の始点から出発し C 上の点列をつないで C の終点に至る D 内の折れ線 Γ_ϵ で，

$$\left|\int_C f(z)\,dz - \int_{\Gamma_\epsilon} f(z)\,dz\right| < \epsilon$$

を満たすものが存在する．

証明 閉集合である D の補集合 D^c とコンパクト集合 C とは交わらないから，

$$\inf_{\substack{z \in C \\ w \notin D}} |z - w| = \delta_0 > 0$$

である．任意に $\delta \in (0, \delta_0)$ を固定し，点 $z \in C$ を中心とする半径 δ の開円板 U_z を考える．そのような開円板たちは C の開被覆をなし，したがってその中の有限個で C は覆われる．それらの開円板に円周を加えてつくった閉円板の和集合 K は C を含み D に含まれる（次ページの図 7.4）．K はコンパクト集合であるから $f(z)$ は K 上で一様連続であり，f の K における連続率

$$\omega_f(t) = \sup_{\substack{|z-w| \leq t \\ z, w \in K}} |f(z) - f(w)|$$

が定義され，$\omega_f(t)$ は t とともに 0 に収束する．

7.3 積分の基本性質

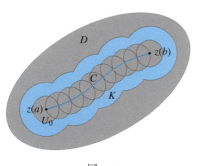

図 7.4

まず $t_0 = a$ とし，始点 $z(t_0)$ を中心とする半径 δ の開円板を U_0 とする．もし $z(b) \notin U_0$ ならば，連続曲線 C は必ず U_0 の円周と何らかの点 $z(t_1)$ で交わる．そのような t_1 としては最小のものを選ぶ．区間 $[a, t_1]$ に対応する C の部分は U_0 に含まれる．以下同様にこの操作を続けて点列 $\{t_n\}$ を定める．いま t_N まで定まるとすれば，$z_k = z(t_k)$ とおいて

$$|C| \geq \sum_{k=0}^{N-1} |z_{k+1} - z_k| = \delta N$$

が成り立つから，必ず有限回の操作で終点 $z(b)$ に至る．こうして $\{t_n\}$ が作る分割を Δ とおき，z_k たちを終点まで順につないだ折れ線を Γ_δ とする．

2つの開円板が交われば，両者の中心をつないだ線分は両者の和集合に含まれるから，$\Gamma_\delta \subset K$ である．また $[t_k, t_{k+1}]$ 内に分点をさらに追加して z_k たちを増やしたとしても，新たにできる折れ線は K に含まれるから，一般性を失うことなく $|\Delta| < \delta$ としてよい．z_k から z_{k+1} までの線分を描くパラメータ曲線を

$$L_k = \{w_k(t) = (1-t)z_k + t z_{k+1} \mid 0 \leq t \leq 1\}$$

とすると，定理 7.2 より

$$\int_{L_k} f(z)\,dz = (z_{k+1} - z_k) \int_0^1 f \circ w_k(t)\,dt$$

である．よって分割 Δ に対する任意のリーマン和 s_Δ に対して

$$\left| s_\Delta - \int_{\Gamma_\delta} f(z)\,dz \right| = \left| \sum_{k=0}^{n-1} f \circ z(\xi_k)(z_{k+1} - z_k) - \int_{\Gamma_\delta} f(z)\,dz \right|$$

$$\leq \sum_{k=0}^{n-1} |z_{k+1} - z_k| \times \left| \int_0^1 (f \circ z(\xi_k) - f \circ w_k(t))\,dt \right|$$

が成り立つ．ここで

$$|z(\xi_k) - w_k(t)| = |z(\xi_k) - (1-t)z_k - tz_{k+1}|$$
$$\leq (1-t)|z(\xi_k) - z_k| + t|z(\xi_k) - z_{k+1}|$$
$$\leq \omega_z(|\Delta|) \leq \omega_z(\delta)$$

であるから，
$$\left| s_\Delta - \int_{\Gamma_\delta} f(z)\,dz \right| \leq |C|\omega_f \circ \omega_z(\delta)$$

を得る．$\delta \to 0$ のとき右辺は 0 に収束する．□

[例題] 長さをもつパラメータ曲線 C の始点と終点をそれぞれ z, w とする．任意の多項式 $P(z)$ に対して $\int_C P(z)\,dz$ を計算せよ．

[解] まず z^k の線分 L に沿う積分を計算する．L を始点 z_0 から終点 z_1 までの線分を描くパラメータ曲線 $\{(1-t)z_0 + tz_1 \mid 0 \leq t \leq 1\}$ とすると，

$$\int_L z^k\,dz = (z_1 - z_0)\int_0^1 ((1-t)z_0 + tz_1)^k\,dt$$
$$= \frac{1}{k+1}((1-t)z_0 + tz_1)^{k+1}\Big|_{t=0}^{t=1} = \frac{z_1^{k+1} - z_0^{k+1}}{k+1}$$

であるから，$Q'(z) = P(z)$ を満たす多項式 $Q(z)$ によって

$$\int_L P(z)\,dz = Q(z_1) - Q(z_0)$$

と表せる．したがって補題7.3のいう折れ線 Γ_ϵ に沿う $P(z)$ の積分は $Q(w) - Q(z)$ となる．すると，

$$\left| \int_C P(z)\,dz - (Q(w) - Q(z)) \right| < \epsilon$$

において ϵ は任意であるから，

$$\int_C P(z)\,dz = Q(w) - Q(z)$$

を得る．つまり $P(z)$ の C に沿う積分値は C の始点と終点のみで決まる．■

[例題] 関数 $1/z$ は穴あき領域 $\mathbb{C}\setminus\{0\}$ において連続である．点 $z = 1$ から出発し単位円 $|z| = 1$ 上を反時計まわりに -1 まで描くパラメータ曲線を C_+ とし，逆に時計まわりに 1 から -1 まで進む路を C_- とする．$C_\pm$ に沿う $1/z$ の積分値をそれぞれ求めよ．

[解] $C_\pm = \{e^{\pm i\theta} | 0 \leq \theta \leq \pi\}$ と表せるから $\int_{C_\pm} \dfrac{dz}{z} = \pm i \int_0^\pi dt = \pm \pi i$. したがって $1/z$ の積分値は始点と終点だけではなく路のまわり方にも依存する． ■

7.4 原始関数

領域 D 上の連続関数 $f(z)$ に対して，いたるところ $G'(z) = f(z)$ を満たす D で正則な関数 $G(z)$ を f の D における**原始関数**という．$G(z)$ が存在すれば，それは領域 D における最も簡単な微分方程式 $y' = f(z)$ の解に他ならない．例えば，正の収束半径をもつ整級数 $f(z) = \sum_{n=0}^{\infty} a_n z^n$ に対して，同じ収束半径をもつ整級数

$$\sum_{n=0}^{\infty} \frac{a_n}{n+1} z^{n+1}$$

は，収束円内部における f の原始関数の1つである．

G_0 を f の D における1つの原始関数とすれば，f の任意の原始関数 G は，D 上いたるところで

$$(G(z) - G_0(z))' = f(z) - f(z) = 0$$

を満たし，4.2節の例題より $G(z) - G_0(z)$ は D において定数である．よって f のすべての原始関数は定数 c を用いて $G(z) = G_0(z) + c$ と表せる．逆に，このような関数はすべて f の D における原始関数である．

f の D における原始関数が存在しなくても，ある部分領域 $D' \subset D$ で原始関数をもつことが起こり得るので，どの領域で原始関数を考えているかに注意する必要がある．

補題 7.4 領域 D 上の連続関数 $f(z)$ が D において原始関数をもつのは，D 内の長さをもつ閉曲線に沿う f の積分値が常に 0 になるときに限る．

[証明] f が D において原始関数 $G(z)$ をもつとする．D 内の長さをもつ閉じた標準的パラメータ曲線を $C = \{z(t) | a \leq t \leq b\}$ とする．定理7.2において $z(a) = z(b)$ であるから，

$$\int_C f(z)\,dz = \int_a^b f \circ z(t) z'(t)\,dt$$

$$= G \circ z(t)\Big|_{t=a}^{t=b} = G \circ z(b) - G \circ z(a) = 0$$

が成り立つ．

逆に，D 内の長さをもつ閉じたパラメータ曲線に沿う f の積分値が常に 0 であるとする．D 内の 2 点 z_0 から z までを結ぶ長さをもつ 2 本のパラメータ曲線を C_0, C_1 とする．合成したパラメータ曲線 $C_0 + (-C_1)$ は閉曲線であるから，

$$0 = \int_{C_0+(-C_1)} f(z)\,dz = \int_{C_0} f(z)\,dz - \int_{C_1} f(z)\,dz$$

が成り立ち，したがって積分 $\int_C f(z)\,dz$ の値は途中の経路に関わらず C の始点と終点のみで定まる．よって，適当に固定した z_0 から $z \in D$ までを結ぶ D 内のパラメータ曲線 C に対して

$$F(z) = \int_C f(z)\,dz$$

という D 上の関数は C の選び方に依存しない．

次に $F(z)$ の正則性を示そう．z を中心とする円領域 U で D に含まれるものをとり，$F(z)$ を定める積分路を C とする．任意の $w \in U$ に対して $F(w)$ を定める積分路を C_w とし，z から w までの線分を描くパラメータ曲線を L とする（図 7.5）．このとき閉曲線 $C + L + (-C_w)$ に沿う積分の値は 0 であるから，

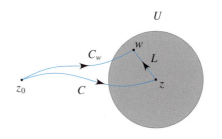

図 7.5

$$0 = F(z) + \int_L f(z)\,dz - F(w)$$

を得る．そこで $L = \{(1-t)z + tw \mid 0 \leq t \leq 1\}$ とし，

$$F(w) - F(z) = \int_L f(z)\,dz = (w-z)\int_0^1 f((1-t)z + tw)\,dt$$
$$= (w-z)\varphi(w;z)$$

と表しておく．$f(z)$ は連続であるから，$\varphi(w;z)$ も $w = z$ において連続であり

$\varphi(z;z) = f(z)$ が成り立つ．よってカラテオドリの定義から，$F(w)$ は z において微分可能であり $F'(z) = f(z)$ が成り立つ．すなわち $F(z)$ は D における f の原始関数である． □

注意 $f(z)$ が D において原始関数をもつとき，上述の証明に登場した関数 $F(z)$ は積分路 C の始点 z_0 と終点 z のみで定まる．これを f の D における**不定積分**と呼び

$$F(z) = \int_{z_0}^{z} f(z)\,dz$$

と表す．

演習問題

35. 単位円 $|z| = 1$ の上で定義された連続関数 $f(e^{2\pi i t})$, $0 \leq t \leq 1$ のフーリエ係数 c_n（演習問題 5（1章）を参照）を，この円に沿う複素積分によって表せ．

36. いかなる領域においても $f(z) = \bar{z}$ は原始関数をもたないことを示せ．

37. 領域 D は実軸に関して対称であるとし，D 内の長さをもつパラメータ曲線 $C = \{z(t) \mid a \leq t \leq b\}$ に対して，$\bar{C} = \{\overline{z(t)} \mid a \leq t \leq b\}$ とおく．このとき，D で連続な関数 $f(z)$ に対して次の等式を示せ．

$$\overline{\int_{\bar{C}} f(z)\,dz} = \int_{C} \overline{f(\bar{z})}\,dz$$

38. 点 ζ を通らない閉曲線 C に対して，ζ のまわりの C の回転数を与える次の公式を示せ．

$$n(\zeta;C) = \frac{1}{2\pi i} \int_{C} \frac{dz}{z - \zeta}$$

第 8 章
積 分 定 理

　　コーシーの積分定理は，実関数のリーマン積分からは想像もできないほど簡素で美しい結果であり，理論と計算の両面においてとても重要である．その積分定理からただちに導かれるコーシーの積分公式は，正則関数の値をその点をかこむ曲線に沿う積分によって表示する公式であり，あたかも打出の小槌の如く，グルサの定理，モレラの定理，リウヴィルの定理を始め様々な重要な結果を導き出す．

8.1　コーシーの積分定理

　この重要な定理は，初めにコーシーによって正則関数 $f(z)$ の導関数が連続である場合に証明されたが，のちにグルサは $f(z)$ の正則性のみで十分であることを示した．実際，のちに述べる積分公式から $f'(z)$ の連続性が導かれる（グルサの定理 8.4）．

定理 8.1（**コーシーの積分定理**）関数 $f(z)$ は単連結領域 D で正則とする．長さをもつ D 内の任意の閉曲線 C に対して

$$\int_C f(z)\,dz = 0$$

が成り立つ[1]．

　証明【**第 1 段**】まず，閉曲線 C が D 内の 3 角形を一周する場合を証明する．簡単のために，任意の 3 角形 T に対して，C と同じ方向に T を一周する閉パ

---

[1] コーシーの積分定理は，D が長さをもつ単純閉曲線で囲まれた有界な単連結領域で，$f(z)$ が D で正則かつ D の境界を込めて連続である場合にも成立する．これを「強い意味のコーシーの積分定理」という．その証明にはジョルダンおよびシェーンフリースの定理を用いる（例えば，功力[8] p.69）．

8.1 コーシーの積分定理

ラメータ曲線を同じ記号 T で表す．最初の 3 角形を T_0 とし，その頂点を向きの順に z_1, z_2, z_3 とおく．そこで

$$I = \left| \int_{T_0} f(z)\,dz \right|$$

とおく．

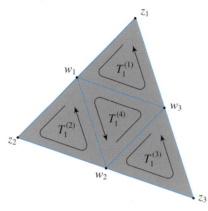

図 8.1

分割してできる小 3 角形には T_0 と同じ向きをつける．共有する辺の上の 2 つの積分は向きが互いに逆であるから，7.3 節の性質(II)より相殺する．こうして T_0 の辺上の積分だけが残り，7.3 節の性質(III)より，4 つの小 3 角形の周に沿う積分の和はもとの 3 角形の周に沿う積分値に等しい．

図 8.1 のように T_0 の各辺の 2 等分点 w_1, w_2, w_3 をとり，T_0 を $1/2$ に相似縮小した 4 つの小 3 角形 $T_1^{(k)}, 1 \leq k \leq 4$ に分割すると，7.3 節の性質(II), (III)より

$$\int_{T_0} f(z)\,dz = \int_{T_1^{(1)}} f(z)\,dz + \int_{T_1^{(2)}} f(z)\,dz + \int_{T_1^{(3)}} f(z)\,dz + \int_{T_1^{(4)}} f(z)\,dz$$

が成り立つ．したがって

$$\left| \int_{T_1^{(k)}} f(z)\,dz \right| \geq \frac{I}{4}$$

を満たす番号 k が少なくとも 1 つ存在し，そのような 1 つを適当に選んで改めて 3 角形 T_1 と名付ける．以上の操作を繰り返して 3 角形の無限列 $\{T_n\}$ が構成できる．その手順から，各 n 段階で

$$\left| \int_{T_n} f(z)\,dz \right| \geq \frac{I}{4^n}$$

が成り立つ．また，最初の 3 角形 T_0 の 3 辺の長さを a, b, c とすれば，T_n の 3 辺の長さは $a/2^n, b/2^n, c/2^n$ である．各 3 角形をその内部も込めた閉集合とみなせば，入れ子をなすコンパクト集合列

$$T_0 \supset T_1 \supset T_2 \supset \cdots \supset T_n \supset \cdots$$

を得る.カントルの共通部分定理より,すべての T_n の共通部分は空でない閉集合であり,T_n は限りなく小さくなることから,この共通部分は1点からなる.その点を $z^* \in T_0$ とする.

一方,$f(z)$ は点 $z^* \in D$ において正則であるから,カラテオドリの定義より

$$f(z) - f(z^*) = (z - z^*)\varphi(z; z^*)$$

を満たす z^* において連続な関数 $\varphi(z; z^*)$ が存在する.よって任意の $\epsilon > 0$ に応じて $\delta > 0$ がとれて,$|z - z^*| < \delta$ ならば

$$|\varphi(z; z^*) - \varphi(z^*; z^*)| = |\varphi(z; z^*) - f'(z^*)| < \epsilon$$

が成り立つ.そこで

$$g(z) = f(z) - f(z^*) - f'(z^*)(z - z^*)$$

とおくと,$|z - z^*| < \delta$ ならば $|g(z)| < \epsilon|z - z^*|$ となる.

この $\delta > 0$ に応じて番号 N がとれて,$n > N$ ならば T_n は円領域 $|z - z^*| < \delta$ に含まれるようにできる.つまり $n > N$ ならば,3角形 T_n の周および内部のすべての点 z において $|g(z)| < \epsilon|z - z^*|$ が成り立つ.さて $g(z)$ は $f(z)$ に1次関数 $P_1(z)$ を加えた形であり,7.3節の初めの例題で見たように,$P_1(z)$ の T_n に沿う積分は0であるから,

$$\left| \int_{T_n} g(z)\,dz \right| = \left| \int_{T_n} f(z)\,dz + \int_{T_n} P_1(z)\,dz \right|$$

$$= \left| \int_{T_n} f(z)\,dz \right| \geq \frac{I}{4^n} \tag{8.1}$$

が従う.次に,3角形 T_n の頂点を $\zeta_1, \zeta_2, \zeta_3$ とおく.ζ_1 から ζ_2 までの線分 L を描くパラメータ曲線 $\{(1-t)\zeta_1 + t\zeta_2 \mid 0 \leq t \leq 1\}$ によって,

$$\left| \int_L g(z)\,dz \right| \leq |\zeta_2 - \zeta_1| \int_0^1 |g((1-t)\zeta_1 + t\zeta_2)|\,dt$$

$$< \epsilon |\zeta_2 - \zeta_1| \int_0^1 |(1-t)\zeta_1 + t\zeta_2 - z^*|\,dt$$

となる．3角形内の任意の2点の距離は明らかに3辺の最大値以下であるから

$$\left|\int_L g(z)\,dz\right| < \epsilon\left(\frac{M}{2^n}\right)^2$$

が従う．ここで $M = \max(a, b, c)$ である．他の辺も同様であるから，

$$\left|\int_{T_n} g(z)\,dz\right| < 3\epsilon\left(\frac{M}{2^n}\right)^2$$

となる．これと (8.1) より $I < 3\epsilon M^2$ となるが，ϵ は任意であるから $I = 0$ である．

【第2段】 C が D に含まれる閉じた折れ線 P を一周する場合を，P の辺の個数 n に関する帰納法によって証明する．第1段で $n = 3$ のときは示されている．そこで $n \geq 4$ 個の辺をもつ閉じた折れ線 P を考え，$n - 1$ 個以下の辺をもつすべての折れ線に対しては定理が成り立つと仮定する．もし P が自己交差していれば，その交差する所 z で分断すれば自己交差しないいくつかの閉じた多角形に P を分割でき（図 8.2 (a)），しかも各多角形の辺の個数は n より少ない．よって，帰納法の仮定から分割されてできた各多角形を一周する路に沿う積分は 0 であり，定理は成り立つ．そこで P は多角形をなすとする．

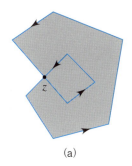 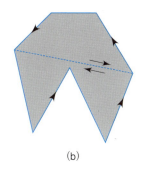

図 8.2 (a) 点 z で 2 つの多角形に分割すると，D は単連結であるから，それぞれが D に含まれる．(b) 分断で用いた対角線上の 2 つの積分は向きが逆になるので相殺する．

もし，P の 1 つの対角線が P の囲む閉集合に含まれれば，今度はそれを用いて P をいくつかの多角形に分割できて，同じように帰納法の仮定から定理が成

り立つことがわかる（図 8.2 (b)）．よって，そのような対角線の存在を示せばよい．P の内角の和は $(n-2)\pi$ であるから，内角が π より小さい頂点が少なくとも 1 つ存在する．その頂点を A とし，A の両隣の頂点を B, C とする．もし B と C を結ぶ対角線が P の囲む閉集合に含まれれば，この段階の証明は終わる．よって，そうでない場合，つまり △ABC の内部に P の頂点が入る場合を考える．そのような頂点がいくつかある場合，そのような頂点を通り対角線 BC と平行な直線 ℓ を考えたときに，ℓ が定める半平面で A を含む側にはそのような他の頂点が存在しないような，そういう頂点が少なくとも 1 つある．それを頂点 Q とすると，A と Q を結ぶ対角線は多角形 P の内部にある（図 8.3）．

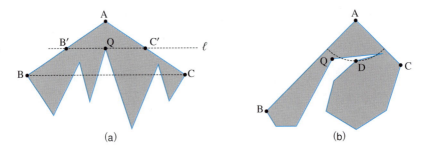

図 8.3 (a) ℓ は対角線 BC と平行な点 Q を通る直線であり，線分 AB と AC との交点をそれぞれ B′, C′ とおくと，3 角形 AB′C′ の内部に P の頂点は存在しない．(b) A に最も近い頂点 D を選ぶと，この図のように対角線 AD が P の内部に含まれない場合が起こる．

【第 3 段】 7.3 節の補題 7.3 より，任意の $\epsilon > 0$ に応じて D 内の閉じた折れ線 Γ_ϵ が存在して，
$$\left| \int_C f(z)\,dz - \int_{\Gamma_\epsilon} f(z)\,dz \right| < \epsilon$$
を満たす．第 2 段の結果から Γ_ϵ に沿う積分は 0 であり，ϵ は任意であるから定理は示された． □

注意 単連結でない領域については，例えば 7.3 節の 2 番目の例題で見たように，穴あき領域 $\mathbb{C}\setminus\{0\}$ において正則な関数 $1/z$ の原点を中心とする単位円を反時計まわりに一周するパラメータ曲線 C に沿う積分は
$$\int_C \frac{dz}{z} = \int_{C_+} \frac{dz}{z} - \int_{C_-} \frac{dz}{z} = 2\pi i$$

8.1 コーシーの積分定理

となって 0 ではない．しかし原点が不連続点であっても，$k \geq 2$ ならば

$$\int_C \frac{dz}{z^k} = i \int_0^{2\pi} e^{i(1-k)\theta} \, d\theta = \frac{e^{i(1-k)\theta}}{1-k} \bigg|_{\theta=0}^{\theta=2\pi} = 0$$

である．

コーシーの積分定理と補題 7.4 より，正則関数は任意の単連結な部分領域において原始関数をもつが，領域全体で原始関数をもつとは限らない．例えば，対数関数 $\log z$ は $D = \mathbb{C} \setminus \{0\}$ において正則な関数 $f(z) = 1/z$ の原始関数であるが，対数関数は D における 1 価関数ではない．このように，正則関数の原始関数は多価関数になりうるが，その多価関数たちは高々定数の差しかない．

例題 領域 D の境界は開線分 L を含むとする．$f(z)$ は D において正則かつ $D \cup L$ において連続とする．このとき長さをもつ $D \cup L$ 内の任意の閉曲線 C に対して

$$\int_C f(z) \, dz = 0$$

が成り立つことを示せ（強い意味のコーシーの積分定理の特別な場合）．

解 C を D 内の積分路列の極限として考える方法を自然に思いつくが，ここではコーシーの積分定理の理解を深めるために，定理 8.1 の証明に立ち戻ることにする．すなわち，第 1 段の証明において D 内の 3 角形 T_0 が L と交わる場合にも積分値が 0 になることを示そう．

まず，3 角形の頂点のみが L と交わる場合（図 8.4 (a)）は，T_0 を相似縮小した 4 つの小 3 角形のうち 3 つは D 内にあり，それぞれの小 3 角形を一周する積分値はコーシーの積分定理より 0 である．よって残った L に接する 3 角形を T_1 とする．この操作を同様に続けて 3 角形列 $\{T_n\}$ を得る．このとき

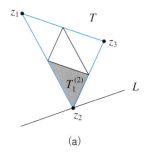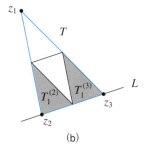

図 8.4

$$\left|\int_{T_n} f(z)\,dz\right| = \left|\int_{T_0} f(z)\,dz\right| = I$$

が成り立つ．$f(z)$ は $D \cup L$ 上で連続であるので，T 上で $|f(z)| \leq M$ を満たす定数 M が存在する．ゆえに

$$0 \leq I \leq \int_{T_n} |f(z)|\,|dz| \leq \frac{MC}{2^n}.$$

ここで C は T_0 の周の長さである．n は任意なので $I = 0$ が従う．次に3角形 T_0 の1辺が L に含まれる場合（図8.4(b)）は4つの小3角形のうち，1つは D に含まれ，1つは L に接する．よってコーシーの積分定理と上述の結果を踏まえると，この図の場合は

$$\int_{T_0} f(z)\,dz = \int_{T_1^{(2)}} f(z)\,dz + \int_{T_1^{(3)}} f(z)\,dz$$

が成り立つ．したがって2つの小3角形のうちどちらかは

$$\left|\int_T f(z)\,dz\right| \geq \frac{I}{2}$$

を満たし，それを改めて T_1 と名付ける．こうして同様の操作を続けて入れ子になった3角形列 $\{T_n\}$ が構成でき，

$$\left|\int_{T_n} f(z)\,dz\right| \geq \frac{I}{2^n}$$

が成り立つ．このとき T_n は L の内点 z^* に収束する．z^* における $f(z)$ の連続性から，任意の $\epsilon > 0$ に応じて番号 N がとれて，$n > N$ を満たすすべての n とすべての $z \in T_n$ に対して $|f(z) - f(z^*)| < \epsilon$ が成り立つ．よって，コーシーの積分定理の証明と同様にして

$$\frac{I}{2^n} \leq \int_{T_n} |f(z) - f(z^*)|\,|dz| \leq \frac{\epsilon C}{2^n}$$

を得る．ϵ は任意であったから $I = 0$ が成り立つ．　■

8.2　積分路の変形

コーシーの積分定理のおかげで領域内での積分路の連続的な変形が許される．いま $f(z)$ は単連結とは限らない領域 D において正則とする．D 内の長さをもつ曲線 C_1 を，始点と終点を動かさずに D 内で連続的に向きを込めて C_2 に変形できるとき，

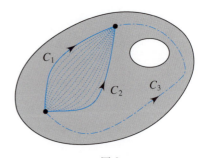

図 8.5

8.2 積分路の変形

$$\int_{C_1} f(z)\, dz = \int_{C_2} f(z)\, dz$$

が成り立つ．なぜなら，連続的な変形であることから，閉曲線 $C_1 + (-C_2)$ で囲まれた内部で f は正則であり，これにコーシーの積分定理を適用して

$$0 = \int_{C_1+(-C_2)} f(z)\, dz = \int_{C_1} f(z)\, dz - \int_{C_2} f(z)\, dz$$

を得るからである．ちなみに，図 8.5 の積分路 C_3 は C_1 と同じ始点と終点をもつが，穴が邪魔をしているから C_1 からの連続的な変形にならない．

積分路 C_1 が閉曲線ならば，始点(=終点)に関係なく領域内で向きを込めて連続的に C_2 に変形できるとき，

$$\int_{C_1} f(z)\, dz = \int_{C_2} f(z)\, dz \tag{8.2}$$

が成り立つ．例えば図 8.6(a) のような場合，適当な線分 L_1, L_2 を使って 2 つの単純閉曲線

$$\Gamma_1 = L_1 + C_1' + L_2 - (C_2'), \quad \Gamma_2 = -L_1 + (-C_2'') + (-L_2) + C_1''$$

に分割すれば(図 8.6(b))，それぞれが単連結領域に入るから，コーシーの積分定理より

$$\int_{\Gamma_1} f(z)\, dz = \int_{\Gamma_2} f(z)\, dz = 0$$

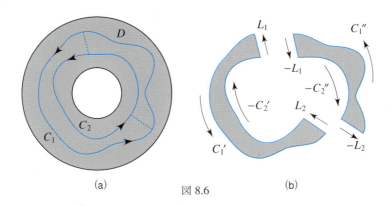

図 8.6

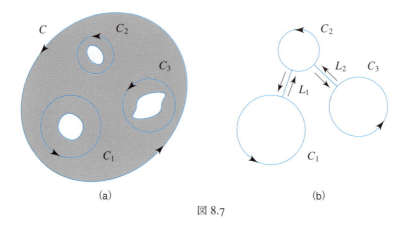

図 8.7

が従い，線分 L_1, L_2 に沿う積分は相殺するから (8.2) が成り立つ．

この方法は穴がいくつもある場合にも応用できる．例えば図 8.7(a) のような場合，

$$\int_C f(z)\,dz = \int_{C_1} f(z)\,dz + \int_{C_2} f(z)\,dz + \int_{C_3} f(z)\,dz \tag{8.3}$$

が成り立つ．1 つの閉曲線 C が 3 つの閉曲線になるので連続的な変形とは言い難いかもしれないが，C は連続的に図 8.7(b) の閉曲線に変形でき，線分 L_1, L_2 に沿う積分は相殺するから (8.3) が成り立つのである．

例題 単連結領域 D から 1 点 $\zeta \in D$ を取り除いた（単連結ではない）領域を D_0 とする．$f(z)$ は D_0 で正則な関数とし，$\lim_{z \to \zeta}(z-\zeta)f(z) = 0$ を満たすとする．このとき，D_0 内の長さをもつ閉曲線 C に対して

$$\int_C f(z)\,dz = 0$$

が成り立つことを示せ．

解 任意の $\epsilon > 0$ に応じて正数 δ がとれて，$0 < |z-\zeta| < \delta$ を満たすすべての z に対して $|(z-\zeta)f(z)| < \epsilon$ が成り立つ．閉曲線 C 上に適当に点 P をとり，必要ならば δ を小さくとり直して，点 ζ を中心とする十分に小さい半径 δ の円周 S を経由するように次ページの図 8.8 のような積分路をとると，

$$\int_C f(z)\,dz = \int_S f(z)\,dz$$

ただし S の向きは C と同じ向きとする．そこで S を $\{z = \zeta + re^{\pm i\theta} | 0 \leq \theta \leq 2\pi\}$ とパラメータ表示すれば（$\pm$ は S の向きによる），

$$\left|\int_C f(z)\,dz\right| = \left|\int_S f(z)\,dz\right|$$

$$\leq r\int_0^{2\pi} |f(\zeta + re^{\pm i\theta})|\,d\theta < 2\pi\epsilon.$$

ここで ϵ は任意であったから

$$\int_C f(z)\,dz = 0$$

が成り立つ．■

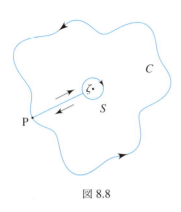

図 8.8

8.3 コーシーの積分公式

コーシーの積分公式は，コーシーの積分定理からただちに導かれる重要な公式で，閉曲線 C 上の関数の値から，C の囲む内部の点における関数の値を決定する公式である．ここでは簡単のために単連結な領域の場合を扱うが，前節で述べたように単連結ではない領域の場合にも応用することができる．

定理 8.2（**コーシーの積分公式**）関数 $f(z)$ は単連結領域 D で正則とする．D 内の点 ζ と $D_0 = D \setminus \{\zeta\}$ 内の閉曲線 C に対して

$$n(\zeta; C) f(\zeta) = \frac{1}{2\pi i} \int_C \frac{f(z)}{z - \zeta}\,dz$$

が成り立つ．特に，C が点 ζ を反時計まわりに一周する閉曲線のときは

$$f(\zeta) = \frac{1}{2\pi i} \int_C \frac{f(z)}{z - \zeta}\,dz$$

となる．

証明
$$\int_C \frac{f(z)}{z - \zeta}\,dz = f(\zeta) \int_C \frac{dz}{z - \zeta} + \int_C \frac{f(z) - f(\zeta)}{z - \zeta}\,dz$$

と分解する．右辺の第 1 項の中の積分は，演習問題 38（7 章）より ζ のまわりの C の回転数に $2\pi i$ を乗じた数に等しい．一方，関数

$$g(z) = \frac{f(z) - f(\zeta)}{z - \zeta}$$

は明らかに D_0 上で正則であり，カラテオドリの定義より点 ζ において連続である．よって $z \to \zeta$ のとき $(z-\zeta)g(z) \to 0$ であるから，前節の例題より右辺の第2項の積分は0である．□

　コーシーの積分公式を用いると，$f(z)$ の正則性から $f'(z)$ の連続性を導くことができる．その証明のために，積分記号下の微分に関する命題を少し一般的な形で述べよう．

補題 8.3　長さをもつパラメータ曲線 Γ（閉じていなくてよい）の上で定義された連続関数 $\phi(z)$ に対して，Γ に沿う積分

$$\Phi(w) = \int_\Gamma \frac{\phi(z)}{z-w} dz$$

は $\mathbb{C} \setminus \Gamma$ において正則であり，積分記号下の微分が許される．つまり，

$$\Phi'(w) = \int_\Gamma \frac{\phi(z)}{(z-w)^2} dz$$

が成り立つ．

[証明] 任意の $w, w_0 \notin \Gamma$ に対して

$$\varphi(w; w_0) = \int_\Gamma \frac{\phi(z)}{(z-w)(z-w_0)} dz$$

とおくと，$\Phi(w) - \Phi(w_0) = (w - w_0)\varphi(w; w_0)$ および

$$\varphi(w; w_0) - \varphi(w_0; w_0) = (w - w_0) \int_\Gamma \frac{\phi(z)}{(z-w)(z-w_0)^2} dz$$

が成り立つ．曲線 Γ はコンパクト集合であり $w_0 \notin \Gamma$ であるから，$z \in \Gamma$ が自由に動くときの $|z - w_0|$ の下限 d_0 は正である．よって $|w - w_0| < d_0/2$ であれば，$|z - w| \geq |z - w_0| - |w - w_0| \geq d_0/2$ がすべての $z \in \Gamma$ で成り立ち，$|\phi(z)|$ の Γ 上の最大値を M とおけば，

$$\left| \int_\Gamma \frac{\phi(z)}{(z-w)(z-w_0)^2} dz \right| \leq \frac{2M|\Gamma|}{d_0^3}$$

8.3 コーシーの積分公式

を得る．これより $\varphi(w;w_0)$ は w_0 において連続である．よってカラテオドリの定義より $\Phi(w)$ は w_0 で微分可能であり，その微係数は

$$\Phi'(w_0) = \varphi(w_0;w_0) = \int_\Gamma \frac{\phi(z)}{(z-w_0)^2}dz$$

である．□

（単連結とは限らない）領域 D で正則な関数 $f(z)$ に対して，点 z を中心とする十分に小さい反時計まわりの円を一周するパラメータ曲線 C_z が D に含まれるようにとり，定理 8.2 と補題 8.3 を適用すれば次の定理を得る．

定理 8.4（グルサの定理） 領域 D において正則な関数 $f(z)$ の導関数は D において正則である．

グルサの定理より正則関数は何回でも微分可能である．また，補題 8.3 を繰り返し用いることにより，高階導関数の積分表示

$$f^{(n)}(\zeta) = \frac{n!}{2\pi i}\int_{C_\zeta}\frac{f(z)}{(z-\zeta)^{n+1}}dz$$

を得る．

コーシーの積分定理の逆も次の意味で成り立つ．

定理 8.5（モレラの定理） 関数 $f(z)$ は単連結領域 D で連続，かつ D 内の長さをもつ任意の閉曲線 C に対して

$$\int_C f(z)\,dz = 0$$

を満たすとする．このとき $f(z)$ は D で正則である．

[証明] 補題 7.4 より $f(z)$ は D において原始関数 $G(z)$ をもつ．グルサの定理 8.4 より $G'(z) = f(z)$ は D において正則である．□

導関数の積分表示の 1 つの応用として次の定理を示そう．

定理 8.6（リウヴィルの定理） $\mathbb{C}$ において有界な整関数は定数のみである．

[注意] 言い換えれば，$f(z)$ が定数ではない整関数ならば $\lim_{n\to\infty}|f(z_n)| = \lim_{n\to\infty}|z_n| = \infty$ を満たす点列 $\{z_n\}$ が存在する．

証明 $f(z)$ はすべての $z \in \mathbb{C}$ で $|f(z)| \leq M$ を満たすとする．導関数の積分表示

$$f'(\zeta) = \frac{1}{2\pi i} \int_C \frac{f(z)}{(z-\zeta)^2} dz$$

における積分路 C として $\{\zeta + re^{i\theta} | 0 \leq \theta \leq 2\pi\}$ をとれば，

$$|f'(\zeta)| \leq \frac{1}{2\pi} \frac{M}{r^2} 2\pi r = \frac{M}{r}$$

となる．いま r はいくらでも大きくとれるので，$r \to \infty$ として $f'(\zeta) = 0$ を得る．ζ は任意であるから $f(z)$ は定数である．□

リウヴィルの定理を使うと $\mathbb{C}$ が代数的閉体であることが示せる．

定理 8.7（**代数学の基本定理**）次数が 1 以上である複素数係数の多項式は $\mathbb{C}$ に少なくとも 1 つの零点をもつ．

証明 背理法による．すべての $z \in \mathbb{C}$ に対して $P(z) \neq 0$ を満たす次数が 1 以上の多項式 $P(z)$ があると仮定する．$f(z) = 1/P(z)$ は整関数で，$|z| \to \infty$ のとき $|P(z)| \to \infty$ であるから，$f(z)$ は $\mathbb{C}$ で有界である．よってリウヴィルの定理より $f(z)$ は定数，つまり $P(z)$ が定数となって矛盾である．□

これより，多項式の割り算と次数に関する帰納法によって，n 次多項式は重複を込めて丁度 n 個の零点をもつことがわかる．

次は応用範囲の広い重要な定理である．

定理 8.8（**ワイエルシュトラスの 2 重級数定理**）領域 D で定義された正則関数の列 $\{f_n(z)\}$ が D において $f(z)$ に広義一様収束するならば，$f(z)$ は D において正則であり，すべての整数 $k \geq 1$ に対して，k 階導関数の列 $\{f_n^{(k)}(z)\}$ は $f^{(k)}(z)$ に D 上で広義一様収束する．

証明 定理 5.2 より $f(z)$ は D において連続である．長さをもつ D 内の閉曲線 C で，D の単連結な部分領域に含まれるものを考える．7.3 節の基本性質(V)とコーシーの積分定理 8.1 より，

$$\int_C f(z)\,dz = \lim_{n\to\infty} \int_C f_n(z)\,dz = 0$$

が成り立つ．ゆえにモレラの定理 8.5 から，この部分領域において，したがって D において $f(z)$ は正則である．

次に D 内の任意のコンパクト集合 K を考える．K と D の補集合（閉集合）との**距離**[2] d は正であるから，D 内に長さをもつ閉曲線 C で K を囲むものが存在する．任意の正整数 k と点 $\zeta \in K$ に対して，(8.3) より

$$\left|f^{(k)}(\zeta) - f_n^{(k)}(\zeta)\right| \le \frac{k!}{2\pi} \int_C \frac{|f(z) - f_n(z)|}{|z - \zeta|^{k+1}} |dz|$$

$$\le \frac{k!}{2\pi} \frac{|C|}{d^{k+1}} \max_{z \in C} |f(z) - f_n(z)|$$

の右辺は $n \to \infty$ のとき 0 に収束する． □

8.4 変数変換の公式

領域 D 内の長さをもつパラメータ曲線 $C = \{z(t) \mid a \le t \le b\}$ と D において正則な関数 $g(z)$ に対して，C を g によって変換したパラメータ曲線

$$\Gamma = \{g \circ z(t) \mid a \le t \le b\}$$

も有限の長さをもつ．なぜなら，グルサの定理より $g'(z)$ は D で連続であり，コンパクト集合 C 上で $|g'(z)|$ は最大値 M をもつ．明らかに $g(z)$ は $g'(z)$ の 1 つの原始関数であるから，C 上の 2 点 z_k, z_{k+1} に対して

$$|g(z_{k+1}) - g(z_k)| = \left|\int_{z_k}^{z_{k+1}} g'(z)\,dz\right| \le M \int_{z_k}^{z_{k+1}} |dz| = M|C_k|$$

となる．ここで C_k は z_k と z_{k+1} の間にある C の部分弧である．これよりただちに $|\Gamma| \le M|C|$ が従うからである．

$z(t)$ が標準的なパラメータ表示のとき，$(g \circ z)'(t) = g' \circ z(t) z'(t)$ であるから，曲線 Γ 上の連続関数 $f(z)$ に対して

---

[2] 互いに交わらない閉集合 A と B に対して $\inf\{|a-b| \mid a \in A, b \in B\}$ を A と B の距離という．一般には下限が達成されるとは限らないが，どちらかがコンパクト集合であれば $|a-b|$ の最小値が存在する．

$$\int_\Gamma f(w)\,dw = \int_a^b f\circ g\circ z(t)\cdot g'\circ z(t)\cdot z'(t)\,dt$$
$$= \int_C f\circ g(z)\,g'(z)\,dz$$

が成り立つ．これは $w=g(z)$ による変数変換の公式である．特に C が閉曲線の場合は Γ も閉曲線になるが，Γ の向きに注意を払う必要がある．

例題 単位円 $|z|=1$ を反時計まわりに一周するパラメータ曲線を C とする．C 上の連続関数 $f(z)$ に対して次の等式を示せ．
$$\int_C f(z)\,dz = \int_C \frac{f(1/z)}{z^2}\,dz$$

解 $\mathbb{C}\setminus\{0\}$ において正則な $g(z)=1/z$ によって，$C=\{e^{i\theta}\mid 0\le\theta\le 2\pi\}$ は
$$\Gamma=\{e^{-i\theta}\mid 0\le\theta\le 2\pi\}=-C$$
に変換される．よって変数変換の公式より
$$\int_C f(z)\,dz = -\int_\Gamma f(z)\,dz = \int_C \frac{f(1/z)}{z^2}\,dz. \qquad\blacksquare$$

演習問題

[39] $k\ge 2$ を整数とする．コーシーの積分定理から $\displaystyle\int_0^\infty \sin(x^k)\,dx$ の値を求めよ．

[40] 穴あき領域 $\mathbb{C}\setminus\{0\}$ において正則な関数 e^{iz}/z にコーシーの積分定理を適用して，次の広義積分
$$\int_0^\infty \frac{\sin x}{x} e^{-\lambda x}\,dx$$
の値を求めよ．ただし $\lambda\ge 0$ は定数とする．

[41] 単位円 $|z|=1$ を反時計まわりに一周する閉じたパラメータ曲線を C とする．補題8.3より関数
$$f(w) = \frac{1}{2\pi i}\int_C \frac{\overline{z}}{z-w}\,dz$$
は円領域 $|w|<1$ および円外領域 $|w|>1$ において正則である．それぞれの領域において $f(w)$ を求めよ．

演習問題

[42] 領域 D の 2 点 z, w を結ぶ線分が D に含まれるとする．D 上の正則関数 $f(z)$ に対して，この線分上に
$$|f(z) - f(w)| \le |f'(\xi)| \cdot |z - w|$$
を満たす点 ξ が存在することを示せ．

[43] $f(z)$ を整関数とする．正の定数 C と自然数 d があって，無限遠点の近傍において $|f(z)| \le C|z|^d$ が成り立つとき，$f(z)$ は高々 d 次の多項式であることを示せ．

[44] 整数係数の n 次多項式
$$L_n(x) = \frac{1}{n!}(x^n(1-x)^n)^{(n)}$$
は区間 $[0, 1]$ 上の重み 1 に関する直交多項式系をなす．これを n 次の**ルジャンドル多項式**[3]という．$0 \le x \le 1$ において次の等式が成り立つことを示せ．
$$L_n(x) = \frac{1}{2\pi}\int_0^{2\pi}\left(1 - 2x - 2i\sqrt{x(1-x)}\sin\theta\right)^n d\theta$$

[45] 単連結領域 D において正則な関数 $f(z)$ は D 内に零点をもたないとし，$z_0 \in D$ とする．補題 7.4 と定理 8.1 より，D において不定積分
$$F(z) = \int_{z_0}^z \frac{f'(z)}{f(z)} dz$$
が定義できる．このとき次の各等式が成り立つことを示せ．
$$e^{F(z)} = \frac{f(z)}{f(z_0)}, \quad \operatorname{Re} F(z) = \log\left|\frac{f(z)}{f(z_0)}\right|$$

[46] $x > 1$ において絶対収束する級数 $\zeta(x) = \sum_{n=1}^{\infty} \frac{1}{n^x}$ は右半平面 $\operatorname{Re} z > 1$ に正則関数として拡張できることを示せ．これを**リーマンのゼータ関数**という．

[47] **ガンマ関数** $\Gamma(x) = \int_0^{\infty} t^x e^{-t} dt$ は右半平面 $\operatorname{Re} z > 0$ に正則関数として拡張できることを示せ．

---

[3] 通常は区間 $[-1, 1]$ 上の直交多項式系 $(x^2 - 1)^{(n)}/(2^n n!)$ をルジャンドル多項式という．これは有理数係数であるが，$L_n(x)$ の方は整数係数である．

第 9 章
正則点における展開

　コーシーの積分公式を用いると，正則な点の近傍における関数の局所的特性を詳しく調べることができる．その結果として，正則関数は局所的に整級数に展開できることが従う．解析接続は，正則関数としての関数の拡張（定義域の拡大）である．実関数は比較的自由に定義域を拡張できるのに対して，正則関数の拡張は存在しても1つしかない．言い換えると，どんなに小さな領域であっても，そこで与えられた正則関数が本来棲む世界はあらかじめ決まっているのである．

9.1　整級数展開

　5.3節において整級数は収束円の内部で正則関数を表すことを述べた．実はこの逆も成り立つ．

定理 9.1　領域 D で正則な関数 $f(z)$ と任意の点 $z_0 \in D$ に対して，$f(z)$ は z_0 を中心とする整級数に展開できる．その収束半径は z_0 と D の境界との距離[1]以上である．

[証明] 閉円板 $|z-z_0| \leq r$ が D に属するように $r>0$ をとり，反時計まわりに円周 $|z-z_0|=r$ を一周するパラメータ曲線を C とする．コーシーの積分公式より，任意の $|z-z_0|<r$ に対して

$$f(z) = \frac{1}{2\pi i}\int_C \frac{f(\zeta)}{\zeta - z}d\zeta$$

が成り立つ．$|z-z_0|=\rho<r$ とおけば，$\left|\dfrac{z-z_0}{\zeta-z_0}\right| = \dfrac{\rho}{r} < 1$ なので，ワイエルシュトラスの優級数定理5.1より

---
[1] z_0 を1点からなる集合 $\{z_0\}$ と同一視している．

9.1 整級数展開

$$\frac{1}{\zeta-z} = \frac{1}{(\zeta-z_0)\left(1-\dfrac{z-z_0}{\zeta-z_0}\right)} = \sum_{n=0}^{\infty}\frac{(z-z_0)^n}{(\zeta-z_0)^{n+1}}$$

は $\zeta \in C$ に関して絶対一様収束する．よって項別積分が許されて

$$f(z) = \frac{1}{2\pi i}\int_C f(\zeta)\sum_{n=0}^{\infty}\frac{(z-z_0)^n}{(\zeta-z_0)^{n+1}}\,d\zeta = \sum_{n=0}^{\infty}a_n(z-z_0)^n$$

を得る．ここで

$$a_n = \frac{1}{2\pi i}\int_C \frac{f(\zeta)}{(\zeta-z_0)^{n+1}}\,d\zeta = \frac{f^{(n)}(z_0)}{n!}$$

が成り立つ．この整級数の収束半径は r 以上であり，点 z_0 と D の境界との距離にいくらでも近い値に r をとることができる．□

この定理の証明から，円周 $|z-z_0|=r$ 上の $|f(z)|$ の最大値を $M(r)$ とすれば，ただちに

$$|a_n| \leq \frac{1}{2\pi}\int_C \frac{|f(\zeta)|}{r^{n+1}}|d\zeta| \leq \frac{M(r)}{r^n}$$

を得る．これを**コーシーの評価式**という（この形の評価はすでに定理 5.3 の証明で用いている）．これを z_0 における微係数で表せば

$$|f^{(n)}(z_0)| \leq \frac{M(r)n!}{r^n}$$

となる．係数 a_n のより精密な評価を導く次の等式は 11.1 節において最大値原理の証明にも用いられる．

定理 9.2 閉円板 $|z-z_0| \leq r$ を含む領域で正則な関数 $f(z)$ に対して，z_0 を中心とする整級数展開の係数を a_n とすると，

$$\frac{1}{2\pi}\int_0^{2\pi}|f(z_0+re^{i\theta})|^2\,d\theta = \sum_{n=0}^{\infty}|a_n|^2 r^{2n}$$

が成り立つ．特に $\{a_n r^n\}$ は零列である．

[証明] 簡単のために $z_0=0$ とする．定理 9.1 より $f(z)$ の原点を中心とする整級数展開の収束半径は r より大きいので，2 重級数

第 9 章 正則点における展開

$$|f(re^{i\theta})|^2 = \sum_{n=0}^{\infty} \sum_{m=0}^{\infty} a_n \overline{a_m} \, r^{n+m} e^{i(n-m)\theta}$$

は絶対収束する．よって項別積分が許されて，

$$\frac{1}{2\pi} \int_0^{2\pi} |f(re^{i\theta})|^2 \, d\theta = \sum_{n=0}^{\infty} \sum_{m=0}^{\infty} a_n \overline{a_m} \, r^{n+m} \frac{1}{2\pi} \int_0^{2\pi} e^{i(n-m)\theta} \, d\theta$$

$$= \sum_{n=0}^{\infty} |a_n|^2 r^{2n}. \quad \Box$$

また，正則点における整級数展開から次の局所的な性質が導かれる．

定理 9.3 恒等的に 0 ではない正則関数の零点は孤立する．

証明 領域 D 上の 0 ではない正則関数を $f(z)$ とし，$f(z)$ の零点を $z_0 \in D$ とする．十分に小さく $\delta > 0$ をとれば，円領域 $U = \{|z - z_0| < \delta\}$ は D に含まれ，定理 9.1 より $f(z)$ の z_0 を中心とする整級数

$$f(z) = \sum_{n=1}^{\infty} a_n (z - z_0)^n$$

は U で収束する．$f(z)$ は恒等的に 0 ではないから，係数たちがすべて 0 となることはない．そこで 0 ではない最初の係数を $a_k, k \geq 1$ とし，

$$f(z) = (z - z_0)^k (a_k + a_{k+1}(z - z_0) + \cdots) = (z - z_0)^k g(z) \tag{9.1}$$

とおく．$g(z)$ は U において正則であり $g(z_0) = a_k \neq 0$ を満たす．したがって点 z_0 における g の連続性から，必要ならば δ を小さくとりなおすことによって，U において $|g(z)| > 0$ とできる．すると $0 < |z - z_0| < \delta$ において $f(z) \neq 0$ が成り立つ．$\Box$

$f(z)$ の孤立零点 z_0 に対して (9.1) の形の表示は一意的である．この $k \in \mathbb{N}$ を零点 z_0 の**位数**といい，z_0 は f の k 位の零点であるという．つまり $f(z)$ の z_0 を中心とする整級数展開が k 次の項から始まることに他ならない．なお，無限遠点において正則な関数 $f(z)$ に対して，$z = 0$ が関数 $f(1/z)$ の k 位の孤立した零点であるとき，f は無限遠点において k 位の零点をもつという．

9.2 解析接続

関数 $\phi(z) = f(z) - g(z)$ に定理9.3の対偶を適用することによって，ただちに次の系が従う．

系 9.4 領域 D において正則な2つの関数 $f(z)$ と $g(z)$ に対して，$z^* \in D$ に集積する D 内の無限個の点列の上で両者の値が一致すれば，z^* の近傍において $f(z) = g(z)$ が成り立つ．

系9.4は実は大局的な性質である．

定理 9.5（**一致の定理**）領域 D において正則な2つの関数 $f(z)$ と $g(z)$ に対して，$z^* \in D$ に集積する D 内の無限個の点列の上で両者の値が一致すれば，D 全体において $f(z) = g(z)$ が成り立つ．

証明 $\phi(z) = f(z) - g(z)$ の零点が $z^* \in D$ に集積するとする．系9.4より z^* の近傍で $\phi(z)$ は恒等的に 0 に等しい．いま $\phi(w_0) \neq 0$ を満たす点 $w_0 \in D$ が存在すると仮定して矛盾を導こう．

領域は弧状連結であるから，z^* を始点とし w_0 を終点とする D 内のパラメータ曲線 $C = \{z(t) \mid 0 \leq t \leq 1\}$ が存在する．

$$E = \{0 \leq t \leq 1 \mid \phi \circ z(t) \neq 0\}$$

とおく．終点 w_0 の近傍では $\phi(z) \neq 0$ であるから，$E \neq \emptyset$ であり $t^* = \inf E < 1$ である．また始点 z^* の近傍で $\phi(z) = 0$ であるから $t^* > 0$ である．ϕ は $z(t^*)$ において正則であり，$t^* > 0$ より $z(t^*)$ は ϕ の零点の集積点であるから，系9.4より $z(t^*)$ を中心とする ϕ の整級数展開の収束円内で ϕ は恒等的に 0 に等しい．すると t^* の近傍で $\phi \circ z(t) = 0$ となり，t^* が E の下限であることに反する．ゆえに D において恒等的に $f(z) = g(z)$ が成り立つ．□

注意 実関数の世界では，$x < 0$ と $x > 1$ でそれぞれ定数値 0 と 1 をとるような $\mathbb{R}$ 上の無限回微分可能な関数を構成できる．これに対して複素関数の場合は，領域のいたるところで微分できるという条件によってこの種の関数が排除される．

例題 すべての $z \in \mathbb{C}$ で2倍角の公式 $\sin(2z) = 2\sin z \cos z$ が成り立つことを示せ．

[解] $\sin(2z)$ と $2\sin z\cos z$ はともに整関数であり,実軸上では一致する.よって一致の定理9.5より $\mathbb{C}$ 全体で一致する. ■

定義 9.6 領域 D で正則な関数 $f(z)$ に対して,D を真部分集合として含む領域 D' があり,D' において正則な関数 $F(z)$ が D において $F(z) = f(z)$ を満たすとき,この $F(z)$ を $f(z)$ の D から D' への**解析接続**という(図9.1).

$f(z)$ の D から D' への2つの解析接続を $F_0(z), F_1(z)$ とする.D において $F_0(z) = f(z) = F_1(z)$ が成り立つから,一致の定理9.5より $F_0(z) = F_1(z)$ が D' で成り立つ.したがって解析接続は存在すれば一意的である.

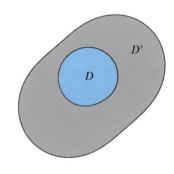

図 9.1

いま領域 D において正則な関数 $f(z)$ に対して,点 $z_0 \in D$ と D の境界との距離を r_0 とする.定理9.1より,z_0 を中心とする $f(z)$ の整級数展開

$$f_0(z) = \sum_{n=0}^{\infty} a_n(z-z_0)^n$$

の収束半径 ρ_0 は r_0 以上で,$U_0 = \{|z-z_0| < r_0\} \subset D$ において $f(z)$ と一致する.このとき,もし $\rho_0 > r_0$ ならば,$f_0(z)$ の収束円の内部を $U = \{|z-z_0| < \rho_0\}$ とおくと $U \setminus D$ は内点をもつ空でない集合である(次ページの図9.2 (a)).そこで

$$F(z) = \begin{cases} f(z) & (z \in D) \\ f_0(z) & (z \in U \setminus D) \end{cases}$$

と定める.関数 $f(z)$ と $f_0(z)$ は共通部分 $D \cap U$ においてともに正則で,U_0 において両者は一致する.よって一致の定理9.5より,$D \cap U$ の U_0 を含む連結成分 E において $f(z) = f_0(z)$ が成り立つ(図9.2 (b)).したがって,$z \in U \setminus D$ が D の境界上の点であったとしても,z は U の内点であるから z の十分に小さい近傍において $F(z) = f_0(z)$ が成り立ち,よって $F(z)$ は(一般にはリーマン面の面分として)$D \cup U$ において正則となる.ゆえに $F(z)$ は $f(z)$ の D か

9.2 解析接続

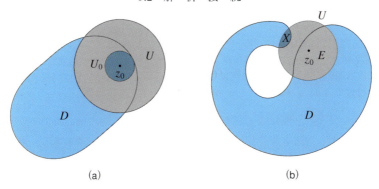

図 9.2 (a) 円領域 U_0 の半径は z_0 と D の境界との距離である．(b) 図のように $D \cap U$ が連結ではない場合も起こりうる．このとき一致の定理が使える領域は U_0 を含む $D \cap U$ の連結な部分だけであり，例えば図中の X の部分における $f(z)$ と $f_0(z)$ について一般には何も主張できない．X 上で両者の値が異なるときは，$D \cup U$ をリーマン面における領域と見て $F(z)$ を $U \setminus E$ 上で $F(z) = f_0(z)$ と定めれば，$F(z)$ は $D \cup U$ における多価関数となる．逆に言えば，$D \cap U$ が連結である限り $F(z)$ は $D \cup U$ における 1 価正則な解析接続である．次節でこの性質を用いる．

ら $D \cup U$ への解析接続である．

以上の操作を可能な限り繰り返して $f(z)$ の正則関数として定義できる領域を最大限に拡大したとき，その境界を $f(z)$ の**自然境界**という．これが正則関数 $f(z)$ が棲む真の世界の境界である．

一般に，領域 D で正則な $f(z)$ に対して，D の境界上の点 z_0 の近傍を含む領域への解析接続が存在しないとき，z_0 を $f(z)$ の**特異点**あるいは**不正則点**という．したがって自然境界上の点はすべて特異点である．特異点からなる点列の集積点も特異点であるから，自然境界は閉集合をなす．

もし D の境界上の点 z_0 を含む領域への解析接続が存在すれば，z_0 に収束する D 内の任意の点列 $\{z_n\}$ に対して $\{f(z_n)\}$ は収束列である．よって

$$\lim_{n \to \infty} |f(z_n)| = \infty$$

が成り立つならば z_0 は $f(z)$ の特異点である．例えば $z = 0$ は 1 次分数関数 $1/z$ や対数関数 $\log z$ の特異点である．また，恒等的に 0 ではない $f(z)$ が D 内に無限個の零点をもてば，その零点列の集積点は定理 9.3 より $f(z)$ の特異点である．

例題 演習問題 28 (5章) に登場した整級数の自然境界を求めよ.

解 演習問題 28 の (i) より, 各 $t \in \mathbf{Q}$ に対して $f(z_n) \to \infty$ $(n \to \infty)$ を満たし, かつ $e^{2\pi i t}$ に収束する点列 $|z_n| < 1$ が存在する. よって $e^{2\pi i t}$ は $f(z)$ の特異点であり, このような点は単位円 $|z| = 1$ 上で稠密に分布している. したがって円 $|z| = 1$ 全体が $f(z)$ の自然境界である. ∎

上述した整級数展開による解析接続の構成法は原理的に重要であるが, 関数等式を利用する方法もよく用いられる (演習問題 56 (10章) を参照). 解析接続は共通領域を通じて存在領域を拡張するのが基本であるが, 次に述べるシュヴァルツの鏡像原理では線分を介して拡大するという点で一味違う.

定理 9.7 (**シュヴァルツの鏡像原理**) 上半平面にある領域 D の境界が実軸の開線分 $L = \{a < x < b\}$ を含むとする. $f(z)$ は D で正則, 集合 $D \cup L$ 上で連続, かつ L 上で実数値をとるとする. 実軸に関して D と対称な領域を D^* とおくとき,

$$F(z) = \begin{cases} f(z) & (z \in D \cup L) \\ \overline{f(\overline{z})} & (z \in D^*) \end{cases}$$

は $f(z)$ の D から $D' = D \cup L \cup D^*$ への解析接続である.

証明 4.2 節の 2 番目の例題より $F(z)$ は $D \cup D^*$ において正則であり, L 上で $f(z)$ が実数値をとることから $F(z)$ は D' において連続である. よって $F(z)$ の D' における正則性を示すには, モレラの定理 8.5 によって, D' 内の長さをもつ任意の閉曲線 C に沿う積分値が 0 になることを示せばよい (次ページの図 9.3 (a)). そのためには, C が L と交差する D' 内の 3 角形 T の場合にそれを示せば十分である. 積分路 T が線分 L によって 2 つの 3 角形 T_1, T_2 に分割されるとすれば, それぞれに 8.1 節の例題が適用できて,

$$\int_{T_1} f(z)\, dz = 0 = \int_{T_2} f(z)\, dz$$

が成り立つ. T が L と交わる線分上では積分路の向きが逆であるから,

$$\int_T f(z)\, dz = \int_{T_1} f(z)\, dz + \int_{T_2} f(z)\, dz = 0$$

を得る (図 9.3 (b)). □

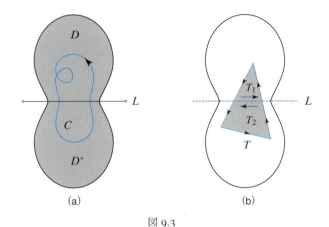

図 9.3

9.3　収束円上の特異点

次の定理は整級数の収束円と特異点の関係を述べるものである．

定理 9.8　有限の収束半径をもつ整級数 $f(z) = \sum_{n=0}^{\infty} a_n z^n$ の収束円上に $f(z)$ の特異点が少なくとも 1 つ存在する．

[証明]　この整級数の収束半径を $\rho_f > 0$ とおくと，$f(z)$ は $D = \{|z| < \rho_f\}$ において正則である．収束円 $C = \{|z| = \rho_f\}$ 上の各点 z_0 において $U_0 = \{|z - z_0| < r_0\}$ を含む領域への $f(z)$ の解析接続が存在すると仮定して矛盾を導こう．U_0 達はコンパクト集合 C の開被覆をなすから，そのうちの有限個 $U_1, \cdots, U_n$ によって C は被覆される．このとき $D' = D \cup U_1 \cup \cdots \cup U_n$ への 1 価正則な解析接続 $F(z)$ が存在する（次ページの図 9.4）．定理 9.1 より $F(z)$ の原点を中心とする整級数

$$F(z) = \sum_{n=0}^{\infty} A_n z^n$$

の収束半径 ρ_F は ρ_f より大きいが，D において $F(z) = f(z)$ であるから，

$$A_n = \frac{F^{(n)}(0)}{n!} = \frac{f^{(n)}(0)}{n!} = a_n$$

が成り立ち，$\rho_F = \rho_f$ となるので矛盾である．□

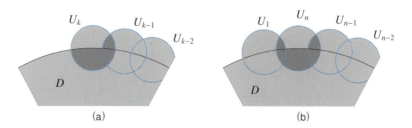

図 9.4　$\{U_k\}$ の中からどの 1 つを取り除いても C の被覆にならないとしてよい．$1 < k < n$ のとき U_k は $U_1, \cdots, U_{k-2}$ とは交わらず，U_k の境界と U_{k-1} の境界との 2 つの交点のうち 1 つは D の内部にあり，U_k の境界と C との 2 つの交点のうち 1 つは U_{k-1} の内部にある．よって U_k の境界と $D \cup U_1 \cup \cdots \cup U_{k-1}$ の境界とは 2 点で交わり，$(D \cup U_1 \cup \cdots \cup U_{k-1}) \cap U_k$ は連結である（図(a)の濃い部分）．最後の U_n については，U_1, U_{n-1} の境界とそれぞれ 2 点で交わり，そのうちの 1 つずつは D の内部にあり，また C との交点はそれぞれ U_1, U_{n-1} の内部にある．よって前述の場合と同じ結果を得る（図(b)の濃い部分）．ゆえに D' への解析接続は 1 価正則である．

整級数の収束円上の特異点に関してさらに次の定理がある．

定理 9.9（**プリングスハイムの定理**）整級数 $f(z) = \sum_{n=0}^{\infty} a_n z^n$ の収束半径を $\rho > 0$ とする．もしすべての n に対して $\operatorname{Re} a_n \geq 0$ かつ $g(z) = \sum_{n=0}^{\infty} (\operatorname{Re} a_n) z^n$ の収束半径も ρ であれば，$z = \rho$ は $f(z)$ の特異点である．

証明　背理法による．$z = \rho$ を中心とする円板 $U = \{|z - \rho| < r\}$ を含む領域への $f(z)$ の解析接続 $F(z)$ が存在すると仮定する．定理 9.1 より，$F(z)$ の $z = \rho/2$ を中心とする整級数展開

$$F(z) = \sum_{n=0}^{\infty} b_n \left(z - \frac{\rho}{2}\right)^n,$$
$$b_n = \frac{1}{n!} F^{(n)}\left(\frac{\rho}{2}\right) = \frac{1}{n!} f^{(n)}\left(\frac{\rho}{2}\right)$$

の収束半径は $\rho/2$ より大きく，級数

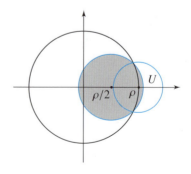

図 9.5

9.3 収束円上の特異点

$$\sum_{n=0}^{\infty} \frac{1}{n!} f^{(n)}\left(\frac{\rho}{2}\right)\left(\frac{\rho}{2}+\delta\right)^n \tag{9.2}$$

が絶対収束するような正数 δ がとれる．項別微分より，$|z| < \rho$ において

$$\frac{1}{n!} f^{(n)}(z) = \sum_{\nu=n}^{\infty} \binom{\nu}{n} a_\nu z^{\nu-n}$$

が成り立つから，$z = \rho/2$ のときの式を (9.2) に代入して実部をとれば

$$\sum_{n=0}^{\infty} \sum_{\nu=n}^{\infty} \binom{\nu}{n} (\operatorname{Re} a_\nu) \left(\frac{\rho}{2}\right)^{\nu-n} \left(\frac{\rho}{2}+\delta\right)^n \tag{9.3}$$

が絶対収束する．ところが (9.3) は正項級数であるから和の順序を変えることができて

$$\sum_{\nu=0}^{\infty} (\operatorname{Re} a_\nu) \sum_{n=0}^{\nu} \binom{\nu}{n} \left(\frac{\rho}{2}\right)^{\nu-n} \left(\frac{\rho}{2}+\delta\right)^n = \sum_{\nu=0}^{\infty} (\operatorname{Re} a_n)(\rho + \delta)^\nu$$

が収束する．これは $g(z)$ の収束半径が ρ であることに反する．$\square$

注意 プリングスハイムの定理 9.9 より，非負実数を係数とする整級数が有限の収束半径をもてば，収束円上の最大の実部をもつ点は特異点である．例えば，5.4 節で見たように整級数

$$f(z) = \sum_{n=1}^{\infty} \frac{z^n}{n^s}$$

の収束半径は定数 $s \in \mathbb{R}$ に依らず 1 であり，したがって $z = 1$ は $f(z)$ の特異点である．

収束円全体が自然境界になるための条件として次の定理が知られている．

定理 9.10（アダマールの空隙定理） 単調増加な整数列 $0 \leq n_1 < n_2 < \cdots$ と定数 $\lambda > 0$ があって，すべての $k \geq 1$ に対して $n_{k+1} \geq (1+\lambda) n_k$ を満たすとする．このとき整級数

$$f(z) = \sum_{k=1}^{\infty} a_k z^{n_k}$$

の収束半径を $\rho > 0$ とすれば，$f(z)$ の自然境界は収束円 $|z| = \rho$ である．

証明 一般性を失うことなく $\rho = 1$ としてよい．また収束円 $|z| = 1$ が自然境界であることを示すには，$z = 1$ が特異点であることを示せば十分である．収

束円の内部を $D = \{|z| < 1\}$ とおく．$z = 1$ を中心とする十分に小さい円領域 $U = \{|z-1| < \delta\}$ に対して，D から $D \cup U$ への解析接続 $F(z)$ が存在すると仮定して矛盾を導こう．

自然数 $m > 1/\lambda$ と $\mu \in (0,1)$ を任意に選んで固定し，$m+1$ 次多項式

$$P(w) = (\mu + (1-\mu)w)w^m$$

を考える．$P(1) = 1$，および $|w| \leq 1$ のとき

$$|P(w)| \leq |\mu + (1-\mu)w| \leq \mu + (1-\mu) = 1$$

が成り立つが，$w \neq 1$ のとき最後の不等式の等号は成り立たない．なぜなら，3角不等式において等号が成り立つのは，どちらかが 0 であるか，さもなければ μ と $(1-\mu)w$ の比が正の実数になる場合に限られるが，いずれの場合も等号は起こらないからである．よって，閉円板 $|w| \leq 1$ の P による像は $D \cup U$ に含まれ，

$$g(w) = F \circ P(w)$$

が $|w| \leq 1$ において正則な関数として定義される．定理 9.8 より $g(w)$ の $w = 0$ を中心とする整級数展開

$$g(w) = \sum_{n=0}^{\infty} b_n w^n$$

の収束半径 ρ_g は 1 より大きい．さて，

$$P^{n_k}(w) = (\mu + (1-\mu)w)^{n_k} w^{mn_k}$$

を展開した式は w の mn_k 乗から $(m+1)n_k$ 乗までの 1 次結合であり，

$$mn_{k+1} \geq m(1+\lambda)n_k > (m+1)n_k$$

であるから，異なる k に対する $P^{n_k}(w)$ の展開式から w の同じベキ乗が出ることはない．つまり

$$\sum_{k=1}^{N} a_k P^{n_k}(w) = \sum_{n=0}^{(m+1)n_N} b_n w^n$$

が成り立つ．$N \to \infty$ のとき，右辺は $|w| < \rho_g$ において収束するから，特にすべての $0 < \epsilon < \rho_g - 1$ に対して $w = 1+\epsilon$ で収束する．よって整級数 $f(z)$ は

$z = P(1+\epsilon)$ において収束し，収束半径が 1 であることから $|P(1+\epsilon)| \leq 1$ となる．ところが $P'(1) = 1 - \lambda + m > 0$ であるから，$P(1+\epsilon) > P(1) = 1$ を満たす十分に小さい ϵ をとることができるので矛盾である． □

演習問題

[48] 整級数 $f(z) = \sum_{n=0}^{\infty} a_n z^n$ は $z = 1$ において収束するとする．任意の $0 < \alpha < 1$ に対して，$f(z)$ の $z = \alpha$ を中心とする整級数展開を

$$f_\alpha(z) = \sum_{n=0}^{\infty} b_n (z-\alpha)^n, \quad b_n = \frac{f^{(n)}(\alpha)}{n!}$$

とおく．このとき $f_\alpha(1)$ は収束し $f(1)$ に等しいことを示せ．

[49] 収束半径 1 をもつ整級数

$$F(z) = \sum_{n=1}^{\infty} \frac{z^n}{n^2}$$

を **2重対数関数**[2] という．次の各問に答えよ．

(i) 対数関数 $\mathrm{Log}(1-z)$ を用いて，$F(z)$ を複素平面から実軸の一部を除いた領域 $D_0 = \mathbb{C} \setminus [1, \infty)$ に解析接続せよ．

(ii) $D_1 = D_0 \setminus [0, 1)$ において次の等式を示せ．

$$F(z) + F\left(\frac{1}{z}\right) = -\frac{1}{2} \mathrm{Log}^2(-z) - \frac{\pi^2}{6}$$

(iii) $D_2 = D_0 \setminus (-\infty, 0]$ において次の等式を示せ．

$$F(z) + F(1-z) = \frac{\pi^2}{6} - \mathrm{Log}\, z \, \mathrm{Log}(1-z)$$

---

[2] 2重対数関数の記号は通常 $\mathrm{Li}_2(z)$ が用いられる．

第 10 章
孤立特異点のまわりの展開

　本章では穴あき領域において正則な関数に対して，その孤立特異点のまわりで関数を展開する．

10.1　ローラン展開

　円環領域 $D = \{R_2 < |z - z_0| < R_1\}$ において $f(z)$ は正則とする．D 内の点 z を任意に固定し，$R_2 < r_2 < |z - z_0| < r_1 < R_1$ を満たす 2 つの数 r_1, r_2 をとる．円 $|z - z_0| = r_j$ を反時計まわりに一周するパラメータ曲線を C_j とする．z を中心とする十分に小さい円周を反時計まわりに一周するパラメータ曲線 Γ に対して，コーシーの積分公式より

$$f(z) = \frac{1}{2\pi i} \int_\Gamma \frac{f(\zeta)}{\zeta - z} d\zeta$$

が成り立つが，この積分路 Γ は円環領域 D の中で図 10.1 のように (a) から (b) を経由して (c) まで連続的に変形することができる．よって

$$f(z) = \frac{1}{2\pi i} \int_{C_1} \frac{f(\zeta)}{\zeta - z} d\zeta - \frac{1}{2\pi i} \int_{C_2} \frac{f(\zeta)}{\zeta - z} d\zeta$$

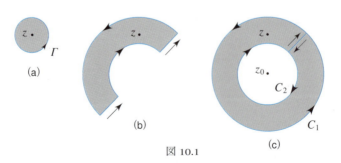

図 10.1

10.1 ローラン展開

を得る．C_2 を反時計まわりとしているから，C_2 に沿う積分には $-$ がつく．これを $f(z) = f_1(z) + f_2(z)$ と書く．

まず $\zeta \in C_1$ のとき，$|z - z_0| < |\zeta - z_0|$ であるから，等比級数

$$\frac{1}{\zeta - z} = \frac{1}{(\zeta - z_0)\left(1 - \dfrac{z - z_0}{\zeta - z_0}\right)} = \sum_{n=0}^{\infty} \frac{(z - z_0)^n}{(\zeta - z_0)^{n+1}}$$

は ζ に関して C_1 上で絶対一様収束する．よって項別積分が許されて，

$$f_1(z) = \sum_{n=0}^{\infty} a_n (z - z_0)^n, \quad a_n = \frac{1}{2\pi i} \int_{C_2} \frac{f(\zeta)}{(\zeta - z_0)^{n+1}} d\zeta$$

と表せる．次に，$\zeta \in C_2$ のときは $|\zeta - z_0| < |z - z_0|$ であるから，等比級数

$$\frac{1}{\zeta - z} = -\frac{1}{(z - z_0)\left(1 - \dfrac{\zeta - z_0}{z - z_0}\right)} = -\sum_{n=0}^{\infty} \frac{(\zeta - z_0)^n}{(z - z_0)^{n+1}}$$

は ζ に関して C_2 上で絶対一様収束し，同様に項別積分より

$$f_2(z) = \sum_{n=1}^{\infty} \frac{a_{-n}}{(z - z_0)^n}, \quad a_{-n} = \frac{1}{2\pi i} \int_{C_1} f(\zeta)(\zeta - z_0)^{n-1} d\zeta$$

となる．以上から

$$f(z) = f_1(z) + f_2(z) = \sum_{n=-\infty}^{\infty} a_n (z - z_0)^n$$

の形の展開を得る．これを $f(z)$ の点 z_0 のまわりの**ローラン展開**という．もちろん D が穴あき領域 $0 < |z - z_0| < R$ の場合も有効である．$f_1(z)$ をローラン展開の**正則部**，$f_2(z)$ を**特異部**という．

被積分関数である $f(\zeta)(\zeta - z_0)^m$ はすべての $m \in \mathbb{Z}$ に対して円環領域 D において正則であるから，コーシーの積分定理より，積分路 C_1, C_2 を反時計まわりに z_0 を一周する任意の閉曲線で置き換えることができる．このように両者を共通の積分路 C にしておく方が整級数と同じ形式になるので覚えやすい．

以上の結果をまとめておこう．

定理 10.1 円環領域 $D = \{R_2 < |z - z_0| < R_1\}$ において正則な関数 $f(z)$ は，D で広義一様収束する両側級数

$$f(z) = \sum_{n=-\infty}^{\infty} a_n(z-z_0)^n, \quad a_n = \frac{1}{2\pi i} \int_C \frac{f(\zeta)}{(\zeta-z_0)^{n+1}} d\zeta$$

に展開される．ただし C は z_0 を反時計まわりに一周する任意の閉曲線である．

いま，原点を中心とする2つの整級数

$$\varphi^+(z) = \sum_{n=0}^{\infty} a_n z^n, \quad \varphi^-(z) = \sum_{n=1}^{\infty} a_{-n} z^n$$

を定めれば，f の正則部と特異部はそれぞれ $\varphi^+(z-z_0), \varphi^-(1/(z-z_0))$ となり，

$$f(z) = \varphi^+(z-z_0) + \varphi^-\left(\frac{1}{z-z_0}\right) \tag{10.1}$$

と表せる．$\varphi^+(z), \varphi^-(z)$ はそれぞれ R_1, R_2^{-1} 以上の収束半径をもつ．$\varphi^-(z)$ は定数項をもたないことに注意しておく．整級数は項別微分可能であるから，

$$\begin{aligned}
f'(z) &= \varphi^{+\prime}(z-z_0) - \frac{1}{(z-z_0)^2} \varphi^{-\prime}\left(\frac{1}{z-z_0}\right) \\
&= \sum_{n=1}^{\infty} n a_n (z-z_0)^{n-1} - \frac{1}{(z-z_0)^2} \sum_{n=1}^{\infty} \frac{n a_{-n}}{(z-z_0)^{n-1}} \\
&= \sum_{n=-\infty}^{\infty} n a_n (z-z_0)^{n-1}
\end{aligned}$$

が成り立つ．言い換えれば，ローラン展開は項別微分可能である．

一般に $f^{(k)}(z)$ のローラン展開は $(z-z_0)^{-1}, \cdots, (z-z_0)^{-k}$ の項を含まない．また，定理9.2と同様に，絶対一様収束する級数に対する項別積分より $R_2 < r < R_1$ において

$$\frac{1}{2\pi} \int_0^{2\pi} |f(z_0 + re^{i\theta})|^2 d\theta = \sum_{n=-\infty}^{\infty} |a_n|^2 r^{2n}$$

が成り立つ．

10.2 孤立特異点の分類

穴あき領域 $D = \{0 < |z-z_0| < r\}$ において正則な $f(z)$ のローラン展開を

$$f(z) = \sum_{n=-\infty}^{\infty} a_n(z-z_0)^n \tag{10.2}$$

10.2 孤立特異点の分類

とする．前節で $R_2 = 0$ の場合であるから，(10.1)における $\varphi^-(z)$ は整関数である．すなわち，f の特異部は $\mathbb{C} \setminus \{z_0\}$ まで解析接続できる．よって，もし $f(z)$ の解析接続において z_0 に最も近い特異点 z_1 に遭遇したとすれば，それは正則部 $\varphi^+(z)$ の収束円上になければならないから，$\varphi^+(z)$ の収束半径は $|z_0 - z_1|$ となる．

ローラン展開の特異部の係数たち $\{a_{-n}\}$ に応じて（f の定義域外にある）点 z_0 を次の3種類に分類する．

定義 10.2 (i) すべての $n \geq 1$ で $a_{-n} = 0$ が成り立つとき，すなわち $\varphi^-(z)$ が 0 であるとき，点 z_0 を $f(z)$ の**除去可能特異点**という．このとき z_0 における f の値を $f(z_0) = a_0$ と定義すれば，$|z - z_0| < r$ において

$$f(z) = \sum_{n=0}^{\infty} a_n (z - z_0)^n$$

が成立し，よって $f(z)$ は円領域 $|z - z_0| < r$ における正則関数に拡張できる．

(ii) $a_{-n} \neq 0$ を満たす $n \geq 1$ が 1 個以上あるが，そのような n は有限個しか存在しないとき，すなわち $\varphi^-(z)$ が 1 次以上の多項式であるとき，$a_{-n} \neq 0$ を満たす最大の n を k とおけば（すなわち多項式の次数を k とおけば），

$$f(z) = \sum_{n=0}^{\infty} a_n (z - z_0)^n + \frac{a_{-1}}{z - z_0} + \cdots + \frac{a_{-k}}{(z - z_0)^k}, \quad a_{-k} \neq 0$$

と表すことができる．このとき z_0 を $f(z)$ の**極**といい，k を極の**位数**という．z_0 が $f(z)$ の k 位の極であることと，z_0 が $1/f(z)$ の k 位の零点であることとは同値である．また，$f(z)$ の k 位の極は $f'(z)$ の $k+1$ 位の極である．

(iii) $a_{-n} \neq 0$ を満たす $n \geq 1$ が無限個存在するとき，すなわち $\varphi^-(z)$ が多項式以外の整関数であるとき，z_0 を $f(z)$ の**真性特異点**という．$f(z)$ の真性特異点は $f'(z)$ の真性特異点である．

それぞれの場合における判定条件を以下にまとめておこう．

定理 10.3 次の各命題は z_0 が $f(z)$ の除去可能特異点であることと同値である．

(1) $f(z)$ は点 z_0 に連続拡張できる．

(2) z_0 の近傍において $f(z)$ は有界である[1].

(3) $z \to z_0$ のとき $(z-z_0)f(z) \to 0$ が成り立つ．

証明 z_0 が除去可能特異点ならば(1)が成り立ち，(1)から(2)，(2)から(3)が成り立つことは明らか．よって(3)から z_0 が除去可能特異点であることを示せばよい．そこで円領域 $|z-z_0| < r$ における関数 $g(z)$ を

$$g(z) = \begin{cases} (z-z_0)^2 f(z) & (z \neq z_0) \\ 0 & (z = z_0) \end{cases}$$

と定める．$g(z)$ は円環領域 $0 < |z-z_0| < r$ で正則であるが，点 z_0 においても

$$\lim_{z \to z_0} \frac{g(z) - g(z_0)}{z - z_0} = \lim_{z \to z_0} (z-z_0)f(z) = 0$$

であるから $g'(z_0) = 0$ となり，$g(z)$ は $|z| < r$ において正則である．定理9.1より $g(z)$ は z_0 のまわりで整級数展開できるが，$g(z_0) = g'(z_0) = 0$ であるから

$$g(z) = \sum_{n=2}^{\infty} a_n (z-z_0)^n$$

と表せる．ゆえに $f(z)$ のローラン展開は

$$f(z) = \sum_{n=0}^{\infty} a_{n+2} (z-z_0)^n$$

となり，点 z_0 は $f(z)$ の除去可能特異点である．□

例題 点 $z = 0$ は穴あき領域 $\mathbb{C} \setminus \{0\}$ において正則な関数 $f(z) = \dfrac{\sin z}{z}$ の除去可能特異点であることを示せ．

解 定理10.3より $z \to 0$ のとき $zf(z) = \sin z \to 0$ であることを示せばよいが，これは $\sin z$ の連続性より明らか．■

定理 10.4 点 z_0 が $f(z)$ の極であることと，$z \to z_0$ のとき $|f(z)| \to \infty$ となることとは同値である．

---

[1] (2)ならば z_0 は除去可能特異点であるという定理を，除去可能特異点に関するリーマンの定理という．

10.2 孤立特異点の分類

証明 z_0 を $f(z)$ の k 位の極とする．z_0 の近傍で $g(z) = (z-z_0)^k f(z)$ は有界であるから，定理 10.3 より z_0 は g の除去可能特異点である．したがって

$$\lim_{z \to z_0} |f(z)| = \lim_{z \to z_0} \frac{|g(z)|}{|z-z_0|^k} = \infty$$

が成り立つ．

逆に $z \to z_0$ のとき $|f(z)| \to \infty$ とする．任意の $M > 0$ に応じて正数 $\delta < r$ がとれて，$|z-z_0| < \delta$ ならば $|f(z)| > M$ が成り立つ．このとき $h(z) = 1/f(z)$ は円環領域 $0 < |z-z_0| < 1/r$ において正則であり $|h(z)| < 1/M$ を満たす．よって定理 10.3 より z_0 は h の除去可能特異点であり，$h(z_0) = 0$ と定めれば z_0 において正則である．特に $h(z)$ は恒等的に 0 ではないから，z_0 を h の k 位の零点とすれば，それは $f(z)$ の k 位の極である． □

z_0 が $f(z)$ の真性特異点ならば，上述の2つの定理より $z \to z_0$ のとき $|f(z)|$ は振動しながら発散する．実は $|f(z)|$ の挙動はかなり極端で，次の定理が成り立つ．

定理 10.5 点 z_0 が $f(z)$ の真性特異点ならば，任意の $\zeta \in \widehat{\mathbb{C}}$ に対して $f(z_n) \to \zeta$ $(n \to \infty)$ を満たすような z_0 に収束する点列 $\{z_n\}$ が存在する[2]．

証明 z_0 は除去可能特異点ではないので，定理 10.3 より z_0 の近傍で有界ではない．したがって $|f(z_n)| \to \infty$ $(n \to \infty)$ を満たし z_0 に収束する点列 $\{z_n\}$ が存在する．次に，z_0 に収束するどのような点列 $\{z_n\}$ に対しても $\{f(z_n)\}$ は ζ に収束しないような $\zeta \in \mathbb{C}$ が存在すると仮定する．言い換えれば，ある $\delta, \eta > 0$ がとれて，$0 < |z-z_0| < \delta$ ならば $|f(z) - \zeta| > \eta$ が成り立つと仮定する．

$$F(z) = \frac{1}{f(z) - \zeta} \quad \text{すなわち} \quad f(z) = \frac{1}{F(z)} + \zeta$$

とおくと，$F(z)$ は穴あき領域 $0 < |z-z_0| < \delta$ で正則かつ $|F(z)| < 1/\eta$ を満たす．よって定理 10.3 より z_0 は $F(z)$ の除去可能特異点である．もし $F(z_0) \neq 0$ ならば，z_0 は f の除去可能特異点となり仮定に反する．また $F(z_0) = 0$ ならば，F は恒等的に 0 ではないので z_0 を $F(z)$ の k 位の零点とすると，それは $f(z)$ の k 位の極となり仮定に反する． □

---

[2] これを特異点に関するワイエルシュトラスの定理という．

10.3 留数定理

穴あき領域 $D = \{0 < |v||z - z_0 < r\}$ において正則な関数 $f(z)$ に対して，$f(z)$ の点 z_0 のまわりのローラン展開における $(z - z_0)^{-1}$ の係数 a_{-1} を，z_0 における $f(z)$ の**留数**といい，これを $\mathrm{Res}(z_0; f)$ で表す[3]．すなわち

$$\mathrm{Res}(z_0; f) = \frac{1}{2\pi i}\int_C f(z)\,dz$$

である．ここで積分路 C は反時計まわりに z_0 を一周する任意の閉曲線である．例えば，関数 $1/z$ の原点における留数は 1 である．特に，すべての $k \geq 1$ に対して導関数 $f^{(k)}(z)$ の孤立特異点における留数は 0 である．

点 z_0 が k 位の極である場合は次の公式によって留数を求めることができる．

定理 10.6 点 z_0 が $f(z)$ の k 位の極であるとき次の等式が成り立つ．

$$\mathrm{Res}(z_0; f) = \frac{1}{(k-1)!}\lim_{z \to z_0}\frac{d^{k-1}}{dx^{k-1}}((z - z_0)^k f(z))$$

証明 $f(z)$ の極 z_0 のまわりのローラン展開

$$f(z) = \frac{a_{-k}}{(z - z_0)^k} + \cdots + \frac{a_{-1}}{z - z_0} + \sum_{n=0}^{\infty} a_n(z - z_0)^n$$

に $(z - z_0)^k$ を乗じれば，

$$(z - z_0)^k f(z) = a_{-k} + \cdots + a_{-1}(z - z_0)^{k-1} + \sum_{n=0}^{\infty} a_n(z - z_0)^{n+k}$$

となる．この両辺を $k - 1$ 回微分して $(k - 1)!$ で割れば

$$\frac{1}{(k-1)!}\frac{d^{k-1}}{dx^{k-1}}((z - z_0)^k f(z)) = a_{-1} + \sum_{n=0}^{\infty} a_n \binom{n+k}{k-1}(z - z_0)^{n+1}$$

を得る．右辺は $z \to z_0$ のとき a_{-1} に収束する． □

留数の定義から積分路の連続変形より次の定理がただちに従う．

定理 10.7（**留数定理**）領域 D から有限個の点 $\{z_1, z_2, \cdots, z_n\}$ を除いた穴あき領

---

[3] 書物によっては，$R(z_0; f), \mathrm{Res}[f]_{z_0}$ あるいは $\mathrm{Res}_{z_0} f$ などの記号で表される．

10.3 留数定理

域 $D' = D \setminus \{z_1, z_2, \cdots, z_n\}$ において正則な関数 $f(z)$ に対して，D' 内の長さをもつ回転数が 1 の単純閉曲線 C が $\{z_1, z_2, \cdots, z_n\}$ を囲むならば，

$$\frac{1}{2\pi i} \int_C f(z)\, dz = \sum_k \text{Res}(z_k; f)$$

が成り立つ．

この定理 10.7 によって定積分の計算を留数の計算に帰着させることができる．

[例題] 正の整数 k に対して広義積分 $\displaystyle\int_0^\infty \frac{dx}{1+x^{2k}}$ の値を留数定理 10.7 より求めよ．

[解] 1 の原始 $4k$ 乗根の 1 つを $\zeta = \exp(\pi i/(2k))$ とおく．有理関数 $f(z) = (1+z^{2k})^{-1}$ の上半平面 $\text{Im}\, z \geq 0$ における特異点は k 個の 1 位の極 $z = \zeta, \zeta^3, \cdots, \zeta^{2k-1}$ のみである．$z = \zeta^{2\ell-1}$ における留数は，定理 10.6 より

$$\text{Res}(\zeta^{2\ell-1}; f) = \lim_{z \to \zeta^{2\ell-1}} \frac{z - \zeta^{2\ell-1}}{1+z^{2k}} = \frac{1}{2k\zeta^{(2k-1)(2\ell-1)}} = -\frac{\zeta^{2\ell-1}}{2k}$$

となる．さて，$R > 1$ として実軸上を $-R$ から R まで進み，原点を中心とする半径 R の円周を反時計まわりに半周して $-R$ に戻るパラメータ曲線を C とする．これらの積分路をそれぞれ C_1, C_2 とおき，C_k に沿う $f(z)$ の積分を I_k とする．

$$I_1 = \int_{-R}^R \frac{dx}{1+x^{2k}} = 2\int_0^R \frac{dx}{1+x^{2k}}$$

であるから，I_1 の $R \to \infty$ のときの極限値の $1/2$ が求める値である．一方，I_2 については，$C_2 = \{Re^{i\theta} \mid 0 \leq \theta \leq \pi\}$ であるから

$$I_2 = iR \int_0^\pi \frac{e^{i\theta}}{1+R^{2k}e^{2ik\theta}}\, d\theta \quad \text{より} \quad |I_2| \leq \frac{\pi R}{R^{2k}-1}$$

となり，$R \to \infty$ のとき 0 に収束する．このとき留数定理より

$$I_1 + I_2 = 2\pi i \sum_{\ell=1}^k \text{Res}(\zeta^{2\ell-1}; f) = -\frac{\pi i}{k} \sum_{\ell=1}^k \zeta^{2\ell-1}$$

が成り立つ．

$$\sum_{\ell=1}^k \zeta^{2\ell-1} = \frac{2\zeta}{1-\zeta^2} = \frac{2}{e^{-\pi i/(2k)} - e^{\pi i/(2k)}} = \frac{i}{\sin(\pi/(2k))}$$

であるから，$R \to \infty$ の極限をとって

$$\int_0^\infty \frac{dx}{1+x^{2k}} = \frac{\pi}{2k\sin(\pi/(2k))}$$

を得る．なお，下半平面の側に半円をとっても同様に示せる． ∎

[例題] 広義積分 $\int_0^\infty \dfrac{\cos x}{1+x^2}\,dx$ の値を留数定理 10.7 より求めよ.

[解] 関数 $f(z) = \dfrac{e^{iz}}{1+z^2}$ の特異点は 2 つの 1 位の極 $z = \pm i$ のみである. 前例題と同じ積分路 C に対して, C の内部にある極 $z = i$ における留数は

$$\mathrm{Res}(i;f) = \lim_{z \to i}(z-i)\dfrac{e^{iz}}{1+z^2} = \dfrac{e^{-1}}{2i}$$

である. まず, 実軸上を $-R$ から R まで進む C_1 に沿う積分 I_1 については,

$$I_1 = \int_{-R}^{R} \dfrac{e^{ix}}{1+x^2}\,dx = 2\int_0^R \dfrac{e^{ix}}{1+x^2}\,dx$$

となり, 求める積分値は $\mathrm{Re}\,I_1$ の $R \to \infty$ のときの極限値の $1/2$ である. 他方, 上半平面にある半円 $C_2 = \{Re^{i\theta}\,|\,0 \le \theta \le \pi\}$ に沿う積分値 I_2 については,

$$I_2 = iR\int_0^\pi \dfrac{\exp(iRe^{i\theta})}{1+R^2 e^{2i\theta}}\,d\theta \quad \text{より} \quad |I_2| \le R\int_0^\pi \dfrac{e^{-R\sin\theta}}{R^2 - 1}\,d\theta \le \dfrac{\pi R}{R^2 - 1}$$

であるから, $R \to \infty$ のとき 0 に収束する. 留数定理から

$$I_1 + I_2 = 2\pi i\,\mathrm{Res}(i;f) = \dfrac{\pi}{e}$$

が成り立ち, $R \to \infty$ の極限をとって, 求める積分値 $\dfrac{\pi}{2e}$ を得る. ∎

10.4 無限遠点のまわりの展開

$f(z)$ を円外領域 $D = \{|z| > R\}$ における正則関数とする. 10.1 節で $R_1 = \infty$ の場合であるから, $f(z)$ の原点のまわりのローラン展開

$$f(z) = \varphi^+(z) + \varphi^-\left(\dfrac{1}{z}\right)$$

の正則部 $\varphi^+(z)$ は整関数である. このとき $g(\zeta) = f \circ T(\zeta) = f(1/\zeta)$ は穴あき領域 $E = \{0 < |\zeta| < 1/R\}$ における正則関数であり, $f(z)$ の無限遠点における正則性の定義と同様に, $f(z)$ の無限遠点のまわりのローラン展開を $g(\zeta)$ の $\zeta = 0$ のまわりのローラン展開によって定める. すなわち,

$$f\left(\dfrac{1}{\zeta}\right) = g(\zeta) = \sum_{n=-\infty}^{\infty} A_n \zeta^n = \sum_{n=-\infty}^{\infty} \dfrac{A_n}{z^n} = \sum_{n=-\infty}^{\infty} A_{-n} z^n$$

である. ここで z^n の係数 A_{-n} は, 変数変換 $\zeta = 1/z$ より

$$A_{-n} = \dfrac{1}{2\pi i}\int_C g(\zeta)\zeta^{n-1}\,d\zeta$$

10.4 無限遠点のまわりの展開

$$= \frac{1}{2\pi i}\int_{C'} g\left(\frac{1}{z}\right)\frac{dz}{z^{n+1}} = \frac{1}{2\pi i}\int_{C'} \frac{f(z)}{z^{n+1}}\,dz = a_n$$

で与えられる．ここで C, C' は反時計まわりに原点を一周する E, D 内の閉曲線である．したがって，円外領域 $|z| > R$ において正則な $f(z)$ の原点のまわりのローラン展開と無限遠点のまわりのそれとは一致する．ただし $A_n = a_{-n}$ であるから，原点と無限遠点のまわりでは，それぞれのローラン展開の正則部と特異部が（定数項を除いて）逆転する．つまり $g(\zeta)$ の正則部と特異部をそれぞれ $\Phi_+(\zeta), \Phi_-(\zeta)$ とおくと，

$$\Phi^+(\zeta) = \varphi^-(\zeta) + a_0, \quad \Phi^-(\zeta) = \varphi^+(\zeta) - a_0$$

となる．また，原点における $g(\zeta)$ の孤立特異点としての分類に応じて，それを $f(z)$ の無限遠点における特異点としての分類とする．例えば，$f(z)$ が無限遠点を真性特異点としてもてば，定理 10.5 が $z_0 = \infty$ のときにも成立する．

無限遠点における $f(z)$ の留数は，$g(\zeta)$ の原点における留数 $A_{-1} = a_1$ ではなく，

$$\mathrm{Res}(\infty; f) = -a_{-1} = -\frac{1}{2\pi i}\int_{C'} f(z)\,dz \tag{10.3}$$

と定めるので注意が必要である．右辺は原点から十分に遠いところを時計まわりに一周する積分路 $-C'$ に沿う積分である．変数変換 $z = 1/\zeta$ によって (10.3) の右辺の積分を変換すれば，

$$\mathrm{Res}(\infty; f) = \mathrm{Res}\left(0; -\frac{1}{z^2}f\left(\frac{1}{z}\right)\right) \tag{10.4}$$

とも表せる．

孤立特異点としての無限遠点は $\mathbb{C}$ の孤立特異点とは様相を異にする．例えば，$f(z) = 1/z$ の場合，$f(1/\zeta) = \zeta$ であるから無限遠点は f の正則点であるにもかかわらず，$\mathrm{Res}(\infty; f) = -1$ である．また，$f(z) = z$ の場合，$f(1/\zeta) = 1/\zeta$ であるから無限遠点は 1 位の極であるにもかかわらず，$\mathrm{Res}(\infty; f) = 0$ である．

$\mathbb{C}$ の孤立特異点 z_0 における留数は，z_0 を中心とする半径 r が十分に小さい反時計まわりの円周 C に沿う積分によって定義される．この向きは，C を z_0 の 1 つの近傍である円領域 $D = \{|z - z_0| < r\}$ の境界と見たときの正の向き（常に領域を左手に見る向き）である（次ページの図 10.2 (a)）．一方，無限遠点の 1

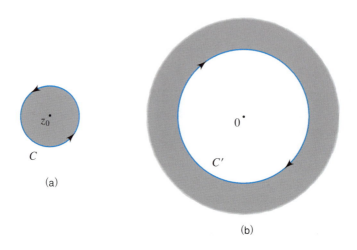

図 10.2 (a) 領域 $\{|z - z_0| < r\}$ を左手に見る向きは反時計まわりである．
(b) 一方，領域 $\{|z| > R\}$ を左手に見る向きは時計まわりとなる．

つの近傍である半径が十分に大きい円外領域 $D' = \{|z| > R\}$ に対しては，その境界の正の向きは時計まわりであるから（図 10.2 (b)），この意味において無限遠点における留数の定義 (10.3) は自然である．しかも，この定義からただちに次の定理が従う．

定理 10.8　複素球面 $\widehat{\mathbb{C}}$ から有限個の点を除いた領域で正則な関数の，それらの孤立特異点における留数の総和は 0 である．

例題　関数 $f(z) = \exp\left(\dfrac{1}{z} + \dfrac{1}{1-z}\right)$ に対して，無限遠点の孤立特異点としての分類は何か．また，無限遠点における留数を求めよ．

解　$f\left(\dfrac{1}{\zeta}\right) = \exp\left(\zeta + \dfrac{\zeta}{\zeta - 1}\right) = \exp\left(-\dfrac{\zeta^2}{1-\zeta}\right)$ は $\zeta = 0$ において正則であるから，無限遠点は $f(z)$ の正則点である．(10.4) を用いると，

$$-\frac{1}{z^2} f\left(\frac{1}{z}\right) = -\frac{1}{z^2} \exp(-z^2 - z^3 - \cdots)$$

において，$\exp(-z^2 - z^3 - \cdots)$ の原点を中心とする整級数展開に z の項は出現しないから $\mathrm{Res}(\infty; f) = 0$ である．∎

演習問題

50 穴あき領域 $0 < |z - z_0| < R$ において正則な関数 $f(z)$ が

$$\lim_{z \to z_0}(z - z_0)f(z) = 0$$

を満たすとする．f の z_0 のまわりのローラン展開における係数の積分表示

$$a_{-n} = \frac{1}{2\pi i}\int_C f(\zeta)(\zeta - z_0)^{n-1}\,d\zeta$$

を用いて，すべての $n \geq 1$ に対して $a_{-n} = 0$ となることを導け．

51 収束半径 1 をもつ整級数 $f(z) = \sum_{n=0}^{\infty} a_n z^n$ が $z = 1$ を極にもつ関数 $F(z)$ に解析接続できるとする．このとき $\{a_n\}$ は零列ではないことを示せ．

52 収束半径 1 をもつ整級数 $f(z) = \sum_{n=0}^{\infty} a_n z^n$ が，$z = 1$ を極にもちそれ以外の収束円上の点では正則な関数 $F(z)$ に解析接続できるとする．このとき $a_n = 0$ を満たす n は高々有限個しかなく，係数比 a_n/a_{n+1} は $n \to \infty$ のとき 1 に収束することを示せ．

53 定数 $0 < b < a$ に対して $\displaystyle\int_0^{2\pi} \frac{d\theta}{a + b\cos\theta}$ を留数定理を使って求めよ．

54 定数 $\alpha \in \mathbb{C}$ に対して

$$\frac{1}{2\pi}\int_0^{2\pi} \log|e^{i\theta} - \alpha|\,d\theta = \log_+|\alpha|$$

を示せ．$\log_+ x = \log\max(1, x)$ は $x \geq 0$ において定義される連続関数である．

55 多項式 $P(z), Q(z)$ は $\deg P = \deg Q + 1 \geq 0$ を満たすとする．P, Q の最高次係数をそれぞれ α, β とおくとき，$\mathrm{Res}(\infty; Q/P)$ を求めよ．

56 右半平面 $\mathrm{Re}\,z > 0$ において正則なガンマ関数 $\Gamma(z)$ は，関数等式

$$\Gamma(z + 1) = z\Gamma(z)$$

によって $\mathbb{C}\setminus\{0, -1, -2, \cdots\}$ へ解析接続できることを示せ．さらに $0, -1, -2, \cdots$ は 1 位の極であることを示し，そこでの留数を求めよ．

57 ガンマ関数 $\Gamma(z)$ は零点をもたないこと，よって $1/\Gamma(z)$ は整関数であることを積分表示から直接に示せ．

第 11 章
正則関数の絶対値

　正則関数の絶対値に関する最大値原理の応用として，シュヴァルツの補題，アダマールの3円定理およびデッチュの3線定理を述べる．領域 D における正則関数 $f(z)$ に対して，$z = x + iy, f(z) = u(x,y) + iv(x,y)$ とおけば，$|f(z)| = \sqrt{u^2(x,y) + v^2(x,y)}$ であるから，$f(z)$ の零点を除いて $|f(z)|$ は無限回偏微分可能な x, y の実関数であり，そのグラフは $\mathbb{R}^3$ 内の曲面

$$\{(x, y, s) \mid (x, y) \in D, s = |f(x + iy)|\}$$

として幾何的に捉えることができる．この1つの応用に鞍部点法がある．

11.1　最 大 値 原 理

定理 9.2 から次の定理が導かれる．

定理 11.1　閉円板 $|z - z_0| \leq r$ を含む領域で正則な関数 $f(z)$ に対して，円周 $|z - z_0| = r$ 上の $|f(z)|$ の最大値を $M(r)$ とする．このとき $|f(z_0)| \leq M(r)$ が成り立ち，等号は $f(z)$ が定数のときに限る．

証明　点 z_0 を中心とする $f(z)$ の整級数展開の係数を a_n とする．定理 9.2 より

$$M^2(r) \geq \sum_{n=0}^{\infty} |a_n|^2 r^{2n} \geq |a_0|^2 = |f(z_0)|^2$$

が成り立つ．もし $M(r) = |f(z_0)|$ ならば $a_1 = a_2 = \cdots = 0$ であるから $f(z)$ は定数であり，実際に $M(r) = |f(z_0)|$ となる．□

　この定理から，$f(z)$ が定数でない限り，D 内の任意の点 z_0 に対して，z_0 の近くに $|f(z_1)| > |f(z_0)|$ を満たす点 $z_1 \in D$ が存在する．特に，点 z_0 から D の境界 ∂D までの距離を r^* とおくと，$M(r)$ は $0 < r < r^*$ において狭義の単調増加関数である．

11.1 最大値原理

局所的な性質である定理11.1から，ただちに次の大局的な性質が導かれる．

定理 11.2（**最大値原理**）関数 $f(z)$ は有界領域 D において正則，$\overline{D} = D \cup \partial D$ 上で連続，かつ定数ではないとする．∂D 上の $|f(z)|$ の最大値を M とおけば，D において $|f(z)| < M$ が成り立つ．

証明 $\overline{D}$ はコンパクト集合であるから，そこで連続な $|f(z)|$ は最大値 $M' \geq M$ をもつ．$f(z)$ は定数ではないから，もし $|f(z_0)| = M'$ を達成する点 $z_0 \in D$ が存在すれば，z_0 を中心とする十分に小さい閉円板に対して定理11.1を適用して $|f(z_1)| > |f(z_0)| = M'$ を満たす点 $z_1 \in D$ が存在することになり矛盾である．ゆえに C 上の点で M' が達成され，$M' = M$ が成り立つ．もし $|f(z_2)| = M$ を達成する点 $z_2 \in D$ が存在すれば，同様に矛盾を得る．よって D において $|f(z)| < M$ が成り立つ． □

一言で言えば，有界な閉領域においては境界における $|f(z)|$ の最大値が内部における値を制する．ちなみに $|f(z)|$ の最小値に関しては，$f(z)$ が D に零点をもつときは，その点で $|f(z)|$ の最小値 0 が達成されるが，$f(z)$ が $\overline{D}$ に零点をもたないときは，関数 $1/f(z)$ は有界領域 D において正則かつ $\overline{D}$ 上で連続であるから，$1/f(z)$ に対して最大値原理が適用できる．

例題 定理11.2と同じ条件下において，∂D 上の $\mathrm{Re}\, f(z)$ の最小値と最大値をそれぞれ m, M とおく．D において $m < \mathrm{Re}\, f(z) < M$ が成り立つことを示せ．

解 関数 $e^{\pm f(z)}$ はともに D において正則かつ $\overline{D}$ において連続である．もし $e^{f(z)}$ が定数ならば，$(e^{f(z)})' = f'(z) e^{f(z)} = 0$ より $f'(z) = 0$，つまり $f(z)$ が定数となるから，$e^{f(z)}$ および $e^{-f(z)}$ は定数ではない．よって定理11.2より D において $|e^{f(z)}| = e^{\mathrm{Re}\, f(z)} < e^M$ および $|e^{-f(z)}| = e^{-\mathrm{Re}\, f(z)} < e^{-m}$ が成り立つ． ■

最大値原理は複数個の関数に対して次のように拡張される．

定理 11.3 m 個の関数 $f_1(z), f_2(z), \cdots, f_m(z)$ は有界領域 D において正則，かつ $\overline{D}$ 上で連続とし，少なくとも1つは定数ではないとする．このとき，任意の正数 $\alpha_1, \alpha_2, \cdots, \alpha_m$ に対して，∂D 上の

$$\Phi_{\alpha_1, \cdots, \alpha_m}(z) = |f_1(z)|^{\alpha_1} + |f_2(z)|^{\alpha_2} + \cdots + |f_m(z)|^{\alpha_m}$$

の最大値を M とおけば，D において $\Phi_{\alpha_1, \cdots, \alpha_m}(z) < M$ が成り立つ．

証明 定理11.1に相当する局所的な性質が関数 $\Phi_{\alpha_1,\cdots,\alpha_m}(z)$ に対して成り立つならば，後は定理11.2の証明と同様にして定理を得る．

点 $z_0 \in D$ を任意に固定して閉円板 $E = \{|z - z_0| \leq r\}$ が D に含まれるように $r > 0$ を小さくとり，円周 $|z - z_0| = r$ 上の $\Phi(z)$ の最大値を $M > 0$ とおく．

まず $\alpha_1 = \alpha_2 = \cdots = \alpha_m = 2$ の場合を考える．簡単のために $\Phi_{2,\cdots,2}(z)$ を単に $\Phi(z)$ と書く．各 $f_k(z)$ の z_0 における整級数展開

$$f_k(z) = \sum_{n=0}^{\infty} a_n^{(k)} (z - z_0)^n$$

の収束半径は r より大きく，定理9.2より

$$\frac{1}{2\pi} \int_0^{2\pi} |f_k(z_0 + re^{i\theta})|^2 \, d\theta = \sum_{n=0}^{\infty} |a_n^{(k)}|^2 r^{2n}$$

が成り立つ．定数ではない関数が少なくとも1つあるから，

$$\Phi(z_0) = \sum_{k=1}^{m} |f_k(z_0)|^2 = \sum_{k=1}^{m} |a_0^{(k)}|^2 < \sum_{k=1}^{m} \sum_{n=0}^{\infty} |a_n^{(k)}|^2 r^{2n}$$

となり，これより

$$\Phi(z_0) < \frac{1}{2\pi} \int_0^{2\pi} \Phi(z_0 + re^{i\theta}) \, d\theta \leq M$$

を得る．すなわち最大値 M を達成する点 $z_1 \in D$ を1つとれば $\Phi(z_0) < \Phi(z_1)$ が成り立つ．

$\alpha_1, \cdots, \alpha_m$ が一般の正数のときも $\Phi_{\alpha_1,\cdots,\alpha_m}(z)$ を単に $\Psi(z)$ と書く．$\Psi(z_0) = 0$ ならば，定数ではない関数が少なくとも1つあるから，$\Psi(z_1) > \Psi(z_0)$ を満たす点 $z_1 \in D$ が存在する．そこで $\Psi(z_0) > 0$ とする．$f_\ell(z_0) \neq 0$ を満たす ℓ の個数を $1 \leq k \leq m$ とし，番号を付け替えて

$$f_1(z_0) \neq 0, \cdots, f_k(z_0) \neq 0, \quad f_{k+1}(z_0) = \cdots = f_m(z_0) = 0$$

とする．必要ならば r を小さくとりなおして，閉円板 E 上で $f_1(z) \neq 0, \cdots, f_k(z) \neq 0$ が成り立つようにできる．E は単連結であるから，各 $1 \leq \ell \leq k$ に対して，定理6.2より

$$g_\ell(z) = \exp\left(\frac{\alpha_\ell}{2} \log f_\ell(z)\right)$$

11.1 最大値原理

は E を含む領域で正則であるとしてよい．このとき

$$|g_\ell(z)| = \exp\left(\frac{\alpha_\ell}{2}\operatorname{Re}\log f_\ell(z)\right)$$
$$= \exp\left(\frac{\alpha_\ell}{2}\log|f_\ell(z)|\right) = |f_\ell(z)|^{\alpha_\ell/2}$$

が成り立つ．$g_1(z), \cdots, g_k(z)$ が定数ではない関数を少なくとも 1 つ含むとき，

$$\psi(z) = |g_1(z)|^2 + \cdots + |g_k(z)|^2 = |f_1(z)|^{\alpha_1} + \cdots + |f_k(z)|^{\alpha_k}$$

とおけば，最初の考察より $\psi(z_1) > \psi(z_0)$ を満たす点 $z_1 \in D$ が存在して，

$$\Psi(z_1) \geq \psi(z_1) > \psi(z_0) = \Psi(z_0)$$

が成り立つ．次に $g_1(z), \cdots, g_k(z)$ がすべて定数であるとき，

$$g_\ell{'}(z) = \frac{\alpha_\ell}{2}\frac{f_\ell'(z)}{f_\ell(z)}\exp\left(\frac{\alpha_\ell}{2}\log f_\ell(z)\right)$$

であるから $f_1(z), \cdots, f_k(z)$ もすべて定数となる．よって $k < m$ であり $f_{k+1}(z)$, $\cdots, f_m(z)$ の中に定数ではない関数が少なくとも 1 つある．したがって

$$\varphi(z) = |f_{k+1}(z)|^{\alpha_{k+1}} + \cdots + |f_m(z)|^{\alpha_m}$$

とおけば，$\varphi(z_2) > \varphi(z_0) = 0$ を満たす $z_2 \in D$ が存在する．したがって

$$\Psi(z_2) = \psi(z_2) + \varphi(z_2) > \psi(z_0) + \varphi(z_0) = \Psi(z_0)$$

が成り立つ．以上から $\Psi(z) = \Phi_{\alpha_1, \cdots, \alpha_m}(z)$ は定理 11.1 と同様の局所的な性質を満たす．□

最大値原理の 1 つの応用として $|f(z)|$ の評価を精密化することができる．

補題 11.4（**シュヴァルツの補題**）関数 $f(z)$ は円領域 $|z| < r$ において正則で，$f(0) = 0$ および $|f(z)| \leq M$ を満たすとする．このとき

$$|f(z)| \leq \frac{M}{r}|z|$$

が成り立つ．さらに，穴あき領域 $0 < |z| < r$ の 1 点で等号が成立すれば，ある実定数 θ が存在して $f(z) = e^{i\theta}\frac{M}{r}z$ と表せる．

証明 $f(z)$ の原点を中心とする整級数展開は $f(0) = 0$ より定数項を含まないから,原点 $z = 0$ は関数

$$g(z) = \frac{f(z)}{z}$$

の除去可能特異点である.よって $g(z)$ は円領域 $D = \{|z| < r\}$ で正則である.いま任意の点 $z \in D$ と $|z| < \rho < r$ に対して,閉円板 $|z| \leq \rho$ における $|g(z)|$ の最大値は,最大値原理より円周 $|z| = \rho$ 上のある点で達成される.ゆえに,すべての $|z| \leq \rho$ に対して

$$\left|\frac{f(z)}{z}\right| \leq \max_{|w|=\rho} \left|\frac{f(w)}{w}\right| \leq \frac{M}{\rho}$$

が成り立つ.ここで ρ を r に近づければ,$|z| < r$ において

$$|f(z)| \leq \frac{M}{r}|z|$$

を得る.もし $0 < |z_0| < r$ なる点 z_0 で等号が成立すれば,$|z_0| < \rho < r$ なる ρ に対して,$|z| \leq \rho$ における $|g(z)|$ の最大値が $|z| < \rho$ を満たす点で達成されることになり,最大値原理より $g(z)$ は定数である.このとき $f(z) = \alpha z$ と表すことができて,$|\alpha| = |g(z_0)| = M/r$ となる.□

定理11.2における領域の有界性を無条件に外すわけにはいかない.例えば,整関数 e^{-iz} は上半平面 $\operatorname{Im} z > 0$ の境界である実軸上で $|e^{iz}| = 1$ を満たすが,上半平面において最大値は存在しない.しかし,何らかの条件を課せば,非有界領域においても最大値原理が成り立つ.

定理 11.5 両端が無限遠に伸びる互いに交わらない複数の単純曲線 C_k で囲まれた単連結領域を D とする(D の境界 ∂D は C_k の和集合である).関数 $f(z)$ は D において正則,かつ閉集合 $D \cup \partial D$ 上で連続とし,定数ではないとする.このとき正定数 m, M があって,D 上で $|f(z)| \leq M$ かつ ∂D 上で $|f(z)| \leq m \,(\leq M)$ を満たすならば,D において $|f(z)| < m$ が成り立つ.

証明 $D \cup \partial D$ に含まれない点 z_0 を1つ固定し(次ページの図 11.1 (a)),1次分数関数 $\phi(z) = 1/(z - z_0)$ を考える.D の ϕ による像 D' は有界な単連結領域であり,その境界 $\partial D'$ は $\phi(\partial D)$ と原点 $\{0\}$ からなる(図 11.1 (b)).z_0 と閉集合 $D \cup \partial D$ との距離を $\delta > 0$ とおき,任意の $\epsilon > 0$ に対して $E = D' \cup \phi(\partial D)$ 上の

11.1 最大値原理

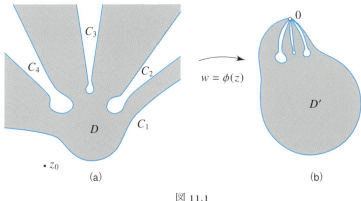

図 11.1

関数

$$F_\epsilon(w) = \delta^\epsilon \exp(\epsilon \log w) f\left(z_0 + \frac{1}{w}\right)$$

を定める．D' は単連結領域で原点を含まないから，$F_\epsilon(w)$ は D' において正則，かつ E 上で連続である．また $z \in D' \cup \partial D$ に対して $|f(z)| \leq M$ であるから，$w \in E$ に対して

$$|F_\epsilon(w)| = \delta^\epsilon |w|^\epsilon \left| f\left(z_0 + \frac{1}{w}\right) \right| \leq \delta^\epsilon M |w|^\epsilon$$

が成り立ち，w が E 内から 0 に近づくとき $F_\epsilon(w)$ は 0 に収束する．ゆえに $F_\epsilon(0) = 0$ と定めれば，これは $\partial D'$ への連続拡張となる．

一方，すべての $z \in \partial D$ に対して $|z - z_0| \geq \delta$ であるから，$w \in \partial D'$ のとき $|w| = |\phi(z)| \leq 1/\delta$ が成り立つ．よって D' の境界上で $|F_\epsilon(w)| \leq m$ が成り立つ．したがって最大値原理より D' において $|F_\epsilon(w)| \leq m$ が成り立つ．すなわち任意の $z \in D$ に対して

$$|f(z)| = (\delta |\phi(z)|)^{-\epsilon} |F_\epsilon \circ \phi(z)| \leq m (\delta |\phi(z)|)^{-\epsilon}.$$

ここで ϵ は任意であったから $|f(z)| \leq m$ を得る．もし $|f(z_1)| = m$ を満たす点 $z_1 \in D$ が存在したとすれば，f は定数ではないから定理 11.1 より $|f(z_2)| > m$ を満たす点 $z_2 \in D$ が存在することになり矛盾である．□

11.2 アダマールの３円定理

定理 11.6（アダマールの３円定理）円環領域 $A = \{r_1 < |z| < r_2\}$ において正則、かつ閉円環集合 $r_1 \leq |z| \leq r_2$ 上で連続な関数 $f(z)$ に対して、

$$M(r) = \max_{|z|=r} |f(z)|$$

とおく．このとき $\log M(r)$ は $\log r$ の凸関数である．

証明 実数 s と点 $z_0 \in A$ を任意に固定する．十分小さく $\delta > 0$ をとって、閉円板 $E = \{|z - z_0| \leq \delta\}$ が A に含まれるようにする．E は単連結であるから $\exp(s \log z)$ は E において正則であり、よって $g(z) = \exp(s \log z) f(z)$ も E において正則である．$g(z)$ が定数でなければ、最大値原理より

$$|g(z_1)| > |g(z_0)|$$

を満たす点 $z_1 \in \partial E$ が存在する．

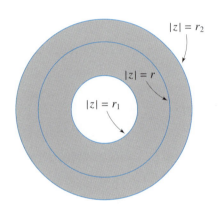

図 11.2

$$|g(z)| = \exp(s \log |z|) |f(z)| = |z|^s |f(z)|$$

であるから、$|z|^s |f(z)|$ が閉集合 $r_1 \leq |z| \leq r_2$ 上でとる最大値は２つの円周 $|z| = r_1$ と $|z| = r_2$ の上でのみ達成される（図 11.2）．したがって $r_1 < r < r_2$ に対して $r^s M(r) < \max(r_1^s M(r_1), r_2^s M(r_2))$ が成り立つ．$g(z)$ が定数のときは等号が成り立つ．そこで

$$s = \frac{\log M(r_1) - \log M(r_2)}{\log r_2 - \log r_1}$$

と選べば、$r_1^s M(r_1) = r_2^s M(r_2)$ であるから、$r^s M(r) \leq r_1^s M(r_1)$ より

$$M(r) \leq M(r_1)^{1-\lambda} M(r_2)^\lambda, \quad \lambda = \frac{\log r - \log r_1}{\log r_2 - \log r_1}$$

が導かれる．ゆえに $\log M(r)$ は $\log r$ の凸関数である．□

11.2 アダマールの3円定理

例題 整関数 $f(z) = \exp(z - z^2)$ に対して $M(r)$ を求め，$\log M(r)$ が $\log r$ の凸関数であることを確かめよ．

解 $z = x + iy, |z| = r$ とおくと $|f(z)| = \exp(r^2 + x - 2x^2)$ であるから，
$$M(r) = \max_{|x| \leq r} \exp(r^2 + x - 2x^2) = \begin{cases} \exp(r - r^2) & (r < 1/4) \\ \exp(r^2 + 1/8) & (r \geq 1/4) \end{cases}$$
となる．$s = \log r$ とおくと
$$\log M(e^s) = \begin{cases} e^s(1 - e^s) & (s < -2\log 2) \\ e^{2s} + 1/8 & (s \geq -2\log 2) \end{cases}$$
は s の凸関数である．■

非有界な領域における最大値原理の応用としては次の定理が知られている．

定理 11.7（デッチュの3線定理） 関数 $f(z)$ は帯状領域 $x_1 < \mathrm{Re}\, z < x_2$ において正則であり，閉集合 $x_1 \leq \mathrm{Re}\, z \leq x_2$ 上で連続かつ有界で 0 ではないとする．$x_1 \leq x \leq x_2$ において $L(x) = \sup_{y \in \mathbb{R}} |f(x + iy)|$ とおくとき，$\log L(x)$ は x の凸関数である．

証明 実定数 α に対して $F(z) = e^{\alpha z} f(z)$ とおく．$|F(z)| = e^{\alpha \mathrm{Re}\, z} |f(z)|$ は考えている帯状集合（図 11.3）で有界であるから，定理 11.5 より

$$e^{\alpha x} L(x) \leq \max(e^{\alpha x_1} L(x_1), e^{\alpha x_2} L(x_2))$$

が $x_1 \leq x \leq x_2$ において成り立つ．そこで α を $e^{\alpha x_1} L(x_1) = e^{\alpha x_2} L(x_2)$ が成り立つように，すなわち

$$\alpha = \frac{\log L(x_1) - \log L(x_2)}{x_2 - x_1}$$

と定めると，$\lambda = (x - x_1)/(x_2 - x_1)$ に対して

$$L(x) \leq L(x_1)^{1-\lambda} L(x_2)^\lambda$$

が成り立つ．□

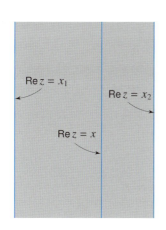

図 11.3

例題 $P(z)$ を非負係数をもつ3次以下の多項式とする.整関数 $f(z) = e^{P(z)}$ に対してデッチュの3線定理のいう $L(x)$ を $x \geq 0$ の範囲で求め,$\log L(x)$ が x の凸関数であることを確かめよ.

解 $P(z) = a_0 + a_1 z + a_2 z^2 + a_3 z^3, a_k \geq 0, z = x + iy$ とおけば,各 $x \geq 0$ に対して
$$\operatorname{Re} P(z) = a_0 + a_1 x + a_2(x^2 - y^2) + a_3(x^3 - 3xy^2)$$
である.よって $|f(z)| = e^{\operatorname{Re} P(z)}$ より
$$L(x) = \sup_{y \in \mathbb{R}} |f(z)| = e^{P(x)} \sup_{y \in \mathbb{R}} \exp(-(a_2 + 3a_3 x) y^2) = e^{P(x)}$$
を得る.明らかに $\log L(x) = P(x)$ は $x \geq 0$ において凸関数である.∎

11.3 鞍部点法

領域 D における定数ではない正則関数 $f(z)$ に対して,$z = x + iy$ および
$$f(z) = u(x, y) + iv(x, y)$$
とおく.11.1節で考察したように $|f(z)|$ の定める曲面には極大値および正の極小値を達成する点は存在しない.いま曲面 $|f(z)|$ の零点以外の極値候補点を求めるために,条件 $f(z) \neq 0$ の下で方程式
$$\frac{\partial}{\partial x}|f(z)| = \frac{\partial}{\partial y}|f(z)| = 0$$
を解けば,コーシー–リーマンの関係式より $u_x = u_y = v_x = v_y = 0$ を得る.したがって,極値候補点は $f'(z) = 0$ を満たす.逆に,$f(z_0) \neq 0, f'(z_0) = 0$ を満たす点 $z_0 \in D$ に対して,$f(z) - f(z_0)$ の零点 z_0 の位数を $d \geq 2$ とおき,前節と同様に $f(z)$ の z_0 を中心とする整級数展開を
$$f(z) = f(z_0) + a_d(z - z_0)^d + \cdots, \quad a_d \neq 0$$
とする.このとき $a_d/f(z_0) = \rho e^{i\alpha}$ とおけば,$r \to 0$ のとき θ に関して一様に
$$|f(z_0 + re^{i\theta})| = |f(z_0)|(1 + \rho r^d \cos(d\theta + \alpha)) + O(r^{d+1})$$
となるから,r を十分に小さく固定して θ を 0 から 2π まで動かせば,右辺第1項は $|f(z_0)|$ を中心に d 回ほど増減を繰り返す.これは点 z_0 が曲面の鞍部点(地表で例えれば「峠」にあたる地点)であることに他ならない.したがって,

11.3 鞍 部 点 法

$f'(z) = 0$ の解は零点でない限り曲面 $|f(z)|$ の鞍部点である．

この鞍部点をうまく利用するのが**鞍部点法**あるいは**最急降下法**と呼ばれる方法である．いま領域 D において正則な 2 つの関数 $f(z), g(z)$ と D 内の長さをもつ閉じていない積分路 C に沿う積分によって定義された数列

$$I_n = \int_C g(z) f^n(z)\, dz \tag{11.1}$$

に対して，I_n の $n \to \infty$ のときの漸近表示における主要部を求める問題を考える．ここで I_n の主要部とは，n の初等関数で表される数列 z_n で，$n \to \infty$ のとき $I_n/z_n \to 1$ を満たすものをいい，このとき $I_n \sim z_n \, (n \to \infty)$ と表す．主要部を調べることで I_n のおおよその変動を知ることができる．例えば，階乗 $n!$ の主要部は

$$n! \sim \sqrt{2\pi n}\left(\frac{n}{e}\right)^n \quad (n \to \infty)$$

である（**スターリングの公式**という．本節の例題参照）．

特に $d = 2$ の場合，すなわち

$$f(z_0) \neq 0, \quad f'(z_0) = 0 \quad \text{および} \quad a_2 = \frac{1}{2}f''(z_0) \neq 0$$

である場合，さらに $g(z_0) \neq 0$ が成り立つとき標準的であるという．このとき

$$\frac{a_2}{f(z_0)} = \rho e^{i\alpha}$$

とおけば，$r \to 0$ のとき

$$\frac{|f(z_0 + re^{i\theta})|}{|f(z_0)|} = 1 + \rho r^2 \cos(2\theta + \alpha) + O(r^3)$$

が成り立つ．よって鞍部点 z_0 において $\theta = -\alpha/2$ の方向に，地形でいう稜線にあたる曲線 Γ_+ が通り，それと直交する $\theta = (\pi - \alpha)/2$ の方向に谷側に最も急に降りる道にあたる曲線 Γ_- が通る．こうして，峠から見て谷側にあたる 2 つの領域と山側にあたる 2 つの領域が z_0 において対峙する形で接する．正確に述べれば，$|f(z)| < |f(z_0)|$ を満たし z_0 を境界点にもつ領域 V_1, V_2 （図 11.4 (a) の灰色部）と，$|f(z)| > |f(z_0)|$ を満たし z_0 を境界点にもつ領域 U_1, U_2 が定まる．

鞍部点法が適用できる理想的な状況は，(11.1) の積分路

$$C = \{z(t) \mid a \leq t \leq b\}$$

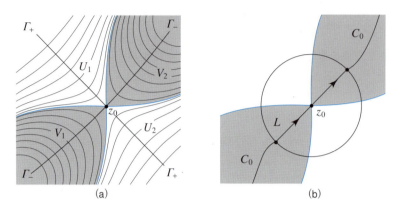

図 11.4 (a) $|f(z)|$ の等高線図. (b) C を連続的に C_0 と L に変形する.

が,片方の谷側 V_1 から鞍部点 z_0 を乗り越えて別の谷側 V_2 に抜ける道に(始点と終点を変えずに)D 内で連続変形できる場合に生じる.簡単のために $a < 0 < b$ として,$z(0) = z_0$ とする.このとき十分に小さい δ をとり,$|t| \leq \delta$ において

$$z(t) = z_0 + \eta t e^{i(\pi-\alpha)/2}, \quad \eta = \pm 1$$

となるように積分路を連続変形することができる.この線分 L は z_0 における曲線 Γ_- の接線方向を向いているが,積分路が鞍部点をどちらの谷側から乗り越えるかに依存して $\eta = \pm 1$ が決まる(図 11.4 (b)).すなわち,z_0 から見て谷側に最も急に降りる向き(これを**最急降下の向き**と呼ぶ)が $(\pi - \alpha)/2$ であれば $\eta = 1$ とし,$(3\pi - \alpha)/2$ であれば $\eta = -1$ とする.このとき $|t| \leq \delta$ ならば,

$$\frac{f \circ z(t)}{f(z_0)} = 1 - \rho t^2 + O(|t|^3)$$

が成り立ち,必要ならばさらに δ を小さく取り直すことによって,ある正数 κ がとれて,$|t| \leq \delta$ において

$$\left| \frac{f \circ z(t)}{f(z_0)} \right| \leq 1 - \kappa t^2 \tag{11.2}$$

が成り立つようにできる.まず $C_0 = \{z(t) \mid a \leq t \leq -\delta, \delta \leq t \leq b\}$ 上の積分を評価しよう.$C_0 \subset V_1 \cup V_2$ であるから,C_0 上の $|f(z)|$ の最大値は $|f(z_0)|$ より小さい.よって $|f \circ z(t)| \leq \mu |f(z_0)|$ を満たす $0 < \mu < 1$ が存在し,

11.3 鞍部点法

$$\left|\int_{C_0} g(z)f^n(z)\,dz\right| \le M|C|\mu^n|f(z_0)|^n = o\left(\frac{|f(z_0)|^n}{\sqrt{n}}\right) \quad (11.3)$$

を得る．ここで M は C 上の $|g(z)|$ の最大値である．

次に，十分に大きい n に対して

$$C_n = \left\{z(t)\,\middle|\,\frac{1}{n^{2/5}} \le |t| \le \delta\right\}$$

上の積分を評価する．このとき (11.2) の右辺の n 乗は

$$(1-\kappa t^2)^n \le \left(1-\frac{\kappa}{n^{4/5}}\right)^n = \exp(-\kappa n^{1/5} + O(n^{-3/5})) = o\left(\frac{1}{\sqrt{n}}\right)$$

と評価されるから，C_n 上の積分も (11.3) と同様の評価をもつ．

最後に

$$C_n^* = \left\{z(t)\,\middle|\,|t| \le \frac{1}{n^{2/5}}\right\}$$

における積分から I_n の主要部が導かれることを示そう．C_n^* 上で一様に

$$g \circ z(t) = g(z_0)\left(1 + O\left(\frac{1}{n^{2/5}}\right)\right),$$

$$\frac{f \circ z(t)}{f(z_0)} = (1-\rho t^2)\left(1 + O\left(\frac{1}{n^{6/5}}\right)\right)$$

より

$$g \circ z(t)(f \circ z(t))^n = g(z_0)f^n(z_0)(1-\rho t^2)^n\left(1 + O\left(\frac{1}{n^{1/5}}\right)\right)$$

が成り立つ．よって C_n^* 上の積分の主要部は

$$\eta e^{i(\pi-\alpha)/2}g(z_0)f^n(z_0)\int_{-n^{-2/5}}^{n^{-2/5}}(1-\rho t^2)^n\,dt$$

から導かれる．上式の積分の部分は，$s = \sqrt{n}\,t$ によって

$$\frac{1}{\sqrt{n}}\int_{-n^{1/10}}^{n^{1/10}}\left(1-\frac{\rho s^2}{n}\right)^n ds = \frac{J_n}{\sqrt{n}}$$

に変換され，さらに積分 J_n は $n \to \infty$ のとき

$$\int_{-\infty}^{\infty} e^{-\rho s^2}\,ds = \sqrt{\pi/\rho}$$

に収束する．以上まとめて，次の公式

$$I_n \sim \eta e^{i(\pi-\alpha)/2} g(z_0) \sqrt{2\pi |f(z_0)/f''(z_0)|} \frac{f^n(z_0)}{\sqrt{n}} \quad (n \to \infty)$$

を得る．

筆者は
$$\int_C \frac{(z-1)^{2n}(z-2)^{2n}(z-1-i)^{2n}}{z^{3n+1}} dz$$
に鞍部点法を適用して，十分に大きい $H = \max(|q|, |r|)$ に対して成り立つ π と $\log 2$ の $\mathbb{Q}$ 上 1 次独立度

$$|p + q\pi + r\log 2| \geq H^{-7.016045\cdots}$$

を得た．さらに，鞍部点法を複素 2 重積分に拡張し，$\log 2$ などの対数値に対する 2 次無理数による近似問題に応用した．

[例題] 鞍部点法を $\int_0^\infty x^n e^{-x} dx = n!$ に適用して，スターリングの公式を導け．

[解] 曲面 $|z^n e^{-z}|$ は確かに鞍部点 $z = n$ をもつが，n に依存して動く鞍部点に鞍部点法を直接適用することはできない．しかし変数変換 $x = nt$ によって

$$n! = n^{n+1} \int_0^\infty (te^{-t})^n dt = n^{n+1} I_n$$

となり，積分 I_n の被積分関数は $f(z) = ze^{-z}, g(z) = 1$ という鞍部点法が適用できる形である．実際，$f'(z) = (1-z)e^{-z}$ は唯一の零点 $z = 1$ をもち，$f''(1) = -e^{-1} \neq 0$ であるから $\rho = 1/2, \alpha = \pi$ となる．ただし，I_n の積分路の長さは有限ではないが，$n \to \infty$ のとき

$$\int_2^\infty (te^{-t})^n dt \leq \left(\frac{2}{e^2}\right)^{n-1} \int_2^\infty te^{-t} dt = O\left(\left(\frac{2}{e^2}\right)^n\right)$$

であるから，

$$J_n = \int_0^2 (ze^{-z})^n dz$$

から鞍部点法によって生じる主要部よりも無限小である．この場合の最急降下の向きは正の実軸の向きであるから $0 = (\pi - \alpha)/2$ であり，よって $\eta = 1$ である（図 11.5）．こうして公式 (11.3) から

$$J_n \sim \sqrt{\frac{2\pi}{n}} e^{-n} \quad \text{すなわち} \quad n! \sim \sqrt{2\pi n} \left(\frac{n}{e}\right)^n \quad (n \to \infty)$$

を得る．■

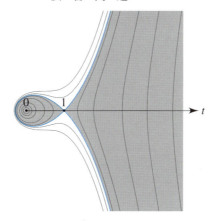

図 11.5 実軸の向きが最急降下の向きであるから，積分路の変形はこの場合不要である．

演習問題

[58] 長さをもつ反時計まわりに一周する単純閉曲線 C で囲まれた領域 D において $f(z)$ は正則，かつ $C \cup D$ で連続とする．C 上の $|f(z)|$ の最大値を M とおく．コーシーの積分公式（定理8.2）

$$f(\zeta) = \frac{1}{2\pi i} \int_C \frac{f(z)}{z-\zeta}\, dz, \quad \zeta \in D$$

から直接（最大値の原理を用いず）$|f(\zeta)| \leq M$ を導け．

[59] 円領域 $D = \{|z| < 1\}$ において $f(z)$ は正則で，$|f(z)| < 1$ を満たすとする．任意の $z, w \in D$ に対して，次の不等式が成り立つことを示せ．

$$\left| \frac{f(z) - f(w)}{1 - \overline{f(w)} f(z)} \right| \leq \left| \frac{z - w}{1 - \overline{w} z} \right|$$

[60] 円領域 $D = \{|z| < 1\}$ において $f(z)$ は正則で，$|f(z)| < 1$ を満たすとする．任意の $z \in D$ に対して，次の不等式が成り立つことを示せ．

$$|f'(z)| \leq \frac{1 - |f(z)|^2}{1 - |z|^2}$$

第 11 章　正則関数の絶対値

[61] 円領域 $D = \{|z| < 1\}$ において $f(z)$ は正則で，$|f(z)| \leq 1$ を満たすとする．$f(z)$ が零点 $z_1, z_2, \cdots, z_n \in D$ をもてば，任意の $z \in D$ に対して

$$|f(z)| \leq \left| \frac{z - z_1}{1 - \overline{z_1} z} \frac{z - z_2}{1 - \overline{z_2} z} \cdots \frac{z - z_n}{1 - \overline{z_n} z} \right|$$

が成り立つことを示せ．ただし，零点は位数個までしか重複して並べることはできないとする．

[62] 円領域 $|z| < 1$ において $f(z)$ は正則かつ有界であるとし，恒等的に 0 ではないとする．もし $f(z)$ が無限個の零点 $\{z_n\}$ をもてば（位数が 2 以上のものは重複して並べるとき），次の級数は収束することを示せ．

$$\sum_{n=1}^{\infty} (1 - |z_n|)$$

[63] ある点から無限遠に伸びる交わらない 2 本の単純曲線 C_1, C_2 で囲まれた領域を D とする．$C_1 \cup C_2$ は複素平面を 2 分するが，そのうち D ではない方の領域に負の実軸が含まれるとする．関数 $f(z)$ は D において正則であり，$E = D \cup C_1 \cup C_2$ 上で連続かつ有界であるとする．各 k に対して $z \in C_k$ が無限遠点に近づくとき $f(z)$ が 0 に収束するならば，$z \in E$ が無限遠点に近づくときも $f(z)$ は 0 に収束することを示せ．

[64] 前問と同じ領域と関数の設定のもとで，$z \in C_1$ が無限遠点に近づくとき $f(z)$ は α に収束し，$z \in C_2$ が無限遠点に近づくとき $f(z)$ は β に収束するとする．このとき $\alpha = \beta$ であることを示せ．

第 12 章
有理形の関数

領域 D において関数 $f(z)$ が極以外の特異点をもたないとき，$f(z)$ は D において**有理形**であるという．特に $\mathbb{C}$ において有理形である関数を**有理形関数**という．有理形である関数の和，積および商はやはり有理形であり，その導関数も有理形である．有理関数は有理形関数の代表例である．指数関数や3角関数などの初等関数，またガンマ関数やリーマンのゼータ関数といった特殊関数も有理形関数である．

定数ではない有理形の関数 $f(z)$ は孤立した零点と極をもつ．その零点および極の個数というときは，その位数を重複度として数えるものとする．

12.1 偏角の原理

定理 12.1 領域 D において有理形の関数 $f(z)$ は 0 ではないとする．D 内に反時計まわりに一周する長さをもつ単純閉曲線 C を描き，C が囲む点はすべて D の点であるとする．また，$f(z)$ は C 上に零点および極をもたないとする．このとき C の内部にある $f(z)$ の零点と極の個数をそれぞれ N, P とすると

$$\frac{1}{2\pi i}\int_C \frac{f'(z)}{f(z)}\,dz = N - P.$$

[証明] C の内部にある $f(z)$ の異なる零点および極をすべて並べて $z_1, z_2, \cdots, z_n$ とする．それらの位数に極の場合だけマイナスをつけた数を**符号付き位数**と呼び $\sigma_1, \sigma_2, \cdots, \sigma_n$ とおく．z_1 の近傍において

$$g(z) = (z - z_1)^{-\sigma_1} f(z)$$

は有界であるから，定理 10.3 より z_1 は g の除去可能特異点であり，$z \to z_1$ のとき $g(z)$ は 0 以外の値に収束する．したがって $g(z)$ は，z_1 を除いて f と位数を込めて同じ零点と極をもつ D 上の有理形の関数で，

$$\frac{f'(z)}{f(z)} = \frac{\sigma_1}{z - z_1} + \frac{g'(z)}{g(z)}$$

を満たす．この操作を有限回ほど続ければ，$z_1, z_2, \cdots, z_n$ を除いて f と位数を込めて同じ零点と極をもつ D 上の有理形の関数 $h(z)$ を用いて

$$\frac{f'(z)}{f(z)} = \sum_{k=1}^{n} \frac{\sigma_k}{z - z_k} + h(z) \qquad (12.1)$$

と表すことができる．$h(z)$ は C および C の内部で正則であるから，留数定理 10.7 より

$$\frac{1}{2\pi i} \int_C \frac{f'(z)}{f(z)} \, dz = \sum_{k=1}^{n} \sigma_k = N - P$$

を得る．□

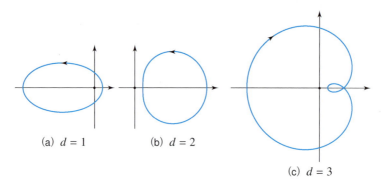

(a) $d = 1$　　(b) $d = 2$　　(c) $d = 3$

図 12.1　原点を中心とする半径 2 の円周を反時計まわりに一周する単純閉曲線を有理関数 $(z-1)^2/z^d$ によって変換した曲線．原点のまわりの回転数は定理 12.1 より $2 - d$ である．

定理のいう閉曲線 C を $\{z(t) \mid a \leq t \leq b\}$ とおく．C を $f(z)$ で変換したパラメータ閉曲線 $\varGamma$ は $\{f \circ z(t) \mid a \leq t \leq b\}$ である．定理の仮定から，$f(z)$ は C 上に零点をもたないから，$\varGamma$ は原点を通らない閉曲線である．したがって，原点のまわりの $\varGamma$ の回転数 $n(0; \varGamma)$ が定まり，演習問題 38 (7 章) より

$$n(0; \varGamma) = \frac{1}{2\pi i} \int_\varGamma \frac{dw}{w} = \frac{1}{2\pi i} \int_a^b \frac{f' \circ z(t)}{f \circ z(t)} z'(t) \, dt \qquad (12.2)$$

と表せる．ところが右辺は C に沿う積分

12.1 偏角の原理

$$\frac{1}{2\pi i}\int_C \frac{f'(z)}{f(z)}\,dz$$

に他ならない．よって定理 12.1 より

$$n(0;\varGamma) = N - P$$

が成り立つ．言い換えれば，点 z が C 上を反時計まわりに一周するとき，$\varGamma$ 上を動く点 $f(z)$ の原点のまわりの偏角の変化量は

$$\int_C d\arg f(z) = 2\pi(N - P)$$

に等しい．これを**偏角の原理**という．

[注意] (12.2) の積分範囲をいくつかに分けて評価することによって $n(0;\varGamma)$ を確定したい場合は，積分値が $2\pi i$ の整数倍であることから，部分区間 $[\alpha,\beta] \subset [a,b]$ に対して

$$\int_\alpha^\beta \mathrm{Im}\left(\frac{f'\circ z(t)}{f\circ z(t)}z'(t)\right)dt$$

を評価すれば十分である．このとき命題 2.1 より $f\circ z(t) = r(t)e^{i\theta(t)}$ と書くことができて，区分的に

$$\frac{f'\circ z(t)}{f\circ z(t)}z'(t) = \frac{r'(t)}{r(t)} + i\theta'(t)$$

が成り立つから，

$$\int_\alpha^\beta \mathrm{Im}\left(\frac{f'\circ z(t)}{f\circ z(t)}z'(t)\right)dt = \int_\alpha^\beta \theta'(t)\,dt = \theta(\beta) - \theta(\alpha)$$

を得る．つまり，パラメータの部分区間 $[\alpha,\beta]$ に対応する C および $\varGamma$ の部分弧をそれぞれ $C_0, \varGamma_0$ とおけば，評価すべき

$$\mathrm{Im}\left(\int_{C_0} \frac{f'(z)}{f(z)}\,dz\right)$$

の値は $\varGamma_0$ の偏角の変化量 $\theta(\beta) - \theta(\alpha)$ に等しい．これを 2π で割った値が，偏角の原理に対する部分弧 C_0 の寄与である．

[例題] α,β を実定数とし $\beta > 0$ とする．代数方程式 $z^{4n} + \alpha z^{4n-1} + \beta = 0$ は右半平面 $\mathrm{Re}\,z > 0$ に重複度を込めて $2n$ 個の解をもつことを示せ．

[解] $\alpha = 0$ のときは 2 項方程式になり明らかに成り立つから，$\alpha \neq 0$ とする．この方程式の解をすべて含むように原点を中心とする十分に大きい半径 R の円をとり，右半平面に属する反時計まわりの半円 C_0 と，Ri から $-Ri$ に至る虚軸上の線分 C_1 とを合

成した閉じた路を $C = C_0 + C_1$ とする．明らかに $P(z) = z^{4n} + \alpha z^{4n-1} + \beta$ は C 上に零点をもたない．C を $P(z)$ で変換した閉曲線を Γ とし，C_k に対応する部分弧を Γ_k とおく．まず，

$$\Gamma_1 = \{x + iy \mid (x,y) = (t^4 + \beta, -\alpha t^3), -R \leq t \leq R\}$$

は半平面 $\operatorname{Re} z \geq \beta$ に属する単純曲線であり，負の実軸と交わることはない．つまり，原点のまわりを回転することはない．よって Γ_1 の偏角の変化量は，$R \to \infty$ のとき 0 に収束する．一方，$z \to \infty$ のとき

$$\frac{P'(z)}{P(z)} = \frac{4n}{z} + O\left(\frac{1}{|z|^2}\right)$$

であるから，$C_0 = \{Re^{i\theta} \mid -\pi/2 \leq \theta \leq \pi/2\}$ とおけば，$R \to \infty$ のとき θ に関して一様に

$$\operatorname{Im}\left(\frac{P'(Re^{i\theta})}{P(Re^{i\theta})} Rie^{i\theta}\right) = 4n + O\left(\frac{1}{R}\right)$$

が成り立つ．ゆえに

$$\operatorname{Im}\left(\int_{C_1} \frac{P'(z)}{P(z)} dz\right) = 4n\pi + O\left(\frac{1}{R}\right)$$

を得る．すなわち，十分に大きな R をとれば，右半平面にある $P(z)$ の零点の個数 N に対して $|N - 2n| < 1$ とできる．したがって $N = 2n$ である． ∎

(12.1) の両辺に正則関数 $\phi(z)$ を乗じて積分すれば，定理 12.1 の一般化として次の定理を得る．

定理 12.2 定理 12.1 と同じ条件のもとに，$\varphi(z)$ を C および C の内部で正則な関数とすれば，

$$\frac{1}{2\pi i} \int_C \phi(z) \frac{f'(z)}{f(z)} dz = \sum_{k=1}^n \sigma_k \phi(z_k).$$

12.2 ルーシェの定理

与えられた領域における方程式 $f(z) = 0$ の解の個数を知ることは基本的な問題であるが，特に解が正確に計算できないときは非常に重要である．実連続関数の場合，考えている区間の端点における関数の値が異なる符号をもてば，中間値の定理によって少なくとも 1 つの解の存在がわかる．複素関数の場合にも，領域の境界上における関数値の絶対値の評価から，その領域の内部にある解の個数を知ることができる．

$f(z), g(z)$ は領域 D において正則な関数であるとし，定理 12.1 と同様に D 内に単純閉曲線 C を描くとき，$f(z), g(z)$ はともに C 上に零点をもたないとす

12.2 ルーシェの定理

る．C が囲む $f(z), g(z)$ の零点の重複度を込めた個数をそれぞれ M, N とおく．$h(z) = g(z)/f(z)$ は領域 D において有理形であり，C 上で零点および極をもたない．そこで

$$\frac{h'(z)}{h(z)} = \frac{g'(z)}{g(z)} - \frac{f'(z)}{f(z)}$$

の両辺を C に沿って積分することによって，定理 12.1 より

$$n(0; \Gamma) = N - M$$

を得る．ここで Γ は C を $h(z)$ で変換した閉曲線であり，仮定から原点を通らない．特に，$M = N$ となるのは $n(0; \Gamma) = 0$ のときに限る．言い換えれば，Γ に触れることなく，原点と無限遠点とをつなぐ連続曲線が存在するときに限る．これより，ただちに次の定理が導かれる．

定理 12.3（**ルーシェの定理**）領域 D における正則関数 $f(z), g(z)$ に対して，D 内に反時計まわりに一周する長さをもつ単純閉曲線 C を描き，C が囲む点はすべて D の点であるとする．C 上で $|f(z)| > |g(z)|$ が成り立つならば，C に囲まれた $f(z) + g(z)$ と $f(z)$ の零点の個数は一致する．

[証明] $g_0(z) = f(z) + g(z)$ とおく．$f(z)$ が C 上に零点をもたないことは明らかであるが，$|g_0(z)| \geq |f(z)| - |g(z)| > 0$ であるから $g_0(z)$ も C 上に零点をもたない．$g_0(z)$ と $f(z)$ に対して上述の議論を適用するために，

$$h(z) = \frac{g_0(z)}{f(z)} = 1 + \frac{g(z)}{f(z)}$$

を考えると，C 上で $|h(z) - 1| \leq |g(z)|/|f(z)| < 1$ が成り立つことから，C を $h(z)$ で変換した閉曲線 Γ は，1 を中心とする半径 1 の円領域 $|z - 1| < 1$ の内部に入り，負の実軸 $\{z = -t \mid t \geq 0\}$ と共通部分をもたない．ゆえに，C に囲まれた $f(z) + g(z)$ と $f(z)$ の零点の個数は一致する．□

ルーシェの定理における $f(z)$ と $g(z)$ は対称ではないが，次のように対等な形で表現することもできる．

定理 12.4 前定理の閉曲線 C 上で，不等式 $|f(z) + g(z)| > |f(z) - g(z)|$ が成り立つならば，C に囲まれた $f(z), g(z)$ および $f(z) + g(z)$ の零点の個数は相等しい．

証明 前定理より，$2f(z)$ と $f(z)+g(z)$ の C に囲まれた零点の個数は等しく，同様に $2g(z)$ と $f(z)+g(z)$ の C に囲まれた零点の個数は等しい． □

逆にルーシェの定理の条件 $|f(z)| > |g(z)|$ が C 上で成り立つとき，

$$f_0(z) = \frac{f(z)+g(z)}{2} \quad \text{と} \quad g_0(z) = \frac{f(z)-g(z)}{2}$$

に定理 12.4 を適用すれば，$f_0(z)$ と $f_0(z)+g_0(z)$ の，つまり $f(z)+g(z)$ と $f(z)$ の C に囲まれた零点の個数は一致する．したがって定理 12.4 とルーシェの定理は本質的に同一の定理である．

例題 w を複素定数として z の方程式 $z = w\cos z$ を考える．任意の $r > 0$ に対して $|w| < 2r/(e^r + e^{-r})$ ならば方程式の解 $z = g(w)$ が円領域 $|z| < r$ の中にただ 1 つ存在することを示せ．さらに，関数 $g(w)$ は $|w| < \sqrt{\kappa^2 - 1}$ において正則であることを示せ．ここで $\kappa \approx 1.19968$ は方程式 $e^{2x} = (x+1)/(x-1)$ の唯一の正根である．

解 C を円周 $|z| = r$ とする．$z = x + iy$ とおけば，

$$|\cos z| = \frac{|e^{iz} + e^{-iz}|}{2} \leq \frac{e^y + e^{-y}}{2} \leq \frac{e^r + e^{-r}}{2}$$

であるから，$|w| < 2r/(e^r + e^{-r})$ ならば $|w\cos z| < r$ が成り立つ．よってルーシェの定理 12.3 より z と $z - w\cos z$ の C の内部における零点の個数は等しい．ゆえに方程式 $z = w\cos z$ は C の内部にただ 1 つの零点を有し，これを $z = g(w)$ と書く．特に $g(0) = 0$ である．関数 $2r/(e^r + e^{-r})$ は κ において最大値 $\sqrt{\kappa^2 - 1}$ を達成する．したがって $g(w)$ は $|w| < \sqrt{\kappa^2 - 1}$ において定義され，$|g(w)| < \kappa$ を満たす．

次に $f(z) = z/\cos z$ とおく．$f(z)$ は原点で正則であるから，原点を中心とする整級数に展開され，したがって定理 5.9 より逆関数 $z = f^{-1}(w)$ は正の収束半径 ρ をもつ整級数で与えられる．$w = f(z) = f \circ g(w)$ が $|w| < \sqrt{\kappa^2 - 1}$ で成り立つことから，

$$|w| < \min\left(\sqrt{\kappa^2 - 1}, \rho\right)$$

において $g = f^{-1}$ となり，そこで $g(w)$ は正則関数である．もし $\sqrt{\kappa^2 - 1} > \rho$ であるとすれば，定理 9.8 より $f^{-1}(w)$ を表す整級数は収束円 $|w| = \rho$ 上に少なくとも 1 つの特異点 w_0 をもつ．よって定理 4.7 より $z_0 = g(w_0)$ において $f'(z_0) = 0$ を満たす．すなわち $h(z) = \cos z + z\sin z$ は z_0 に零点をもつ．$h'(z) = z\cos z$ より，$h(z)$ は $z\cos z$ の C における原始関数であり，原点と z_0 を結ぶ線分 $\{tz_0 \mid 0 \leq t \leq 1\}$ を積分路として，

$$-1 = h(z_0) - h(0) = \int_0^{z_0} h'(z)\,dz = z_0^2 \int_0^1 t\cos(tz_0)\,dt$$

が成り立つ．$|z_0| = |g(w_0)| < \kappa$ より

12.3　イェンセンの公式

$$|\cos(tz_0)| \leq \frac{e^{t\mathrm{Im}z_0} + e^{-t\mathrm{Im}z_0}}{2} < \frac{e^{t\kappa} + e^{-t\kappa}}{2}$$

であるから，

$$1 < \frac{\kappa^2}{2} \int_0^1 t(e^{t\kappa} + e^{-t\kappa}) dt = \frac{\kappa^2}{2}\left(\frac{e^\kappa - e^{-\kappa}}{\kappa} - \frac{e^\kappa + e^{-\kappa} - 2}{\kappa^2}\right) = 1$$

となって矛盾である．よって $\sqrt{\kappa^2 - 1} \leq \rho$ が成り立ち，$g(w)$ は $|w| < \sqrt{\kappa^2 - 1}$ において正則である．　∎

12.3　イェンセンの公式

定理 6.2 で述べたように，D が単連結で $f(z)$ が D に零点をもたなければ，$\log f(z)$ を D において 1 価正則な関数として扱うことができる．しかし，$f(z)$ が D 内に零点をもつならば，それは $\log f(z)$ の孤立特異点ではないから，これまでの定理をただちに適用することはできない．

例えば，原点を通る半直線 L によって $\mathbb{C}$ を切断し $\log z = \log|z| + i\arg z$, $\alpha \leq \arg z < \alpha + 2\pi$ によって $\mathbb{C}\setminus L$ 上の対数関数 $\log z$ を定めよう．パラメータ曲線 $C = \{e^{i\theta} | \alpha \leq \theta \leq \alpha + 2\pi\}$ 上で連続な $\log z$ の C に沿う積分は

$$\int_C \log z\, dz = \int_\alpha^{\alpha+2\pi} i\theta i e^{i\theta}\, d\theta = 2\pi i e^{i\alpha}$$

となって，閉曲線 C がどこから始まるかに依存する．複素平面 $\mathbb{C}$ では C は閉曲線であっても，$\log z$ のリーマン面の上では閉じていない 1 本の曲線なのである．しかし，$f(z)$ が有理形である場合は，$\log|f(z)|$ の積分に関して次の定理が成り立つ．

定理 12.5（**イェンセンの公式**）$f(z)$ は閉円板 $|z| \leq r$ を含む領域 D で有理形であるとする．$f(z)$ は円周 $|z| = r$ 上に零点および極をもたないとし，さらに原点は $f(z)$ の零点でも極でもないとする．このとき C が囲む $f(z)$ の零点と極を，それぞれ重複度分だけ並べて $z_1, z_2, \cdots, z_N$ と $w_1, w_2, \cdots, w_P$ とおけば，

$$\frac{1}{2\pi}\int_0^{2\pi} \log|f(re^{i\theta})|\, d\theta = \log|f(0)| + (N - P)\log r - \log\left|\frac{z_1 z_2 \cdots z_N}{w_1 w_2 \cdots w_P}\right|.$$

証明　閉円板 $|z| \leq r$ を含み D に含まれる少し大きい円領域 $D' = \{|z| < r'\}$ をとり，D' の中にある f の零点と極は C が囲むものしかないようにする．

$$F(z) = f(z) \prod_{p=1}^{P}(z - w_p) \Big/ \prod_{n=1}^{N}(z - z_n)$$

は D' で正則であり D' に零点をもたない．D' は単連結であるから，定理 6.2 より関数 $\log F(z)$ は D' で 1 価正則であるとしてよい．円周 $|z| = r$ を反時計まわりに一周するパラメータ曲線を C とすれば，$G(z) = z^{-1} \log F(z)$ は原点に高々 1 位の極をもち，

$$\frac{1}{2\pi i} \int_C G(z) \, dz = \mathrm{Res}(0; G) = \lim_{z \to 0} \log F(z) \tag{12.3}$$

が成り立つ．(12.3) の右辺の実部は，定理 6.2 より

$$\lim_{z \to 0} \log |F(z)| = \log \left| f(0) \frac{w_1 w_2 \cdots w_P}{z_1 z_2 \cdots z_N} \right|$$

であり，(12.3) の左辺は

$$\frac{1}{2\pi i} \int_0^{2\pi} G(re^{i\theta}) r i e^{i\theta} \, d\theta = \frac{1}{2\pi} \int_0^{2\pi} \log F(re^{i\theta}) \, d\theta$$

であるから，その実部は

$$\frac{1}{2\pi} \int_0^{2\pi} \log |F(re^{i\theta})| \, d\theta \tag{12.4}$$

となる．このとき，

$$\log |F(re^{i\theta})| = \log |f(re^{i\theta})| + \sum_{p=1}^{P} \log |re^{i\theta} - w_p| - \sum_{n=1}^{N} \log |re^{i\theta} - z_n|$$

であるから，演習問題 54 (10 章) より (12.4) は

$$\frac{1}{2\pi} \int_0^{2\pi} \log |f(re^{i\theta})| \, d\theta + (P - N) \log r$$

に等しい．□

イェンセンの公式を r の関数として見ると，$N = N(r)$ および $P = P(r)$ が階段関数であるから右辺の連続性がわかり難い．しかし演習問題 54 (10 章) で導入した関数 $\log_+$ を用いれば，

12.3　イェンセンの公式

$$\frac{1}{2\pi}\int_0^{2\pi} \log|f(re^{i\theta})|\,d\theta = \log|f(0)| + \sum_n \log_+ \frac{r}{|z_n|} - \sum_p \log_+ \frac{r}{|w_p|}$$

と表すことができる．ここで右辺の和は $f(z)$ のすべての零点および極にわたる和である．固定した r に対しては常に有限和であるから，右辺は r に関して連続である．また，$re^{i\theta}$ が零点あるいは極を通過する場合でも，左辺の積分が広義積分として存在し等式を満たすことが容易に示される．よって上式は原点を中心とする半径 r の円板で $f(z)$ が有理形であるような r の範囲で成立する．

もし $f(z)$ が円領域 $|z| < R$ において正則ならば，

$$\frac{1}{2\pi}\int_0^{2\pi} \log|f(re^{i\theta})|\,d\theta = \log|f(0)| + \sum_n \log_+ \frac{r}{|z_n|}$$

がすべての $0 \leq r < R$ で成り立ち，右辺は明らかに r の単調増加関数である．

r が R に近づくときの極限に関しては次の定理が成り立つ．

定理 12.6　$f(z)$ は円領域 $|z| < R$ において正則とし，$f(0) \neq 0$ とする．$|z| < R$ 内にある $f(z)$ のすべての零点を $z_1, z_2, \cdots$ とすれば，

$$\lim_{r \to R-0} \frac{1}{2\pi}\int_0^{2\pi} \log|f(re^{i\theta})|\,d\theta = \log|f(0)| + \sum_n \log \frac{R}{|z_n|}.$$

ただし，片方が $+\infty$ に発散する場合は，他方も $+\infty$ に発散すると解釈する．

[証明] $f(z)$ が有限個の零点しかもたないときは，明らかに極限と有限和の順序が交換できて，定理の等式は両辺が有限確定して成り立つ．次に，$f(z)$ が無限個の零点をもつとする．各 $\phi_n(r) = \log_+(r/|z_n|)$ は $[0, \infty)$ で定義された非負値関数であるから，$N \geq 1$ に対して

$$\lim_{r \to R-0} \sum_{n=1}^{\infty} \phi_n(r) \geq \lim_{r \to R-0} \sum_{n=1}^{N} \phi_n(r) = \sum_{n=1}^{N} \phi_n(R)$$

が成り立ち，N は任意であるから

$$\lim_{r \to R-0} \sum_{n=1}^{\infty} \phi_n(r) \geq \sum_{n=1}^{\infty} \phi_n(R).$$

逆の不等式は，$\phi_n(r)$ が単調増加関数であることから自明である．□

これより，ただちに次の系が従う（演習問題 62（11章）を参照）．

系 12.7 $f(z)$ は円領域 $|z|<1$ において正則とし，$|z|<1$ 内にある $f(z)$ のすべての零点を $z_1, z_2, \cdots$ とする．級数 $\sum_{n=1}^{\infty}(1-|z_n|)$ が収束するための必要十分条件は，
$$\int_0^{2\pi} \log|f(re^{i\theta})|\,d\theta$$
が区間 $(0, R)$ 上の r の関数として上に有界となることである．

12.4 パ デ 近 似

正の収束半径をもつ整級数 $f(z) = \sum_{k=0}^{\infty} a_k z^k$ に対して，0 ではない n 次以下の多項式 $Q_n(z)$ と m 次以下の多項式 $P_m(z)$ があって，原点の近傍において

$$Q_n(z)f(z) - P_m(z) = O(z^{m+n+1}) \tag{12.5}$$

を満たすとき，$P_m(z)/Q_n(z)$ を $f(z)$ の (m, n) 次**パデ近似**という．多項式 P_m, Q_n の係数を $m+n+2$ 個の未知数と考えれば，(12.5) から $m+n+1$ 個の斉次連立1次方程式が導かれ，その解空間の次元は 1 以上となり非自明解が少なくとも 1 組存在する．したがって，$f(z)$ の (m, n) 次パデ近似は常に存在する．また，(12.5) に任意の 0 でない定数を乗じたものも解であるから，係数 a_k がすべて有理数のときは $P_m(z), Q_n(z)$ を整数係数の多項式にとることができる．

整級数の第 n 部分和が多項式による $f(z)$ の近似であるのに対して，パデ近似は有理関数 $P_m(z)/Q_n(z)$ による $f(z)$ の近似である．パデ近似は数値計算において関数補間に幅広く応用されるだけでなく，解析的数論においては，もし $P_m(z), Q_n(z)$ の具体的な形がわかれば，有理近似に関する重要な性質を導くことができる．本節では，円領域 $|z|<1$ における対数関数

$$\mathrm{Log}(1+z) = \sum_{n=1}^{\infty}(-1)^{n-1}\frac{z^n}{n}$$

のパデ近似を，$m \geq n$ の場合に対数関数の多価性を利用して求める方法を紹介する．この方法は実際に連立1次方程式を解いて求めるよりははるかに容易であるが，$m<n$ のときは適用できない．

12.4 パデ近似

まず，
$$Q_n(z) \operatorname{Log}(1+z) - P_m(z) = \rho(z) \tag{12.6}$$
とおき，両辺を $m+1$ 回微分することによって
$$\rho^{(m+1)}(z) = (Q_n(z) \operatorname{Log}(1+z))^{(m+1)}$$
を得る．もし $m \geq n$ ならば，積の微分に関するライプニッツの公式より
$$\rho^{(m+1)}(z) = \sum_{k=0}^{n} \frac{(-1)^{m-k}(m+1)!}{k!(m+1-k)} \frac{Q_n^{(k)}(z)}{(1+z)^{m+1-k}}$$
となるから，高々 n 次の多項式 $G(z)$ を用いて
$$\rho^{(m+1)}(z) = \frac{G(z)}{(1+z)^{m+1}}$$
と表せる．ところが $\rho^{(m+1)}(z) = O(z^n)$ であるから，定数 $c \neq 0$ が存在して
$$\rho^{(m+1)}(z) = \frac{cz^n}{(1+z)^{m+1}}$$
となる．そこで簡単のために $c=1$ とする．右辺は単連結領域 $D = \mathbb{C} \setminus (-\infty, -1]$ において正則であるから不定積分が存在し，$\rho^{(m)}(0) = 0$ であるから
$$\rho^{(m)}(z) = \int_0^z \frac{w^n}{(1+w)^{m+1}} dw$$
と書ける．もう一度不定積分をとれば，
$$\rho^{(m-1)}(z) = \int_0^z \int_0^w \frac{\zeta^n}{(1+\zeta)^{m+1}} d\zeta \, dw = \int_0^z \frac{(z-w)w^n}{(1+w)^{m+1}} dw$$
となり，同様の操作を繰り返して
$$\rho(z) = \frac{1}{m!} \int_0^z \frac{(z-w)^m w^n}{(1+w)^{m+1}} dw$$
を得る．定数倍の自由度があるので $1/(m!)$ を 1 に置き換えて差し支えない．積分路として原点と $z \in D$ を結ぶ線分 $\{tz | 0 \leq t \leq 1\}$ を採用すれば，(12.6) と合わせて
$$Q_n(z) \operatorname{Log}(1+z) - P_m(z) = z^{m+n+1} \int_0^1 \frac{t^n(1-t)^m}{(1+zt)^{m+1}} dt \tag{12.7}$$
が成り立つ．次に，対数関数の多価性を利用して多項式 $Q_n(z)$ を求めよう．

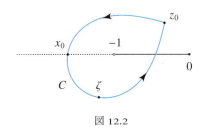

図 12.2

点 $z_0 \in D$ を始点とし，実軸に含まれる 2 つの区間 $(-\infty, -1)$ と $(-1, 0)$ を横断して，-1 を反時計まわりに一周する閉曲線 C を考える（図 12.2）．点 z が旅程 C に沿って小さな旅行をするとき，前節で見たように対数関数 $\log(1 + z)$ のリーマン面において C は閉じていない 1 本の道に過ぎない．このとき (12.7) の左辺における $\mathrm{Log}(1 + z_0)$ は 1 つ上の葉における対数値 $\log(1 + z_0)$ に連続的に変わる．したがって，(12.7) の左辺はこの旅行において連続的に変動し，その変化量は $2\pi i Q_n(z_0)$ である．

一方，(12.7) の右辺の被積分関数

$$f_z(t) = \frac{t^n (1-t)^m}{(1+zt)^{m+1}}$$

は，点 $t = -1/z$ を $m+1$ 位の極にもつ有理関数である．点 z が C に沿って旅行するとき，点 $-1/z$ は C を $w = -1/z$ によって変換した閉曲線 Γ を描く（次ページの図 12.3 (a)）．C は -1 のまわりを 1 回転し，0 のまわりは回転しないから，

$$\frac{1}{2\pi i} \int_C \frac{dz}{z+1} = 1 \quad \text{および} \quad \frac{1}{2\pi i} \int_C \frac{dz}{z} = 0$$

であり，したがって

$$\frac{1}{2\pi i} \int_\Gamma \frac{dw}{w-1} = \frac{1}{2\pi i} \int_C \frac{1/z^2}{-1/z - 1} dz$$
$$= \frac{1}{2\pi i} \int_C \frac{dz}{z+1} - \frac{1}{2\pi i} \int_C \frac{dz}{z} = 1$$

となる．つまり Γ は $w = 1$ のまわりを反時計まわりに 1 回転する．

点 z が C に沿って -1 より小さい実数 x_0 に達すると，そのままでは (12.7) の右辺の積分は意味を失う．$f_{x_0}(t)$ の極 $-1/x_0$ が積分路 $[0, 1]$ に達するからである（図 12.3 (a)）．しかし，0 から 1 に至る t に関する積分路をあらかじめ図 12.3 (b) のような積分路 Γ_ζ に変形しておけば，積分

$$\int_{\Gamma_\zeta} f_z(\tau) \, d\tau$$

12.4 パデ近似

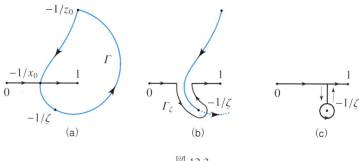

図 12.3

は，z が C に沿って z_0 から x_0 を超えて途中の ζ に至るまで連続的に変動する．$f_z(\tau)$ の極 $-1/z$ が道中で Γ_ζ に触れないからである．さて，$f_\zeta(\tau)$ の積分において，Γ_ζ は，さらに図 12.3 (c) のような積分路に連続変形できる．こうして

$$\int_{\Gamma_\zeta} f_\zeta(\tau)\,d\tau = \int_0^1 f_\zeta(t)\,dt + 2\pi i \operatorname{Res}\left(-\frac{1}{\zeta}; f_\zeta\right) \tag{12.8}$$

が成り立つ．右辺の留数を計算するために $\sigma = \tau + 1/\zeta$ とおくと，求める留数は

$$f_\zeta\left(\sigma - \frac{1}{\zeta}\right) = \frac{1}{\zeta^{m+1}} \frac{(\sigma - 1/\zeta)^n (1 + 1/\zeta - \sigma)^m}{\sigma^{m+1}}$$

の $1/\sigma$ の係数に他ならない．ゆえに

$$\operatorname{Res}\left(-\frac{1}{\zeta}; f_\zeta\right) = \frac{(-1)^{m+n}}{\zeta^{m+n+1}} \sum_{k+\ell=n} \binom{n}{k}\binom{m}{\ell}(1+\zeta)^\ell$$

となる．z が点 ζ から C に沿って残りの旅程を z_0 まで帰るとき，(12.8) の右辺の積分部と留数部はともに z に関して連続的に変動する．よって z の C に沿う小旅行の結果，(12.7) の右辺の変動量は

$$2\pi i \operatorname{Res}\left(-\frac{1}{z_0}; f_{z_0}\right)$$

であり，以上から

$$Q_n(z) = (-1)^{m+n} \sum_{k+\ell=n} \binom{n}{k}\binom{m}{\ell}(1+z)^\ell$$

を得る．定数倍の自由度があるので，$(-1)^{m+n}$ を 1 に置き換えて差し支えない．

第 12 章　有理形の関数

演 習 問 題

[65] $\widehat{\mathbb{C}}$ において有理形である関数は有理関数に限ることを示せ．

[66] 定数でない有理関数 $R(z)$ のと極の個数をそれぞれ N, P とおく．$f(z)$ を任意の整関数とするとき，次の等式を示せ．
$$\mathrm{Res}\left(\infty; \frac{1}{z}f\left(\frac{zR'(z)}{R(z)}\right)\right) + f(N-P) = 0$$

[67] 定理 12.1 のもとに，C の内部にある $f(z)$ の異なる零点および極をすべて並べて $z_1, z_2, \cdots, z_n$ とする．ただし，それらの位数については不明とする．このとき，次の n 個の積分値
$$I_\ell = \frac{1}{2\pi i}\int_C z^\ell \frac{f'(z)}{f(z)}\,dz, \quad 0 \le \ell < n$$
から，すべての z_k の位数が決定できることを示せ．

[68] 領域 D において正則な関数列 $\{f_n(z)\}$ が $f(z)$ に広義一様収束するとし $z_0 \in D$ を $f(z)$ の k 位の零点とする．このとき，z_0 を中心とする十分小さい円領域 $U \subset D$ をとれば，ある番号から先すべての n に対して $f_n(z)$ は U に丁度 k 個の零点をもつことを示せ．これを**フルウィッツの定理**という．

[69] 多項式 $P(z) = a_0 + a_1 z + \cdots + a_n z^n, a_n \neq 0$ の零点を $\alpha_1, \alpha_2, \cdots, \alpha_n$ とおく．
$$M(P) = |a_n|\prod_{k=1}^n \max(1, |\alpha_k|)$$
を P の**マーラー測度**[1]という．次の等式を示せ．
$$M(P) = \exp\left(\frac{1}{2\pi}\int_0^{2\pi}\log|P(e^{i\theta})|\,d\theta\right)$$

[70] 多項式 $P(z) = a_0 + a_1 z + \cdots + a_n z^n$ に対して $L(P) = |a_0| + |a_1| + \cdots + |a_n|$ を P の長さという．$L(P)/2^n \le M(P) \le L(P)$ を示せ．

[71] 整係数多項式 $P(z)$ が $M(P) = 1$ を満たせば，P の零点は 0 あるいは 1 のベキ根であることを示せ．これを**クロネッカーの定理**という．

---

[1] 測度といっても測度論とは無関係である．

第 13 章
有理形関数の構成と展開

13.1 ミッタグ・レフラーの定理

複素平面に異なる無限個の点列 $\{a_n\}$ が与えられ,各点において定数項をもたない k_n 次の多項式

$$P_n(z) = \sum_{m=1}^{k_n} c_{n,m} z^m, \quad c_{n,k_n} \neq 0$$

が与えられたとき,点 a_n において特異部 $P_n\left(\dfrac{1}{z-a_n}\right)$ をもち,それ以外の点では正則であるような有理形関数が果たして存在するのだろうか.次のミッタグ・レフラーの定理は,そのような関数を具体的に構成する方法を与える定理である.極が $\mathbb{C}$ のある点に集積すれば,それは真性特異点となるから,$n \to \infty$ のとき $a_n \to \infty$ でなければならない.また,一般性を失うことなく実数列 $\{|a_n|\}$ は単調増加であると仮定できる.

定理 13.1(**ミッタグ・レフラーの定理**)上述のように与えられた点列 $\{a_n\}$ と多項式列 $\{P_n(z)\}$ に対して,点 a_n における特異部が $P_n\left(\dfrac{1}{z-a_n}\right)$ であり,それ以外の点では正則であるような有理形関数を構成することができる.

証明 複素平面から点列 $\{a_n\}$ をすべて取り除いた無数の穴の空いた領域を D とする.級数 $\sum_{n=1}^{\infty} P_n\left(\dfrac{1}{z-a_n}\right)$ が D において広義一様収束することは到底期待できないが,多項式 $Q_n(z)$ を適切に選んで

$$\sum_{n=1}^{\infty} \left(P_n\left(\frac{1}{z-a_n}\right) - Q_n(z) \right) \tag{13.1}$$

が D で広義一様収束するようにできる，というのが証明のあらすじである．

もし $a_1 = 0$ ならば $s_1(z) = 0$ とする．$a_n \neq 0$ に対して $P_n\left(\dfrac{1}{z - a_n}\right)$ は円領域 $|z| < |a_n|$ において正則であるから，原点における整級数展開

$$P_n\left(\frac{1}{z - a_n}\right) = \sum_{\nu=0}^{\infty} d_{n,\nu} z^{\nu} \tag{13.2}$$

は $|z| < |a_n|$ において広義一様収束する．さて，任意に固定した $r > |a_1|$ に応じて収束する正項級数 $\sum \epsilon_n$ を1つ選ぶ．次に，$n \geq N$ ならば $|a_n| \geq 2r$ が成り立つような最小の番号 N をとる．(13.2) は閉円板 $|z| \leq |a_n|/2$ において一様収束するから，その閉円板で一様に

$$\left| P_n\left(\frac{1}{z - a_n}\right) - s_{m_n}(z) \right| \leq \epsilon_n$$

が成り立つように (13.2) の部分和 $s_{m_n}(z)$ をとり，それを改めて $Q_n(z)$ とおく．$r \leq |a_N|/2 \leq |a_{N+1}|/2 \leq \cdots$ であるから，$|z| \leq r$ において

$$\sum_{n=N}^{\infty} \left(P_n\left(\frac{1}{z - a_n}\right) - Q_n(z) \right) \tag{13.3}$$

は一様収束し，ワイエルシュトラスの2重級数定理 8.8 より (13.3) は正則関数を表す．ゆえに穴あき領域 $\{|z| < r\} \setminus \{a_1, \cdots, a_{N-1}\}$ において (13.1) は広義一様収束し，$|z| < r$ における特異点は極 $a_1, \cdots, a_{N-1}$ のみであり，それぞれの極において指定された特異部をもつ．r は任意であるから (13.1) が求める有理形関数の1つである．□

注意 上定理の性質をもつ有理形関数は無数にある．任意の整関数を加えても特異性に変化はないからである．

例題 上定理の証明の構成法に従って，$\mathbb{Z}$ 上に 1 位の極だけをもち留数が 1 であるような有理形関数を 1 つ作れ．

解 まず各 $n \in \mathbb{N}$ において特異部が $(z-n)^{-1}$ であるような有理形関数を構成する．任意の $r > 1$ に対して $N = [2r]$ とおく．このとき $|z| \leq r, n > N$ ならば，

$$\left| \frac{1}{z - n} + \frac{1}{n} \right| = \frac{|z|}{n|z - n|} \leq \frac{2r}{n^2}$$

であるから，右辺の n に関する和は収束する．よって求める 1 つの有理形関数は

13.1 ミッタグ・レフラーの定理

$$\phi(z) = \sum_{n=1}^{\infty} \left(\frac{1}{z-n} + \frac{1}{n} \right)$$

である．すると

$$\frac{1}{z} + \phi(z) - \phi(-z) = \frac{1}{z} + \sum_{n=1}^{\infty} \frac{2z}{z^2 - n^2}$$

は $\mathbb{Z}$ 上に留数が 1 であるような 1 位の極をもち，それ以外の点では正則な有理形関数である． ■

上の例題で登場した $\mathbb{C}\setminus\mathbb{Z}$ において広義一様収束する級数

$$f(z) = \frac{1}{z} + \sum_{n=1}^{\infty} \frac{2z}{z^2 - n^2}$$

の正体は次の初等関数である．これを $\cot z$ の **部分分数展開** という．

定理 13.2 $\quad \pi \cot \pi z = \dfrac{1}{z} + \displaystyle\sum_{n=1}^{\infty} \dfrac{2z}{z^2 - n^2}.$

この定理を 3 通りの方法で示そう．$g(z) = \pi \cot \pi z = \pi \cos \pi z / \sin \pi z$ は各 $n \in \mathbb{Z}$ において 1 位の極をもち，その留数は

$$\mathrm{Res}(n; g) = \pi(-1)^n \lim_{z \to n} \frac{z-n}{\sin \pi z} = \lim_{w \to 0} \frac{\pi w}{\sin \pi w} = 1$$

である．よって $f(z)$ と $g(z)$ は同じ点に同じ特異部をもつ有理形関数である．これより各点 n は $\Phi(z) = f(z) - g(z)$ の除去可能特異点であり，したがって $\Phi(z)$ は整関数である．

【第 1 証明】 $g(z)$ は周期 1 をもつ周期関数であるが，

$$f(z) = \frac{1}{z} + \lim_{n \to \infty} \sum_{k=1}^{n} \left(\frac{1}{z-k} + \frac{1}{k} - \frac{1}{-z-k} - \frac{1}{k} \right) = \lim_{n \to \infty} \sum_{k=-n}^{n} \frac{1}{z-k}$$

より $f(z+1) = f(z)$ が成り立つ．$f(z)$ は奇関数であるから $f(z) + f(1-z) = 0$ も満たす．ゆえに $\Phi(z+1) = \Phi(z)$ が成り立つ．よって $\Phi(z)$ の $\mathbb{C}$ における有界性を示すには $\{z = x + iy \mid 0 \le x < 1, |y| \ge 1\}$ で考えれば十分である．まず，

$$|\cot \pi z| = \left| \frac{e^{\pi i z} + e^{-\pi i z}}{e^{\pi i z} - e^{-\pi i z}} \right| \le \frac{e^{\pi|y|} + e^{-\pi|y|}}{e^{\pi|y|} - e^{-\pi|y|}} \le \frac{e^\pi + 1}{e^\pi - 1}$$

である．また $1 \le |z| \le 1 + |y|$ より

$$|f(z)| \leq 1 + \sum_{n=1}^{\infty} \frac{|z|}{|z^2 - n^2|} \leq 1 + \sum_{n=1}^{\infty} \frac{1+|y|}{y^2 + n^2 - 1}.$$

右辺の無限和を $|y|$ に応じて 2 つの和 $S_1 = \sum_{1 \leq n \leq |y|}$ と $S_2 = \sum_{n > |y|}$ に分ければ,

$$S_1 \leq |y|\frac{1+|y|}{y^2} \leq 2 \quad \text{および} \quad S_2 \leq \sum_{n>|y|} \frac{1+|y|}{n^2} < 3$$

となる. ゆえに $\Phi(z)$ は $\mathbb{C}$ で有界となり, リウヴィルの定理 8.6 より $\Phi(z)$ は定数である. ところが $z \to 0$ のとき, $f(z)$ と $g(z)$ はともに漸近展開 $1/z + O(z)$ をもつことから $\Phi(0) = 0$ を得る. ゆえに $\Phi(z)$ は恒等的に 0 である. □

【第 2 証明】 $f_n(z) = \sum_{k=-n}^{n} 1/(z-k)$ とおくと,

$$f_n{}'(z) + f_n^2(z) = -\sum_{k=-n}^{n} \frac{1}{(z-k)^2} + \left(\sum_{k=-n}^{n} \frac{1}{z-k}\right)^2 = 2\sum_{m=-n}^{n} \frac{\alpha_m}{z-m}$$

と表せる. ここで $\alpha_0 = 0$ であり, $m \neq 0$ のときは

$$\alpha_m = \sum_{-n \leq k < m} \frac{1}{m-k} - \sum_{m < \ell \leq n} \frac{1}{\ell - m} = \sum_{\substack{|k| \leq n \\ k \neq m}} \frac{1}{m-k} = (-1)^\delta \sum_{n-|m| < j \leq n+|m|} \frac{1}{j}$$

となる. ここで m の符号 $\pm$ に応じて $\delta = 0, 1$ である. $n \to \infty$ のとき, すべての $|m| \leq n$ に対して $|\alpha_m| = O(\log n)$, および $|m| \leq n^{1/3}$ のとき $|\alpha_m| = O(n^{-2/3})$ が成り立つ. さて,

$$(f_n{}'(z) + f_n^2(z))' = -2\sum_{m=-n}^{n} \frac{\alpha_m}{(z-m)^2}$$

の右辺の有限和を $|m| \leq n^{1/3}$ の部分と残りの部分に分けて考えれば, それぞれが $n \to \infty$ のとき 0 に収束する. したがって $(f'(z) + f^2(z))' = 0$, すなわち $f'(z) + f^2(z)$ は領域 $\mathbb{C} \setminus \mathbb{Z}$ において定数である. $f(z)$ は明らかに奇関数であるから $f(z) + f(1-z) = 0$ を満たし, 特に $f(1/2) = 0$ である. また,

$$f'\left(\frac{1}{2}\right) = -\lim_{n \to \infty} \sum_{k=-n}^{n} \frac{4}{(2k-1)^2} = -\pi^2$$

より微分方程式 $f'(z) + f^2(z) + \pi^2 = 0$ が成り立ち, よって $\Phi(z)$ の満たす微分方程式 $\Phi'(z) + \Phi^2(z) + 2g(z)\Phi(z) = 0$ を得る. この方程式は $z = 1/2$ の近傍

でリプシッツ条件を満たし，初期値 $\Phi(1/2) = 0$ を満たす局所解が一意的に存在する．しかし，それは零解であるから，$z = 1/2$ の近傍で $\Phi(z) = 0$ が成り立つ．よって一致の定理9.5より $\mathbb{C}$ において $\Phi(z)$ は恒等的に 0 である．□

【第3証明】 原点は $g(z) - 1/z$ の除去可能特異点であり，0 と定めれば原点で正則である．任意に $z \in \mathbb{C} \setminus \mathbb{Z}$ を固定し，

$$G(\zeta) = \frac{g(\zeta) - 1/\zeta}{\zeta(\zeta - z)}$$

とおく．また，原点を中心とする半径 $r_n = n + 1/2$ の円周を反時計まわりに一周する閉曲線を C_n とする．n が大きいとき C_n が囲む G の極は $\pm 1, \cdots, \pm n$ と z の計 $2n + 1$ 個あり，すべて 1 位である．そこでの留数は，$1 \le |k| \le n$ として

$$\mathrm{Res}(k; G) = \frac{1}{k(k-z)}, \quad \mathrm{Res}(z; G) = \frac{g(z) - 1/z}{z}$$

である．ゆえに

$$\frac{1}{2\pi i} \int_{C_n} G(\zeta)\, d\zeta = \frac{g(z) - 1/z}{z} + \sum_{1 \le |k| \le n} \frac{1}{k(k-z)}$$

を得る．この左辺を I_n とおけば，

$$|I_n| \le \frac{1}{2\pi} \int_{C_n} \frac{|g(\zeta) - 1/\zeta|}{|\zeta|(|\zeta| - |z|)} |d\zeta| \le \frac{1}{r_n - |z|} \left(\max_{|\zeta| = r_n} |g(\zeta)| + \frac{1}{r_n} \right)$$

であるが，すでに見たように C_n の $|\mathrm{Im}\,\zeta| \ge 1$ の部分では $|g(\zeta)|$ は n に依らない定数で上から評価される．また C_n の $|\mathrm{Im}\,\zeta| < 1$ の部分においても整数点たちから一定の距離で離れていることから，n に依らない定数で上から評価できる．よって $n \to \infty$ のとき $I_n \to 0$ が成り立ち，これは $g(z)$ の部分分数展開に他ならない．□

注意 $I_n \to 0$ を導くには G の分母が ζ の 2 次式である必要がある．そのために原点での細工を行っているのである．

13.2 無限乗積

無限乗積とは無限個の複素数の積のことであるが，その収束の定義は無限級数と比べて少し面倒である．まず，**狭義の収束**を定義する．

定義 13.3　0 ではない数からなる数列 $\{a_n\}$ の第 n 部分積 $A_n = a_1 \cdot a_2 \cdots a_n$ が 0 ではない値 α に収束するとき，

$$\prod_{n=1}^{\infty} a_n = \lim_{n \to \infty} A_n = \alpha$$

と書いて，左辺の無限乗積は α に収束するという．

次に，数列が 0 を含む場合の無限乗積の**広義の収束**を定義する．

定義 13.4　$a_n = 0$ を満たす項があり，$n \geq N$ ならば $a_n \neq 0$ かつ定義 13.3 の意味で無限乗積 $\prod_{n \geq N} a_n$ が収束するような番号 N が存在するとき，

$$\prod_{n=1}^{\infty} a_n = 0$$

と書いて，左辺の無限乗積は 0 に収束するという．

したがって，収束する無限乗積の一般項 a_n は $a_n = A_n/A_{n-1} \to 1\ (n \to \infty)$ を満たす．0 になる項が無限個あるとき，あるいは $a_n \neq 0$ かつ A_n が 0 に収束するときは収束する無限乗積としては扱わない．その理由は，級数と無限乗積を同等に関連付けることによって，級数に関する定義や命題が無限乗積に利用できるからであり，さらに，無限乗積が 0 になるのは何らかの項が 0 であるときに限るから，すなわち多項式の因数分解を無限個に拡張できるからである．

命題 13.5　$\prod a_n$ が収束するのは，ある番号 N があって，$n \geq N$ ならば $a_n \neq 0$ が成り立ち，かつ級数 $\sum_{n \geq N} \operatorname{Log} a_n$ が収束するときに限る．

証明　$n \geq N$ で考えればよいので最初から $a_n \neq 0$ とする．$\sum \operatorname{Log} a_n$ が収束すると仮定し，その第 n 部分和を $S_n = \operatorname{Log} a_1 + \cdots + \operatorname{Log} a_n$ とおく．また無限乗積の第 n 部分積を $A_n = a_1 \cdot a_2 \cdots a_n$ とおく．$e^{\operatorname{Log} z} = z$ と指数法則より

$$e^{S_n} = \exp(\operatorname{Log} a_1 + \cdots + \operatorname{Log} a_n) = \prod_{k=1}^{n} e^{\operatorname{Log} a_k} = \prod_{k=1}^{n} a_k = A_n$$

が成り立ち，$n \to \infty$ のとき $S_n \to \sigma$ ならば $A_n \to e^{\sigma} \neq 0$ である．

逆に，A_n が $\alpha \neq 0$ に収束すると仮定する．$\omega = \operatorname{Arg} \alpha$ とし，$[\omega - \pi, \omega + \pi)$

の範囲で定めた偏角 $\arg z$ による対数関数を $\log z = \log|z| + i \arg z$ とおく．このとき整数 k_n によって

$$S_n = \operatorname{Log} a_1 + \cdots + \operatorname{Log} a_n = \log A_n + 2\pi i k_n$$

と表せるから，

$$2\pi i(k_{n+1} - k_n) = \operatorname{Log} a_{n+1} + \log A_n - \log A_{n+1}$$

となる．$n \to \infty$ のとき $a_{n+1} \to 1$ および $\arg A_n \to \omega$ であるから，n さえ大きければ $|k_{n+1} - k_n| < 1$ が成り立つ．言い換えれば，k_n は n に依らず一定であるから，部分和 S_n は収束する． □

注意 上記の証明で示したことを簡潔にまとめると，a_n がすべて 0 ではないとき，

(i) $\sum \operatorname{Log} a_n = \beta$ ならば $\prod a_n = e^\beta$．

(ii) $\prod a_n = \alpha \neq 0$ ならば $\sum \operatorname{Log} a_n \equiv \operatorname{Log} \alpha \pmod{2\pi i}$．

級数の定義や性質を無限乗積に移植する際は(i)を用いるが，等号が等号に素直に対応するので扱いやすい．

定義 13.6 命題 13.5 において $\sum_{n \geq N} \operatorname{Log} a_n$ が絶対収束するとき，$\prod a_n$ は**絶対収束**するという．

命題 13.7 $\prod(1 + a_n)$ が絶対収束するのは $\sum a_n$ が絶対収束するときに限る．

証明 命題 13.5 と $|z| \leq 1/3$ で成り立つ演習問題 34 (6章) の不等式

$$\frac{1}{2}|z| \leq |\operatorname{Log}(1+z)| \leq \frac{3}{2}|z|$$

からただちに従う． □

定義 13.8 集合 E 上で定義された関数列 $\{f_n(z)\}$ に対して，無限乗積 $\prod f_n(z)$ が E で一様収束するとは，ある番号 N がとれて，$n \geq N$ のとき $f_n(z)$ は E に零点をもたず，かつ $\sum \operatorname{Log} f_n(z)$ が E において一様収束するときにいう．

注意 一様収束していれば，n が大きいとき $f_n(E)$ は 1 のある近傍に含まれる．

定理 13.9 領域 D において正則な関数列 $\{f_n(z)\}$ に対して，$\prod f_n(z)$ が D で広義一様収束すれば，それは D で正則な関数である．

証明 点 $z_0 \in D$ を中心とする半径 r の閉円板 $E = \{|z - z_0| \leq r\}$ を D に含まれるようにとると，$\prod f_n(z)$ は E で一様収束する．十分に大きく N をとりなおせば，すべての $n \geq N$ で $\mathrm{Log}\, f_n(z)$ は E の内部で正則な関数となるから，$\varphi(z) = \sum_{n \geq N} \mathrm{Log}\, f_n(z)$ は E の内部で正則であり，前ページの注意(i)より

$$e^{\varphi(z)} = \prod_{n=N}^{\infty} f_n(z) \quad \text{したがって} \quad \prod_{n=1}^{\infty} f_n(z) = \prod_{n=1}^{N-1} f_n(z) \times e^{\varphi(z)}$$

も正則である．よって無限乗積は D のすべての点で正則である． □

命題 13.7 と合わせて次の系を得る．

系 13.10 領域 D において正則な関数列 $\{f_n(z)\}$ に対して，$\sum f_n(z)$ が D で広義一様に絶対収束すれば，$\prod(1 + f_n(z))$ は D で正則な関数である．

13.3 ワイエルシュトラスの定理

整関数に対して 13.1 節と類似の問題を考えよう．すなわち，与えられた相異なる点列 $\{a_n\}$ に与えられた位数の零点をもち，それ以外には零点をもたないような整関数が構成できるだろうか．ただし，位数の分だけ点列を重複させておくと表示が簡単になるので，相異なるという条件は除いておく．

もし点列が有限個 $\{a_1, a_2, \cdots, a_n\}$ であれば，単に多項式 $(z - a_1) \cdots (z - a_n)$ を考えればよいので，以降は $\{a_n\}$ を無限点列とする．もし複素平面に集積点をもてばその点は真性特異点となるから，$\{a_n\}$ は無限遠に発散するとしてよい．

多項式の例から，

$$\prod_{n=1}^{\infty}(z - a_n)$$

が候補として考えられるが，これはまったく収束しない．そこで，とりあえず $a_n \neq 0$ として

13.3 ワイエルシュトラスの定理

$$\prod_{n=1}^{\infty}\left(1-\frac{z}{a_n}\right) \tag{13.4}$$

と変形してみる．系13.10に当てはめて考えるならば $f_n(z) = -z/a_n$ の場合であり，$|f_n(z)| \leq -|z|/|a_n|$ であるから，もし条件

$$\sum_{n=1}^{\infty}\frac{1}{|a_n|} < \infty$$

が成り立てば，無限乗積 (13.4) は $\mathbb{C}$ で広義一様に絶対収束し，定理13.9より (13.4) は与えられた条件を満たす整関数となる．これは大きな前進である．一般には，零点をもたない整関数 $\psi_n(z)$ をうまく選んで，無限乗積

$$\prod_{n=1}^{\infty}\left(1-\frac{z}{a_n}\right)\psi_n(z)$$

が $\mathbb{C}$ で広義一様収束するようにできる，というのが証明のあらすじである．

定理 13.11 すべての n で $a_n \neq 0$ を満たし無限遠に発散する数列 $\{a_n\}$ が与えられたとき，適当に正整数 m_n を選んで

$$\prod_{n=1}^{\infty}\left(1-\frac{z}{a_n}\right)\exp\left(\frac{z}{a_n}+\frac{1}{2}\left(\frac{z}{a_n}\right)^2+\cdots+\frac{1}{m_n}\left(\frac{z}{a_n}\right)^{m_n}\right) \tag{13.5}$$

が $\mathbb{C}$ で広義一様に絶対収束するようにできる．この整関数の零点は位数も込めて $\{a_n\}$ のみである．

証明 無限乗積 (13.5) の第 n 項を $p_n(z)$ とおき，原点を中心とする半径 r の閉円板 $|z| \leq r$ を E とする．$n > N$ のとき $|a_n| > 2r$ が成り立つように N を定める．すべての $z \in E$ と $n > N$ に対して $w_n = z/a_n$ は $|w_n| < 1/2$ を満たし，$|\mathrm{Arg}(1-w_n)| \leq \pi/6$ が成り立つ．また，

$$W_n = w_n + \frac{w_n^2}{2} + \cdots + \frac{w_n^m}{m}$$

とおけば，$|W_n| < 1$ より $|\mathrm{Arg}(e^{W_n})| < 1$ である．よって，

$$\mathrm{Log}\, p_n(z) = \mathrm{Log}(1-w_n) + W_n = \mathrm{Log}(1-w_n) + w_n + \frac{w_n^2}{2} + \cdots + \frac{w_n^{m_n}}{m_n}$$

の絶対値をとれば，

$$|\mathrm{Log}\, p_n(z)| = \left|\sum_{j>m_n} \frac{w_n^j}{j}\right| \le \frac{|w_n|^{m_n+1}}{1-|w_n|} \le 2|w_n|^{m_n+1} < \frac{1}{2^{m_n}}$$

が成り立つ．例えば $m_n = n$ と選べば，級数 $\sum_{n>N} \mathrm{Log}\, p_n(z)$ は E 上で一様に絶対収束する．□

原点において ℓ 位の零点をもたせるには，単に上定理の関数に z^ℓ を乗じておけばよい．こうして次のワイエルシュトラスによる定理を得る．

定理 13.12 整関数 $f(z)$ の原点における零点の位数を $\ell \ge 0$ とし，原点以外の零点を位数も込めて $\{a_n\}$ とするとき，ある整関数 $g(z)$ と正整数の列 $\{m_n\}$ が存在して，$f(z)$ を次のように表示することができる．

$$f(z) = e^{g(z)} z^\ell \prod_{n=1}^\infty \left(1 - \frac{z}{a_n}\right) \exp\left(\frac{z}{a_n} + \frac{1}{2}\left(\frac{z}{a_n}\right)^2 + \cdots + \frac{1}{m_n}\left(\frac{z}{a_n}\right)^{m_n}\right)$$

[証明] 同じ点に同じ位数の零点をもつ 2 つの整関数の商

$$F(z) = f(z) z^{-\ell} \prod_{n=1}^\infty \left(1 - \frac{z}{a_n}\right)^{-1} \exp\left(-\frac{z}{a_n} - \frac{1}{2}\left(\frac{z}{a_n}\right)^2 - \cdots - \frac{1}{m_n}\left(\frac{z}{a_n}\right)^{m_n}\right)$$

は単連結領域 $\mathbb{C}$ において零点をもたない正則関数であるから，定理 6.2 より $g(z) = \log F(z)$ も整関数であり $F(z) = e^{g(z)}$ が成り立つ．□

与えられた有理形関数 $f(z)$ に対して，原点以外の極の位数を重複して考えた点列 $\{a_n\}$ を零点にもつ整関数 $\phi(z)$ を定理 13.11 に従って作る．もし原点が $f(z)$ の ℓ 位の極であれば $\phi(z)$ に z^ℓ を乗じておく．このとき $f(z)\phi(z)$ は整関数であるから，次の系がただちに従う．

系 13.13 任意の有理形関数は 2 つの整関数の商として表すことができる．

[例題] 定理 13.11 の証明の構成法に従って，$\mathbb{Z}\setminus\{0\}$ 上に 1 位の零点だけをもつ整関数を 1 つ作れ．

[解] $w_n = z/n$ とおくと $|w_n| \le |z|/|n|$ であるから，$m_n = 1$ と選んでも

$$\sum_{n \ne 0} |w_n|^2 \le |z|^2 \sum_{n \ne 0} \frac{1}{n^2}$$

は収束する．したがって

$$\prod_{n\neq 0}\left(1-\frac{z}{n}\right)e^{z/n}=\prod_{n=1}^{\infty}\left(1-\frac{z^2}{n^2}\right)$$

は求める整関数の 1 つである．■

　上の例題で登場した無限乗積の正体は次の初等関数である．

定理 13.14
$$\frac{\sin\pi z}{\pi z}=\prod_{n=1}^{\infty}\left(1-\frac{z^2}{n^2}\right).$$

[証明] $\mathbb{Z}$ 上にのみ 1 位の零点をもつ整関数 $\sin\pi z$ は，定理 13.12 より何らかの整関数 $g(z)$ によって

$$\sin\pi z=e^{g(z)}z\prod_{n\neq 0}\left(1-\frac{z}{n}\right)e^{z/n}=e^{g(z)}z\prod_{n=1}^{\infty}\left(1-\frac{z^2}{n^2}\right)$$

と表される．上の例題で述べたように $m_n=1$ ととることができるからである．両辺の対数微分[1]をとれば

$$\pi\cot\pi z=g'(z)+\frac{1}{z}+\sum_{n=1}^{\infty}\frac{2z}{z^2-n^2}$$

を得る．よって定理 13.2 より $g(z)$ は定数であり，

$$e^{g(0)}=\lim_{z\to 0}\frac{\sin\pi z}{z}=\pi$$

より定理が証明された．□

　それでは $0,-1,-2,\cdots$ にのみ 1 位の零点をもつ整関数 $\prod_{n\geq 1}\left(1+\frac{z}{n}\right)e^{-z/n}$ の正体は何であろうか．それは初等関数ではなく，ガンマ関数[2] $\Gamma(z)$ と次のように関連する．ここで γ はオイラーの定数である．

定理 13.15
$$\frac{1}{\Gamma(z)}=ze^{\gamma z}\prod_{n=1}^{\infty}\left(1+\frac{z}{n}\right)e^{-z/n}.$$

---

[1] $f(z)$ の対数微分とは $f'(z)/f(z)$ のことである．定理 13.9 より正則な関数列 $f_n(z)$ の無限乗積が広義一様収束すれば，その対数微分は $f_n(z)$ の対数微分の和となる．
[2] ガンマ関数はいかなる多項式係数の常微分方程式も満たさないことがヘルダーによって証明された．

第 13 章 有理形関数の構成と展開

注意 右辺は整関数であるから $\Gamma(z)$ は零点をもたない（演習問題 57（10章）も参照）．

証明 定理の右辺を $f(z)$ とおき，各 $n \geq 1$ に対して

$$f_n(z) = \frac{z(z+1)(z+2)\cdots(z+n)}{n!n^z}$$

とおく．f, f_n ともに整関数であるが，f が零点をもたないのに対して f_n は $0, -1, -2, \cdots, -n$ に 1 位の零点をもつ．

$$f_n(z) = z\, e^{(1+1/2+\cdots+1/n-\log n)z}(1+z)e^{-z}\left(1+\frac{z}{2}\right)e^{-z/2}\cdots\left(1+\frac{z}{n}\right)e^{-z/n}$$

と変形できるから，$f_n(z)$ は $n \to \infty$ のとき $f(z)$ に $\mathbb{C}$ 上広義一様収束する．

さて，$0 < x < 1$ において

$$f_n(x)\Gamma(x) = \frac{x(x+1)\cdots(x+n)\Gamma(x)}{n!n^x} = \frac{\Gamma(x+n+1)}{n!n^x}$$

$$= \frac{1}{n!n^x}\int_0^\infty t^{x+n}e^{-t}\,dt = \frac{1}{n!}\int_0^\infty t^n e^{-t}\left(\frac{t}{n}\right)^x dt$$

であるから，

$$f_n(x)\Gamma(x) - 1 = \frac{1}{n!}\int_0^\infty t^n e^{-t}\left(\left(\frac{t}{n}\right)^x - 1\right)dt$$

を得る．$0 < x < 1$ のときすべての $s > 0$ に対して $|s^x - 1| \leq |s - 1|$ が成り立つから，左辺が $n \to \infty$ のとき 0 に収束することをいうには，

$$\lim_{n\to\infty}\frac{1}{n!}\int_0^\infty t^n e^{-t}\left|\frac{t}{n} - 1\right|dt = 0$$

を示せば十分である．さらに変数変換 $t = ns$ とスターリングの公式より

$$\int_0^\infty |s-1|(se^{1-s})^n\,ds = o\!\left(\frac{1}{\sqrt{n}}\right) \quad (n \to \infty) \tag{13.6}$$

に帰着される．これは 11.3 節で述べた鞍部点法の問題であるが，se^{1-s} が最大値を達成する点 $s = 1$ において $|s-1| = 0$ となるので標準的ではない．しかし鞍部点法の証明法は適用することができて，$s - 1 = \sigma$ とおけば，$|\sigma| \leq 1$ において $(1+\sigma)e^{-\sigma} \leq 1 - \sigma^2$ であるから，(13.6) の左辺の主要部は

$$\int_{-1}^1 |\sigma|(1-\sigma^2)^n\,d\sigma = \int_0^1 (1-u)^n\,du \sim \frac{1}{n}$$

で評価される．よって $f_n(x)\Gamma(x)$ は 1 に収束し，したがって $f(x)\Gamma(x) = 1$ が $0 < x < 1$ において成り立つ．ゆえに一致の定理 9.5 より $f(z)\Gamma(z) = 1$ が $\mathbb{C} \setminus \{0, -1, -2, \cdots\}$ において成り立ち，$0, -1, -2, \cdots$ は $f(z) = 1/\Gamma(z)$ の除去可能特異点であるから，$f(z) = 1/\Gamma(z)$ が $\mathbb{C}$ において成り立つ．□

13.4 ベルヌーイ数

原点を除去可能特異点にもつ関数 $f(z) = \dfrac{z}{e^z - 1}$ は $2n\pi i, n \in \mathbb{Z} \setminus \{0\}$ に 1 位の極をもつ有理形関数である．$f(z)$ の原点における整級数展開を

$$\frac{z}{e^z - 1} = \sum_{n=0}^{\infty} \frac{B_n}{n!} z^n \tag{13.7}$$

とおき，分子の B_n を**ベルヌーイ数**[3]という．始めのいくつかは

$$B_0 = 1, \quad B_1 = -\frac{1}{2}, \quad B_2 = \frac{1}{6}, \quad B_4 = -\frac{1}{30}, \quad B_6 = \frac{1}{42},$$
$$B_8 = -\frac{1}{30}, \quad B_{10} = \frac{5}{66}, \quad B_{12} = -\frac{691}{2730}, \quad B_{14} = \frac{7}{6},$$
$$B_{16} = -\frac{3617}{510}, \quad B_{18} = \frac{43867}{798}, \quad B_{20} = -\frac{174611}{330}$$

となる．$f(z)$ の原点に最も近い極は $\pm 2\pi i$ であるから，(13.7) の右辺の整級数の収束半径は 2π である．少し気付きにくいが，

$$f_0(z) = \frac{z}{e^z - 1} - 1 + \frac{z}{2}$$

は偶関数となるから，必然的に 3 以上の奇数 n に対して $B_n = 0$ である．(13.7) の両辺に $e^z - 1$ を乗じて得られる式

$$z = \sum_{n=0}^{\infty} \frac{B_n}{n!} z^n \cdot \sum_{n=1}^{\infty} \frac{z^n}{n!}$$

の係数を比較して，ベルヌーイ数の満たす漸化式

$$B_n = -\frac{1}{n+1} \sum_{k=0}^{n-1} \binom{n+1}{k} B_k \quad (n \geq 1)$$

---

[3] 書物によっては番号や符号のつけ方が異なるので注意すること．

を得る．これより B_n は有理数である．この漸化式より連立 1 次方程式のクラメールの公式を使って容易に次の公式[4]を得る．

$$B_n = (-1)^n n! \begin{vmatrix} 1/2! & 1 & 0 & \cdots & 0 & 0 \\ 1/3! & 1/2! & 1 & \cdots & 0 & 0 \\ 1/4! & 1/3! & 1/2! & \cdots & 0 & 0 \\ \vdots & \vdots & \vdots & \ddots & \vdots & \vdots \\ 1/n! & 1/(n-1)! & 1/(n-2)! & \cdots & 1/2! & 1 \\ 1/(n+1)! & 1/n! & 1/(n-1)! & \cdots & 1/3! & 1/2! \end{vmatrix}$$

シュタウト-クラウゼンの定理より，B_{2n} を既約分数で表したときの分母は，$2n$ の約数 d のうち $d+1$ が素数となるものの積に等しい．例えば B_{10} の分母は，10 の約数が $1, 2, 5, 10$ であるから $2, 3, 6, 11$ の中で素数となる $2, 3, 11$ の積 66 である．したがって B_n の分母は n が素数の 2 倍のときに比較的小さい．

さて

$$z \cot z = iz \frac{e^{iz} + e^{-iz}}{e^{iz} - e^{-iz}} = iz \frac{e^{2iz} + 1}{e^{2iz} - 1} = iz + \frac{2iz}{e^{2iz} - 1}$$

であるから，$2iz$ を改めて z とおいて定理 13.2 を用いれば，$|z| < 2\pi$ において

$$\frac{z}{e^z - 1} = 1 - \frac{z}{2} + \sum_{n=1}^{\infty} \frac{2z^2}{z^2 + 4\pi^2 n^2} \tag{13.8}$$

が成り立つ．(13.7) の右辺の収束域が閉円板 $|z| \leq 2\pi$ に含まれるのに対して，上式の右辺の収束域ははるかに大きな集合 $\mathbb{C} \setminus \{\pm 2\pi i, \pm 4\pi i, \cdots\}$ である点で (13.8) は有用である．さらに

$$\sum_{n=1}^{\infty} \frac{z^2}{z^2 + 4\pi^2 n^2} = \sum_{n=1}^{\infty} \frac{z^2}{4\pi^2 n^2} \sum_{k=0}^{\infty} (-1)^k \left(\frac{z}{2\pi n}\right)^{2k}$$

$$= \sum_{k=1}^{\infty} (-1)^{k-1} z^{2k} \sum_{n=1}^{\infty} \frac{1}{(2\pi n)^{2k}}$$

となる．2 重級数が絶対収束し和の順序交換が許されるからである．これと

---

[4] これを**ラプラスの公式**と呼ぶことがある．

演 習 問 題

(13.7) より

$$\zeta(2k) = \sum_{n=1}^{\infty} \frac{1}{n^{2k}} = \frac{(-1)^{k-1}B_{2k}}{(2k)!}2^{2k-1}\pi^{2k} \qquad (13.9)$$

を得る．これから B_{2k} と $(-1)^{k-1}$ の符号は一致する．π の超越性から (13.9) も超越数[5]である．これに関連して，$\zeta(3)$ の無理数性はアペリィによって証明されたが，5 以上の奇数 $2k+1$ に対して $\zeta(2k+1)$ が無理数であるかどうかは未解決である．また，定理 13.2 に直接 $z = i$ を代入することによって

$$\sum_{n=1}^{\infty} \frac{1}{n^2+1} = \frac{\pi}{2}\frac{e^{2\pi}+1}{e^{2\pi}-1} - \frac{1}{2} = 1.0766740474\cdots$$

を得る．π と e^π は $\mathbb{Q}$ 上代数的独立[6]であるからこの値もまた超越数である．

さらに定理 13.2 に $z = 1+i$ を代入し $1+i$ で割ってから両辺の虚部をとれば

$$\sum_{n=1}^{\infty} \frac{1}{n^4+4} = \frac{\pi}{8}\frac{e^{2\pi}+1}{e^{2\pi}-1} - \frac{1}{8} = \frac{1}{4}\sum_{n=1}^{\infty} \frac{1}{n^2+1}$$

を得る．

演 習 問 題

[72] リウヴィルの定理 8.6 を用いて次の公式を示せ．

$$\frac{\pi^2}{\sin^2 \pi z} = \sum_{n=-\infty}^{\infty} \frac{1}{(z-n)^2}$$

[73] 数列 $a_n = \exp(2^{-n}\pi i), n \geq 1$ に対して $\prod a_n$ および $\sum \text{Log}\, a_n$ を求めよ．

[74] 定理 13.2 の公式を積分して定理 13.14 を示せ．

[75] 等式 $\displaystyle\prod_{n=1}^{\infty}\left(1+\frac{z}{2n-1}\right)\left(1+\frac{z}{2n}\right)\left(1-\frac{z}{n}\right) = \frac{\sin \pi z}{\pi z}e^{z\log 2}$ を示せ．

---

[5] α が超越数であるとは，0 でない任意の有理数係数の多項式 $P(x)$ に対して $P(\alpha) \neq 0$ が成り立つときにいう．π の超越性はリンデマンによって証明された．
[6] α と β が $\mathbb{Q}$ 上代数的独立であるとは，0 でない任意の有理数係数の 2 変数多項式 $P(x,y)$ に対して $P(\alpha,\beta) \neq 0$ が成り立つときにいう．π と e^π の $\mathbb{Q}$ 上代数的独立性はネステレンコによって証明された．

第 13 章　有理形関数の構成と展開

76 $\{a_n\}$ を ∞ に発散する相異なる数からなる数列とし，$\{b_n\}$ を任意の数列とする．すべての n に対して $f(a_n) = b_n$ を満たす整関数 $f(z)$ を 1 つ構成せよ．

77 すべての素数からなる集合を $\mathbb{P} = \{2, 3, 5, 7, 11, \cdots\}$ とし，無限乗積
$$f(z) = \prod_{p \in \mathbb{P}} \left(1 - \frac{1}{p}\right)\left(1 + \frac{1}{p-z}\right)$$
を考える．次の各問に答えよ．

(i) $f(z)$ は $\mathbb{C} \setminus \mathbb{P}$ において広義一様に絶対収束することを示し，$f(z)$ の零点と極をすべて求めよ．

(ii) $f(z)$ の原点における整級数展開を $\sum_{n \geq 0} a_n z^n$ とおく．係数 a_n はすべて正の実数であり $\sum_{n \geq 0} a_n = 1$ であることを示せ．

(iii) 系 13.13 より有理形関数 $f(z)$ は整関数の商として表せる．またそれぞれの整関数は定理 13.12 の表示で表せる．$f(0) = a_0 \neq 0$ であるから，何らかの整関数 $g(z)$ を用いて $f(z) = e^{g(z)} \phi(z)/\psi(z)$ と表せる．ただし ϕ, ψ はそれぞれ f の零点と極にわたる (13.5) の形の無限乗積である．右辺を具体的に求めよ．

78 ガンマ関数に関する次の各公式を示せ．

(i) $|\Gamma(iy)| = \sqrt{\dfrac{\pi}{y \sinh \pi y}}$

(ii) $\Gamma(z)\Gamma(1-z) = \dfrac{\pi}{\sin \pi z}$　　（**オイラーの相補公式**）

(iii) $\Gamma(2z) = \dfrac{2^{2z-1}}{\sqrt{\pi}} \Gamma(z) \Gamma\left(z + \dfrac{1}{2}\right)$

79 右半平面 $D = \{\operatorname{Re} z > 1\}$ において正則なリーマンのゼータ関数 $\zeta(z)$ に対して，次の各問に答えよ．

(i) D において次の等式を示せ．
$$\Gamma(z)\zeta(z) = \int_0^\infty \frac{x^{z-1}}{e^x - 1} dx$$

(ii) (i) の積分を $(0, 1)$ と $(1, \infty)$ の 2 つに分け，(13.7) を適用することによって $\zeta(z)$ は $\mathbb{C} \setminus \{-1\}$ に解析接続できることを示せ．また，1 位の極 -1 における留数を求めよ．さらに 0 および負の整数点 $-n$ における $\zeta(-n)$ の値を求めよ．

(iii) (i) の積分に (13.8) を適用することによって次の関数等式を導け．
$$\Gamma(z)\zeta(z) \cos \frac{\pi z}{2} = 2^{z-1} \pi^z \zeta(1-z)$$

第 14 章
正 規 族

列に限らず一定の条件を満たす関数の無限集合を族という．解析学の基本原理として重要な定理の1つに「一様有界かつ同程度連続な関数列から一様収束する部分列が選べる」というアスコリ-アルツェラの定理がある．この性質をもつ正則関数の集まりが正規族である[1]．

14.1 アスコリ-アルツェラの定理

正規族を定義する前に，基本となるアスコリ-アルツェラの定理を復習する．

定義 14.1 複素平面内の集合 E 上で定義された関数の集まり $\mathscr{F}$ が E で**同程度連続**であるとは，任意の $\epsilon > 0$ に応じてある $\delta > 0$ がとれて，$|z - w| < \delta$ を満たすすべての $z, w \in E$ とすべての $f \in \mathscr{F}$ に対して

$$|f(z) - f(w)| < \epsilon$$

が成り立つときにいう．

例題 $\theta \in \mathbb{R}$ 上で定義された関数の集まり $\{e^{i(\mu\theta + \nu)} \mid -M \leq \mu \leq M, \nu \in \mathbb{R}\}$ は $\mathbb{R}$ で同程度連続であることを示せ．

解 命題 1.1 より

$$|e^{i(\mu\theta + \nu)} - e^{i(\mu\theta' + \nu)}| \leq |\mu| \cdot |\theta - \theta'| \leq M|\theta - \theta'|$$

が成り立つ．よって任意の $\epsilon > 0$ に対して $\delta = \epsilon/M$ ととればよい． ∎

---

[1] モンテルは広義一様収束の位相で相対コンパクトな関数族を一般に正規族と呼んだが，本書ではもっぱら正則関数からなる関数族に対してこの用語を用いる．また，関数値に無限遠点 ∞ を許して（すなわちリーマン球面上に値をとる関数族として）有理形関数の正規族を議論することもできるが，本書ではアールフォルス[1]のいう「$\mathbb{C}$ に関する」正規族のみを取り扱う．正則関数の族を有理形の関数族と考えている場合には注意を要する．

定理 14.2（**アスコリ-アルツェラの定理**）領域 D で定義された連続関数の集まり $\mathscr{F}$ から D で広義一様収束する部分列が選べるのは，次の 2 つの条件が満たされるときに限る．

(i) D 内の任意のコンパクト集合 E において $\mathscr{F}$ は同程度連続である．

(ii) 点 $z \in D$ を固定するごとに $\sup_{f \in \mathscr{F}} |f(z)| < \infty$．

証明 $\mathscr{F}$ から D で広義一様収束する部分列が選べるとする．まず(i)を背理法で示そう．$\mathscr{F}$ が E 上同程度連続ではないようなコンパクト集合 $E \subset D$ があると仮定すると，ある $\epsilon_0 > 0$ がとれて，

$$|z_n - z'_n| \to 0 \quad (n \to \infty) \quad \text{かつ} \quad |f_n(z_n) - f_n(z'_n)| \geq \epsilon_0$$

が成り立つように 2 つの点列 $\{z_n\}, \{z'_n\} \subset E$ と関数列 $\{f_n\} \subset \mathscr{F}$ がとれる．必要ならば部分列を取り直すことで，z_n は z^* に収束し，f_n は f に E で一様収束するとしてよい．$f(z)$ は E で一様連続であるから，十分に大きい n に対して

$$|f_n(z_n) - f(z_n)| < \frac{\epsilon_0}{3}, \quad |f(z_n) - f(z'_n)| < \frac{\epsilon_0}{3}, \quad |f_n(z'_n) - f(z'_n)| < \frac{\epsilon_0}{3}$$

となるが，これは $|f_n(z_n) - f_n(z'_n)| \geq \epsilon_0$ に反する．次に(ii)も背理法によって示す．もし $f_n(z_0) \to \infty$ を満たす列 $f_n \in \mathscr{F}$ と点 $z_0 \in D$ があると仮定する．すると $E = \{z_0\}$ 上で収束する部分列を $\{f_n\}$ から選べることになって矛盾である．

逆に(i)と(ii)が成り立つとする．いま適当に D 内の稠密な加算個の点列 $\{z_n\}$ をとる．例えば実部と虚部がともに有理数であるような点列をとることができる．このとき任意の関数列 $\{f_n\} \subset \mathscr{F}$ に対して，(ii)より $f_n(z_1)$ が収束するような部分列 n_j が存在し，さらに $f_{n_j}(z_2)$ が収束するような部分列 n_{j_k} が存在する．この操作を無限に繰り返せば，対角線論法によって結局各点 z_n において収束するような f_n の部分列を構成することができる．簡単のためにこの部分列を改めて $\{f_n\}$ と記す．さて D 内のコンパクト集合 E を固定する．(i)より $\{f_n\}$ は E で同程度連続である．よって任意の $\epsilon > 0$ に対して，ある正数 δ がとれて，すべての $z, z' \in E, |z - z'| < \delta$ とすべての f_n に対して

$$|f_n(z) - f_n(z')| < \epsilon \tag{14.1}$$

が成り立つ．E はコンパクト集合であるから，先ほどの稠密な点列 $\{z_n\}$ の中か

ら有限個 $z_{\ell_1}, z_{\ell_2}, \cdots, z_{\ell_m}$ をとり，$U_k = \{|z - z_{\ell_k}| < \delta\}$ たちが E を被覆するようにできる．簡単のために $z_{\ell_k} = \zeta_k$ とおく．よって番号 N を十分に大きくとれば，すべての $p, q > N, 1 \leq k \leq m$ で $|f_p(\zeta_k) - f_q(\zeta_k)| < \epsilon$ が成り立つようにできる．そこで，任意の $z \in E$ に対して $z \in U_j$ となる j をとれば，(14.1) より

$$|f_p(z) - f_p(\zeta_j)| < \epsilon \quad \text{かつ} \quad |f_q(z) - f_q(\zeta_j)| < \epsilon$$

であるから $|f_p(z) - f_q(z)| < 3\epsilon$ を得る．つまり $f_n(z)$ は E で一様収束する．□

注意 定理 14.2 の (i) は次の条件に置き換えることができる：
(ĩ) $z \in D$ を固定するごとに，任意の $\epsilon > 0$ に対して z を中心とする半径 r_ϵ の開円板 $U \subset D$ がとれて，すべての $w, w' \in U$ とすべての $f \in \mathscr{F}$ に対して

$$|f(w) - f(w')| < \epsilon$$

が成り立つ．

なぜなら，z を中心とする閉円板 $E \subset D$ に対して (i) のいう同程度連続性の δ より小さく直径を取り直すことで (ĩ) が従う．逆に，各 $z \in E$ において (ĩ) のいう開円板 U_z をとる．任意の $\epsilon > 0$ に対して，$w, w' \in U_z$ ならば，すべての $f \in \mathscr{F}$ に対して $|f(w) - f(w')| < \epsilon$ が成り立つ．E はコンパクト集合であるから，$\{U_z\}$ のうちの有限個 $U_1, U_2, \cdots, U_m$ で E は覆われる．さて，もし 2 つの点列 $\{z_n\}, \{z'_n\} \subset E$ があって，$|z_n - z'_n| \to 0\,(n \to \infty)$ かつ z_n と z'_n は決して同一の U_k に属さないと仮定する．一般性を失うことなく z_n は z^* に収束するとしてよい．このとき $z^* \in E$ を覆う 1 つの U_k を考えれば，n が十分に大きいとき点 z'_n も同じ U_k に属することになり矛盾である．言い換えれば，$z, z' \in E, |z - z'| < \delta$ ならば，必ず z と z' が同一の U_s に属するような正数 δ が存在する．そのような $z, z' \in E$ とすべての $f \in \mathscr{F}$ に対して，(ĩ) より $|f(z) - f(z')| < \epsilon$ が成り立つ．すなわち $\mathscr{F}$ は E で同程度連続である．以上から，条件 (i) と (ĩ) は同値である．

条件 (ĩ) は本質的に局所的な性質であり，これを「$\mathscr{F}$ は D において局所同程度連続である」と表現することができる．

14.2 正規族

定義 14.3 領域 D で定義された正則関数の集まり $\mathscr{F}$ が**正規族**であるとは，$\mathscr{F}$ から任意に選んだ関数列から D で広義一様収束する部分列が常に選べるときにいう．

このとき次の定理が成り立つ．

定理 14.4 領域 D で定義された正則関数の集まり $\mathscr{F}$ が正規族であるのは，任意に点 $z \in D$ を固定するごとに z の近傍 $U \subset D$ がとれて，

$$\sup_{\substack{z \in U \\ f \in \mathscr{F}}} |f(z)| < \infty \tag{14.2}$$

が成り立つときに限る．

[証明] $\mathscr{F}$ は正規族であるとし，点 $z \in D$ を任意に固定する．z を中心とする閉円板 $E \subset D$ を考えて，その内部を U とする．もし (14.2) が成り立たないと仮定すれば，点列 $\{z_n\} \subset U$ と関数列 $\{f_n\} \subset \mathscr{F}$ がとれて，

$$\lim_{n \to \infty} f_n(z_n) = \infty \tag{14.3}$$

が成り立つ．E はコンパクト集合であり，また E 上で一様収束する部分列を $\{f_n\}$ から選ぶことができるから，一般性を失うことなく，$n \to \infty$ のとき $z_n \to z^* \in E$ かつ $f_n(z)$ は E 上で連続関数 $f(z)$ に一様収束するとしてよい．

$$|f(z^*) - f_n(z_n)| \leq |f(z^*) - f(z_n)| + |f(z_n) - f_n(z_n)|$$

の右辺の 2 項はいずれも 0 に収束するが，これは (14.3) に矛盾する．

逆に，(14.2) が成り立つと仮定する．定理 14.2 の条件 (ii) は自明であるから，前節の注意で述べたように局所同程度連続性(i')を示せば十分である．いま，任意に固定した $z_0 \in D$ に対して (14.2) が成り立つような z_0 中心の開円板 U がある．z_0 を中心とする半径 r の閉円板 E を U に含まれるようにとると，

$$\sup_{\substack{z \in E \\ f \in \mathscr{F}}} |f(z)| = M < \infty.$$

定数 $0 < \lambda < 1$ に対して z_0 を中心とする半径 λr の開円板を U_λ とする．E の境界である円周 $|z - z_0| = r$ を反時計まわりに一周する積分路を C とすれば，すべての $w, w' \in U_\lambda$ とすべての $f \in \mathscr{F}$ に対して，コーシーの積分定理 8.1 より

$$f(w) - f(w') = \frac{1}{2\pi i} \int_C \left(\frac{f(z)}{z - w} - \frac{f(z)}{z - w'} \right) dz$$

$$= \frac{w - w'}{2\pi i} \int_C \frac{f(z)}{(z - w)(z - w')} dz$$

14.2 正規族

が成り立つ．$|z-w|, |z-w'| \geq (1-\lambda)r$ および $|w-w'| < 2\lambda r$ であるから，

$$|f(w) - f(w')| \leq \frac{2\lambda M}{(1-\lambda)^2}$$

を得る．この右辺は λ さえ小さく選べば，いくらでも小さくできる．よって条件(i′)を満たすような開円板 U として U_λ をとることができる． □

例題 整関数の族 $\{\cos nz\}_{n\geq 1}$ はいかなる領域においても正規族にならないことを示せ．

解 $z = x + iy$ とおくと，

$$|\cos z|^2 = \frac{(e^{iz} + e^{-iz})(e^{i\bar{z}} + e^{-i\bar{z}})}{4} = \frac{e^{2y} + e^{-2y}}{4} + \frac{\cos 2x}{2}$$

であるから，$\sup_{n\geq 1} |\cos nz| < \infty$ となるのは $y = 0$ のときに限る． ∎

次の定理は定理 14.4 の同値な言い換えである．

定理 14.5 領域 D で定義された正則関数の集まり $\mathscr{F}$ が正規族であるのは，次の2つの条件が成り立つときに限る．

(a) 各点 $z \in D$ において $\sup_{f \in \mathscr{F}} |f(z)| < \infty$．

(b) 任意に点 $z \in D$ を固定するごとに z の近傍 $U \subset D$ がとれて $\bigcup_{f \in \mathscr{F}} f(U)$ は $\mathbb{C}$ において稠密ではない．

証明 (14.2) から条件(a), (b)が従うのは明らかであるから，この逆を示せばよい．(b)は集合 $\bigcup_{f \in \mathscr{F}} f(U)$ の有界性より弱い性質のように見えるが，実は同値な条件なのである．

条件(b)より，任意に固定した点 $z_0 \in D$ に対して，$W = \{|w - w_0| < \delta\}$ が存在して，すべての $f \in \mathscr{F}$ に対して $f(U) \cap W = \emptyset$ が成り立つ．そこで1次分数関数 $g(w) = 1/(w - w_0)$ を導入し，U 上の新しい族

$$\mathscr{G} = \{g \circ f \mid f \in \mathscr{F}\}$$

を考える．このとき

$$|g \circ f(z)| = \frac{1}{|f(z) - w_0|} \leq \frac{1}{\delta}$$

がすべての $z \in U$ と $f \in \mathscr{F}$ に対して成り立つ．よって $\mathscr{G}$ は一様に有界な正則

関数の族であり，定理 14.4 より $\mathscr{G}$ は正規族である．したがって $\mathscr{F}$ から任意に選んだ関数列 $\{f_n\}$ に対して，$\mathscr{G}$ の関数列 $\{g \circ f_n\}$ から U において広義一様収束する部分列 $\{g \circ f_{n_j}\}$ がとれる．その収束先を $h(z)$ とおくと，$h(z)$ は U で正則であり，

$$g \circ f_{n_j}(z) = \frac{1}{f_{n_j}(z) - w_0} \to h(z) \quad (j \to \infty)$$

が成り立つ．条件 (a) より $\{f_{n_j}(z_0)\}$ は有界列であるから，$h(z_0) \neq 0$ である．したがって，z_0 を中心とする十分小さい閉円板 $V = \{|z - z_0| \leq r\} \subset U$ を選び V 上で $h(z) \neq 0$ とできる．V における $|h(z)|$ の最小値を $m > 0$ とおく．すると V 上で $|g \circ f_{n_j}(z) - h(z)| < m/2$ を満たす十分に大きい j に対して

$$\sup_{z \in V} \left| f_{n_j}(z) - w_0 - \frac{1}{h(z)} \right| \leq \frac{2}{m^2} \sup_{z \in V} |g \circ f_{n_j}(z) - h(z)| \to 0 \quad (j \to \infty)$$

となるから，$\mathscr{F}$ は V の内部で正規族である．ゆえに定理 14.4 より (14.2) を満たす z_0 の近傍 $U' \subset V$ が存在する．□

注意 定理 14.4 の (14.2) は，∞ の近傍 $W = \{|z| > R\}$ が存在して，すべての $f \in \mathscr{F}$ に対して $f(U) \cap W = \emptyset$ が成り立つことを意味する．よって定理 14.5 は，定理 14.4 を 1 次分数関数 $g(w)$ によって（無限遠点を w_0 に）引き戻した定理に他ならない．例えば，関数族 $\{\cos nz\}_{n \geq 1}$ はいかなる領域においても正規族ではないが，任意の $x \in \mathbb{R}$ に対して条件 (a) を満たすことから，x の任意の近傍 U に対して $\bigcup_{n \geq 1} \{\cos nz \mid z \in U\}$ は $\mathbb{C}$ の稠密な集合である．

定理 14.4 と導関数の積分表示から，ただちに次の定理が従う．

定理 14.6 $\mathscr{F}$ が正規族ならば，導関数の集まり $\{f' \mid f \in \mathscr{F}\}$ も正規族である．

関数列が正規族であるとき，部分列ではなくて関数列自体が収束することを導く次の定理は応用が広い．

定理 14.7（ヴィターリの定理） 領域 D で正則な関数列 $\{f_n(z)\}$ は D において正規族であるとし，$\{a_k\}$ を D 内の 1 点に集積する無限個の点列とする．各 k に対して数列 $f_n(a_k)$ が $n \to \infty$ のとき収束すれば，$\{f_n(z)\}$ は D で広義一様収束する．

14.2 正規族

[証明] まず $\{f_n(z)\}$ が D で各点収束することを背理法で示す．もし $z_0 \in D$ で有界列 $\{f_n(z_0)\}$ が収束しないと仮定すれば，

$$\lim_{j\to\infty} f_{n_j}(z_0) \neq \lim_{j\to\infty} f_{m_j}(z_0)$$

を満たす部分列 $\{n_j\}, \{m_j\}$ がとれる．それらの部分列からさらに部分列を取り出して，対応する f_n の列が D で広義一様収束するようにできる．極限関数をそれぞれ $g(z), h(z)$ とおけば，ともに D で正則で各 k で $g(a_k) = h(a_k)$ を満たす．よって一致の定理9.5より D において $g(z) = h(z)$ であるが，これは $g(z_0) \neq h(z_0)$ に反する．この各点収束極限を $f(z)$ と書く．

次に $\{f_n(z)\}$ が D で広義一様収束することを背理法で示す．あるコンパクト集合 $K \subset D$ があって，$\{f_n(z)\}$ が K で一様収束しないと仮定すると，ある点列 $\{z_n\} \subset K$ と正数 δ がとれて $|f_n(z_n) - f(z_n)| \geq \delta$ が成り立つ．$\{f_n(z)\}$ は正規族であるから，$f_{n_j}(z)$ が K 上で $f(z)$ に一様収束する部分列 $\{n_j\}$ がとれる．つまり十分に大きく n_j をとれば，K 上で $|f_{n_j}(z) - f(z)| < \delta$ とできるが，これは矛盾である．□

正規族の1つの応用として整級数の部分和の零点分布を考えよう．有限で正の収束半径をもつ整級数

$$f(z) = \sum_{n=0}^{\infty} a_n z^n \tag{14.4}$$

の第 n 部分和を $f_n(z) = a_0 + a_1 z + \cdots + a_n z^n$ とおく．定理5.4より $\{f_n(z)\}$ は収束円の内部 D において広義一様収束する．$f(z)$ が k 位の零点 $z_0 \in D$ をもつならば，演習問題68(12章)より，ある番号から先のすべての n に対して $f_n(z)$ は z_0 の近傍に k 個の零点をもつ．逆に $f_{n_k}(z_k) = 0$ および $z_k \to z^*$ $(k \to \infty)$ を満たす D 内の点列 $\{z_k\}$ と部分列 $\{n_k\}$ があれば，明らかに $f(z^*) = 0$ が成り立つ．言い換えれば，$f(z)$ の D における零点は部分和 $f_n(z)$ の零点の密集点である．

収束円の外部ではもはや整級数としての意味を失うが，部分和 $f_n(z)$ は高々 n 次の多項式であるから，恒等的に 0 でない限り複素平面に高々 n 個の零点をもつ．例えば，$|z| < 1$ における等比級数

$$f(z) = \sum_{n=0}^{\infty} z^n = \frac{1}{1-z}$$

は収束円の内部に零点をもたないが，その部分和

$$f_n(z) = 1 + z + \cdots + z^n = \frac{1 - z^{n+1}}{1 - z}$$

の零点は 1 の n 乗根であり，それらは $n \to \infty$ のとき収束円 $|z| = 1$ 上の任意の点に密集する．この性質は次の意味で一般に成り立つ．

定理 14.8（イェンチの定理）整級数 (14.4) は収束半径 1 をもつとする．このとき単位円 $|z| = 1$ 上の任意の点の任意の近傍 U において，U 内に少なくとも 1 つの零点をもつような部分和 $f_n(z)$ が無数に存在する．

証明 背理法による．単位円上のある点 z_0 と，z_0 を中心とする半径 r の開円板 $U = \{|z - z_0| < r\}$ が存在して，すべての番号 $n > N$ に対して $f_n(z)$ は U に零点をもたないと仮定する．各 $n > N$ に対して，z が正の実数のとき $\sqrt[n]{z}$ も正の実数値をとるように定めておく．U は単連結かつ $f_n(z)$ は U に零点をもたないから，定理 6.3 より $\varphi_n(z) = \sqrt[n]{f_n(z)}$ は U 上で 1 価正則である．U と円領域 $|z| < 1$ との共通部分を U_0 とおく．任意に固定した U_0 の点 z において，$\{f_n(z)\}$ はある値に収束するから，十分に大きい n に対して $f_n(z)$ の偏角は有界な範囲に収まる．よって $n \to \infty$ のとき

$$\varphi_n(z) = |f_n(z)|^{1/n} \exp\left(i \frac{\arg f_n(z)}{n}\right)$$

は 1 に収束する．すなわち関数列 $\mathscr{F} = \{\varphi_n(z)\}$ は U_0 上で 1 という定数関数に各点収束する．

一方，整級数 (14.4) の収束半径が 1 であることから，すべての番号 $n \geq 0$ で $|a_n| \leq M(1 + r)^n$ が成り立つように定数 $M > 0$ がとれる．よって任意の $z \in U$ に対して

$$|f_n(z)| \leq |a_0| + |a_1|(1 + r) + \cdots + |a_n|(1 + r)^n$$
$$\leq (n + 1)M(1 + r)^{2n}$$

が成り立つから，$|\varphi_n(z)| \leq (n + 1)^{1/n} M^{1/n} (1 + r)^2$ を得る．そこで $n > N_1$ のとき $(n + 1)^{1/n} M^{1/n} < 2$ となるように十分に大きい N_1 をとれば，関数列 $\mathscr{F}$ は U

において一様有界であることが従う．
ゆえに $\mathscr{F}$ は U において正規族であ
り，ヴィターリの定理14.7より $\varphi_n(z)$
は U において正則な関数 $\varphi(z)$ に広義
一様収束する．U_0 上では $\varphi(z) = 1$ で
あるから，一致の定理9.5より U 上で
$\varphi(z) = 1$ が成り立つ．

さて $|z_1| = 1 + r/2$ を満たす U 内の
点を1つとる（図14.1）．列 $\{\varphi_n(z_1)\}$ は
1 に収束するから，十分に大きい N_2
を選べば，すべての $n \geq N_2$ に対して

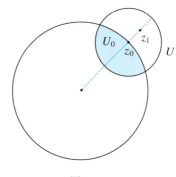

図 14.1

$$|\varphi_n(z_1)| < 1 + \frac{r}{3} \quad \text{すなわち} \quad |f_n(z_1)| < \left(1 + \frac{r}{3}\right)^n$$

とできる．したがって $n > N_2$ ならば

$$|a_n z_1^n| \leq |f_n(z_1) - f_{n-1}(z_1)| \leq |f_n(z_1)| + |f_{n-1}(z_1)| < 2\left(1 + \frac{r}{3}\right)^n$$

が成り立つから，

$$1 = \limsup_{n \to \infty} \sqrt[n]{|a_n|} \leq \frac{1 + r/3}{|z_1|} = \frac{1 + r/3}{1 + r/2} < 1$$

となって矛盾である．□

14.3 単 葉 関 数

領域 D において定義された単射な関数を**単葉**関数という．定数関数は明ら
かに単葉ではない．D において正則かつ単葉な関数を $f(z)$ とし，点 $z_0 \in D$ に
おけるその整級数展開を $f(z) = a_0 + a_k(z - z_0)^k + \cdots, a_k \neq 0$ とおく．z_0 は
$f(z) - a_0$ の k 位の零点であるから，z_0 中心の D に含まれる十分に小さい円周
を反時計まわりに一周する閉曲線 C に対して，定理12.1より

$$\frac{1}{2\pi i} \int_C \frac{f'(z)}{f(z) - a_0} dz = k$$

が成り立つ．偏角の原理より C を f で変換したパラメータ曲線は a_0 のまわり

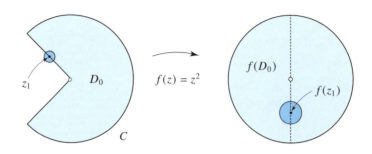

図 14.2 $f(z) = z^2$ は $D_0 = \{-3\pi/4 < \operatorname{Arg} z < 3\pi/4, 0 < |z| < 1\}$ で単葉ではない．その像は $f(D_0) = \{0 < |z| < 1\}$ である．z_1 は D_0 の境界点であるが $f(z_1)$ は $f(D_0)$ の内点である．

を k 回転するが，f が単射であることから $k = 1$ を得る．$k (\geq 2)$ 回転する閉曲線は単純ではないからである．すなわち $f'(z_0) \neq 0$ であるから，正則単葉な関数 f は図形 D を重ねたり裏返したりすることなく $f(D)$ に等角に写す．この意味で $f(D)$ を 1 枚の葉とみなし f を単葉というのである．

領域 D 内に長さをもつ単純閉曲線 C を描き，C が囲む領域 D_0 は D の部分集合であるとする．D で正則な（必ずしも単葉とは限らない）関数 $f(z)$ によって D_0 が写されるとき，D_0 の境界である C 上の点が $f(D_0)$ の境界点に写るとは限らない（図 14.2）．

点 $z_0 \in D_0$ において，もし $f'(z_0) \neq 0$ ならば，定理 4.6 より f は局所的に全単射となるから $f(z_0)$ は $f(D_0)$ の内点である．また $f'(z_0) = 0$ ならば，上述したように f は z_0 の近傍を k 重に写すことから，やはり $f(z_0)$ は $f(D_0)$ の内点になる．つまり D_0 の点はすべて $f(D_0)$ の内点に写る．

特に境界の対応が 1 対 1 であれば，次の定理が成り立つ．

定理 14.9 反時計まわりに一周する単純閉曲線 C が，$f(z)$ によって反時計まわりに一周する単純閉曲線 Γ に変換されるとき，$f(z)$ は C の内部を Γ の内部に等角かつ単葉に写す．

14.3 単葉関数

[証明] Γ によって囲まれる任意の点 w_0 に対して，条件より

$$\frac{1}{2\pi i}\int_\Gamma \frac{dw}{w-w_0} = 1$$

が成り立つ．したがって偏角の原理より

$$\frac{1}{2\pi i}\int_C \frac{f'(z)}{f(z)-w_0}\,dz = 1$$

となるから，方程式 $f(z)=w_0$ は C の内部に唯一の解 z をもつ． □

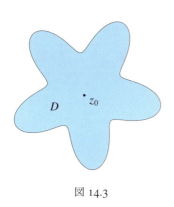

図 14.3

領域 D が $z_0 \in D$ に関して**星型**であるとは，任意の点 $z \in D$ と z_0 を結ぶ線分が D に含まれるときにいう．言い換えれば，D の境界に高い壁を建てたとき，点 z_0 に立てば D のすべての点が見渡せるということである．特に，z_0 から出発する半直線と D の境界とが常に1点で交わるならば，D は星型である．特に星のような形である必要はないが，星のような形は凸集合ではない星型集合の例である（図 14.3）．

定理 14.10 $f(z)$ は閉円板 $|z| \leq r$ を含む領域で正則単葉であるとし，$|z_0| < r$ とする．円周 $|z| = r$ 上で

$$\mathrm{Re}\left(\frac{zf'(z)}{f(z)-f(z_0)}\right) > 0$$

が成り立つならば，$D = \{|z| < r\}$ の像 $f(D)$ は点 $f(z_0)$ に関して星型である．

[証明] $z(t) = re^{it}, 0 \leq t \leq 2\pi$ は D の境界である円周 C 上を反時計まわりに一周し，$f(z) - f(z_0)$ は C 上で 0 にならないから，$f \circ z(t) - f(z_0) = R(t)e^{i\theta(t)}$ は

$$\frac{f' \circ z(t) \cdot z'(t)}{f \circ z(t) - f(z_0)} = \frac{R'(t)}{R(t)} + i\theta'(t)$$

を満たす．いま $z'(t) = rie^{it} = iz(t)$ であるから，

$$\mathsf{Re}\left(\frac{f' \circ z(t) \cdot z(t)}{f \circ z(t) - f(z_0)}\right) = \theta'(t)$$

を得る．したがって $\theta'(t) > 0$ となるから $\theta(t)$ は狭義の単調増加関数である．つまり，曲線 $f \circ z(t)$ は $f(z_0)$ を端点とする半直線を常に反時計まわりに横切る．ゆえに $f(D)$ の境界とそのような半直線とは常に1点で交わる．□

注意 $f(D)$ は点 $f(z_0)$ に関して星型であるから，任意の $\zeta \in D$ と任意の $0 < \lambda < 1$ に対して，方程式 $f(z) = \lambda f(z_0) + (1-\lambda) f(\zeta)$ は D において唯一の解 z をもつ．

定理 14.11 領域 D における正則単葉な関数列 $\{f_n(z)\}$ が定数ではない関数 $f(z)$ に広義一様収束すれば，$f(z)$ は D において正則単葉である．

証明 ワイエルシュトラスの2重級数定理8.8より $f(z)$ は D で正則である．単葉性を背理法で示す．D の2点 $z_0 \neq z_1$ において $w_0 = f(z_0) = f(z_1)$ であるとする．そこで z_0, z_1 を中心とする D に含まれる十分に小さい円周 C_0, C_1 をそれぞれとる．両者は交わらず，かつ円周上で $f(z) \neq w_0$ としてよい．各 $k = 0, 1$ に対して

$$M_k = \min_{z \in C_k} |f(z) - w_0|$$

とおく．$f_n(z)$ は $C_0 \cup C_1$ 上で一様収束するから，n さえ十分に大きければ，

$$\max_{z \in C_0 \cup C_1} |f(z) - f_n(z)| < \min(M_0, M_1)$$

とできる．よって $C_0 \cup C_1$ 上で $|f(z) - w_0| > |f(z) - f_n(z)|$ が成り立つ．ゆえにルーシェの定理12.3より，各 C_k において $f_n(z) - w_0$ は $f(z) - w_0$ と同数の違う点をもつ．これは $f_n(z)$ が単葉であるという仮定に反する．□

定理4.6では $f(z)$ の逆関数を整級数の形で構成し，それが正の収束半径をもつことを示したが，次の定理は f が単葉になるような円領域を直接定める．

定理 14.12 (デュドンネの定理) 整級数 $f(z) = z + a_2 z^2 + \cdots$ は単位円 $|z| < 1$ で正則とし，$|f(z)| < M$ を満たすとする．このとき $f(z)$ は円領域

$$D_0 = \left\{|z| < \frac{1}{M + \sqrt{M^2 - 1}}\right\}$$

14.3 単葉関数

において単葉である．さらに D_0 において不等式 $\left|\dfrac{zf'(z)}{f(z)} - 1\right| < 1$ が成り立ち，$f(D_0)$ は原点に関して星型である．

[証明] $|\alpha| < M$ を満たす定数 α に対して 1 次分数関数

$$\phi(z) = \frac{M^2(\alpha - z)}{M^2 - \overline{\alpha}z}$$

は円領域 $|z| < M$ からそれ自身への全単射である．よって $g(z) = \phi \circ f(z)$ は $D = \{|z| < 1\}$ で正則かつ $|g(z)| < M$ を満たす．いま $f(z_0) = f(z_1)$ を満たす 2 点 $z_0 \neq z_1 \in D$ があると仮定し $|z_0| \leq |z_1|, z_1 \neq 0$ とする．このとき $\alpha = f(z_0) = f(z_1)$ として上の ϕ を定めると $g(0) = \alpha, g(z_0) = g(z_1) = 0$ が成り立つ．したがって

$$h(z) = \frac{1 - \overline{z_0}z}{z - z_0} \frac{1 - \overline{z_1}z}{z - z_1} g(z)$$

は D で正則であり，

$$|h(z)| = \left|\frac{1 - \overline{z_0}z}{z - z_0}\right| \cdot \left|\frac{1 - \overline{z_1}z}{z - z_1}\right| \cdot |g(z)| < M \left|\frac{1 - \overline{z_0}z}{z - z_0}\right| \cdot \left|\frac{1 - \overline{z_1}z}{z - z_1}\right|$$

において $|z| \to 1$ とすれば，最大値原理より $|h(z)| \leq M$ を得る．特に $z = 0$ を代入して，$z_0 \neq 0$ ならば

$$|\alpha| = |g(0)| = |z_0 z_1 h(0)| \leq M|z_1|^2 \tag{14.5}$$

を得る．$z_0 = 0$ のときは $\alpha = 0$ であるからこの評価は自明である．

さて $f(0) = 0$ であるからシュヴァルツの補題 11.4 より，$F(z) = f(z)/z$ は D において $|F(z)| \leq M$ を満たす．特に $F(0) = f'(0) = 1$ より $M \geq 1$ である．もし D のある点で $|F(z)| = M$ が成り立つか，あるいは $M = 1$ であれば，最大値原理より F は定数，すなわち $f(z) = z$ となるから定理は自明である．よって $|F(z)| < M, M > 1$ のときを考えればよい．すると演習問題 59 (11 章)の不等式を $F(z)/M, z = z_1$ および $w = 0$ に適用すれば，$F(z_1) = \alpha/z_1$ より

$$\left|\frac{F(z_1)/M - 1/M}{1 - F(z_1)/M^2}\right| \leq |z_1| \quad \text{すなわち} \quad \left|\frac{\alpha - z_1}{M^2 z_1 - \alpha}\right| \leq \frac{|z_1|}{M}$$

を得る．つまり 1 次分数関数 $T(w) = (w - z_1)/(M^2 z_1 - w)$ を用いると，$T(\alpha)$ は原点を中心とする半径 $|z_1|/M$ の閉円板 E に属する．ゆえに α は $T^{-1}(E)$ に

属する．$T(0) = -1/M^2$ であるから，もし $|z_1| < 1/M$ であれば，$T(0)$ は E に属さない．したがって閉円板 $T^{-1}(E)$ は原点を含まないから，$T^{-1}(E)$ と原点との距離 ρ は正である．$T^{-1}(E)$ の円周はアポロニウスの円

$$\left|\frac{w - z_1}{w - M^2 z_1}\right| = \frac{|z_1|}{M}$$

であり，原点を中心に回転させた円 $|w - |z_1|| / |w - M^2|z_1|| = |z_1|/M$ を考えても ρ は不変である．これより円と正の実軸との交点を調べて

$$|\alpha| \geq \rho = \frac{M|z_1|(1 - M|z_1|)}{M - |z_1|}$$

となり，(14.5) と合わせて $|z_1|^2 - 2M|z_1| + 1 \leq 0$ を得る．この対偶をとれば，$|z| < M - \sqrt{M^2 - 1}$ の範囲に $f(z_0) = f(z_1)$ なる 2 点は存在しない．

上述の考察は，一般の $|z| < 1/M$ に対して z_1, α をそれぞれ $z, f(z)$ に置き換えても有効であるから，

$$|f(z)| \geq \frac{M|z|(1 - M|z|)}{M - |z|}$$

が成り立ち，さらに演習問題60(11章)の不等式を $F(z)/M$ に適用すれば，

$$|zf'(z) - f(z)| \leq \frac{M^2|z|^2 - |f(z)|^2}{M(1 - |z|^2)}$$

を得る．こうして

$$\left|\frac{zf'(z)}{f(z)} - 1\right| \leq \frac{M - |z|}{M^2|z|(1 - M|z|)(1 - |z|^2)}\left(M^2|z|^2 - \frac{M^2|z|^2(1 - M|z|)^2}{(M - |z|)^2}\right)$$

$$= \frac{(M^2 - 1)|z|}{(M - |z|)(1 - M|z|)}$$

の右辺は $|z| < M - \sqrt{M^2 - 1}$ のとき 1 より小さい．□

14.4　リーマンの写像定理

円領域 $D_0 = \{|z| < 1\}$ において正則単葉な関数 $f(z)$ の像 $f(D_0)$ はどのような領域なのかという問題に関して，関数論で最も重要な定理の 1 つと言われるリーマンの写像定理を述べる．

14.4 リーマンの写像定理

複素平面内の 2 つの領域 D, D' に対して，D から D' の上へ写像する D 上の正則単葉な関数 $f(z)$ の集まりを $\mathscr{F}(D, D')$ とおく[2]．任意の点 $z \in D$ において $f'(z) \neq 0$ となるから，D' で定義される逆関数 $f^{-1}(w)$ も正則であり，$f(z)$ は微分同相な等角写像である．等角写像の合成は再び等角写像となるから，$\mathscr{F}(D, D') \neq \emptyset$ から同値関係 $D \sim D'$ が誘導される．D, D' のどちらを D_0 としても構わないので，$D' = D_0$ とする．D_0 は単連結であるから，D も単連結な領域でなければならない．リーマンの写像定理を述べる前に，まず特別な場合をいくつか調べておこう．

命題 14.13 $\mathscr{F}(\mathbb{C}, D_0) = \emptyset$.

証明 $f \in \mathscr{F}(\mathbb{C}, D_0)$ が存在すれば，それは有界な整関数である．しかしリウヴィルの定理 8.6 によって $f(z)$ は定数となり矛盾である． $\square$

命題 14.14 $\mathscr{F}(D_0, D_0) = \left\{ e^{i\theta} \dfrac{z - \alpha}{1 - \bar{\alpha} z} \,\middle|\, |\alpha| < 1,\, \theta \in \mathbb{R} \right\}$.

証明 $f \in \mathscr{F}(D_0, D_0)$ を任意に固定し，$z_0 = f(0)$ に対して

$$g(z) = \frac{f(z) - z_0}{1 - \overline{z_0} f(z)}$$

とおく．$|z_0| < 1$ であるから $g \in \mathscr{F}(D_0, D_0)$ である．$g(0) = 0$ であるからシュヴァルツの補題 11.4 より $|g(z)| \leq |z|$ が成り立つ．一方，同様の議論を $g(z)$ の逆関数 $g^{-1} \in \mathscr{F}(D_0, D_0)$ に適用すれば，$|g(z)| \geq |z|$ が従う．したがって D において等号 $|g(z)| = |z|$ が成り立ち，$g(z) = e^{i\theta} z$ と表せる．ゆえに $f(z)$ は 1 次分数関数である．D_0 をそれ自身に写す 1 次分数関数の一般形は 3.3 節において求めている． $\square$

さて，次に考えるべき領域 D は 1 点以上からなる点集合を $\mathbb{C}$ から除いた単連結領域であるから，D は必然的に無限遠に伸びる連結な閉集合 E を除いた領域である．このとき次の驚くべき定理が成り立つ．

---

[2] 複素球面 $\widehat{\mathbb{C}}$ における 2 つの単連結領域を考える場合は，議論が少し複雑になる．無限遠点では正則でなくとも等角になる場合があるからである．しかし，4.3 節の最初の例題で述べたように，1 次分数関数は $\widehat{\mathbb{C}}$ から $\widehat{\mathbb{C}}$ への等角同相写像であるから，$D \neq \widehat{\mathbb{C}}$ のとき複素球面を回転して $D \subset \mathbb{C}$ となる場合に帰着することができる．

定理 14.15（**リーマンの写像定理**）複素平面から無限遠に伸びる連結な閉集合を除いた単連結領域は，すべて円領域 $D_0 = \{|z| < 1\}$ と同値である．

証明 無限遠に伸びる連結な閉集合を E とし，$a \in E$ を1つ固定する．もし $a \neq 0$ ならば，$\widehat{\mathbb{C}}$ から $\widehat{\mathbb{C}}$ への等角な同相写像である1次関数 $w = z/a - 1$ によって a, ∞ はそれぞれ $0, \infty$ に写るから，初めから $0 \in E$ として一般性を失わない．したがって E は原点から無限遠に伸びる連続曲線 C を含む．この曲線 C を切断線として適当に1価化した代数関数 $\sqrt{z}$ を考える．リーマン面で言えば，上の葉に領域 D が乗っており，その下にもう1枚の葉が重なっている．D が $w = \sqrt{z}$ によって領域 D' に写されるとすれば，明らかに $\sqrt{z}$ は D 上正則かつ単葉であるから $D \sim D'$ である．このとき，D' は w 平面の半分を占有する領域に含まれる（残りの半分は下の葉の像に対応する）．したがって D' と交わらない円領域 $U = \{|w - w_0| < \delta\}$ が存在する（図 14.4）．そこで1次分数関数
$$\zeta = \frac{1}{w - w_0}$$
によって領域 D' が D'' に写るとすれば $D' \sim D''$ である．$w \in D'$ のとき，対応する点 ζ は $|\zeta| \leq 1/\delta$ を満たすことから，D'' は有界な領域である．したがって，初めから D は有界な単連結領域であるとしてよい．

この定理の核心部である次の補題を先に証明しよう．一般に，領域 D 上の正則関数 $f(z)$ に対して次の記号を定める．

$$\|f\|_D = \sup_{z \in D} |f(z)|$$

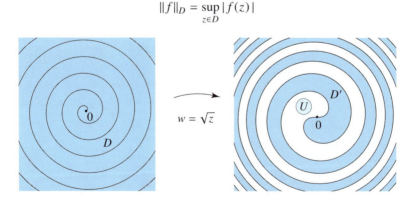

図 14.4 E が原点から伸びる螺旋の場合．

14.4 リーマンの写像定理

補題 14.16 D を D_0 に含まれる単連結領域とし $0 \in D, D \neq D_0$ を満たすとする．このとき，任意の $z_0 \in D_0 \setminus D$ に対して，D 上の正則単葉な関数 $f(z)$ で

$$f(0) = 0, \quad |f'(0)| = \frac{1+|z_0|}{2\sqrt{|z_0|}} \quad \text{および} \quad \|f\|_D \leq 1$$

を満たすものが構成できる．さらに $\sqrt{z_0}$ の表しうる 2 つ点のうち少なくとも片方は $f(D)$ に含まれない．

証明 まず 1 次分数関数 $\phi_1(z) = (z_0 - z)/(1 - \overline{z_0}z)$ は D_0 上で正則単葉であり，

$$\phi_1(0) = z_0, \quad \phi_1'(0) = |z_0|^2 - 1, \quad 0 \notin \phi_1(D) = D_1$$

を満たす (次ページの図 14.5 (a))．D_1 は単連結領域であるから，$D_0 \setminus D_1$ は原点から単位円 $|z| = 1$ に伸びる (集合として単位円に近づくという意味で，到達するとは限らない) 連続曲線 C' を含む．定理 14.15 の証明の最初の議論と同様に，曲線 C' を切断線として適当に 1 価化した代数関数 $\phi_2(z) = \sqrt{z}$ を D_1 上で考える (図 14.5 (b))．$\phi_2(z)$ は正則単葉であり，

$$\phi_2(z_0) = \sqrt{z_0}, \quad \phi_2'(z_0) = \frac{1}{2\sqrt{z_0}}, \quad 0 \notin \phi_2(D_1) = D_2$$

を満たす．最後に 1 次分数関数 $\phi_3(z) = (\sqrt{z_0} - z)/\left(1 - \overline{\sqrt{z_0}}z\right)$ を考えると，

$$\phi_3(\sqrt{z_0}) = 0, \quad \phi_3'(\sqrt{z_0}) = \frac{1}{|z_0| - 1}, \quad \sqrt{z_0} \notin \phi_3(D_2)$$

が成り立つ (図 14.5 (c))．そこで $f(z) = \phi_3 \circ \phi_2 \circ \phi_1(z)$ とおくと，$f(z)$ は D 上の正則単葉な関数であり，$f(0) = 0$ および

$$f'(0) = \phi_3'(\sqrt{z_0}) \cdot \phi_2'(z_0) \cdot \phi_1'(0) = \frac{1+|z_0|}{2\sqrt{z_0}}$$

を満たす．明らかに各 $\phi_k(D_0) \subset D_0$ であるから $\|f\|_D \leq 1$ である． □

（リーマンの写像定理の証明の続き） 適当な 1 次関数によって有界な単連結領域 D は D_0 の中に原点を含むように写されるから，最初から $0 \in D$ かつ $D \subset D_0$ であるとして一般性を失わない．そこで，D 上で定義された $f(0) = 0$ および $\|f\|_D \leq 1$ を満たす正則単葉な関数 $f(z)$ の集まりを $\mathscr{F}$ とし，

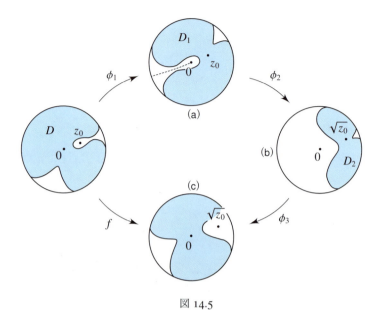

図 14.5

$$\gamma = \sup_{f \in \mathscr{F}} |f'(0)|$$

とおく．例えば $f(z) = z$ は $\mathscr{F}$ に属するから $\gamma \geq 1$ である．D に含まれる原点を中心とする半径 ρ の閉円板において正則な $f(z)/z$ に最大値原理 11.2 を適用すれば，

$$\left|\frac{f(z)}{z}\right| \leq \max_{|z|=\rho} \left|\frac{f(z)}{z}\right| \leq \frac{1}{\rho}$$

が成り立ち，$z \to 0$ とすれば $|f'(0)| \leq 1/\rho$ となるから γ は有限値として確定する．上限の定義から $\mathscr{F}$ に属する関数列 $\{f_n\}$ で，$n \to \infty$ のとき $|f_n'(0)| \to \gamma$ を満たすものが存在する．この関数列は一様に有界であるから正規族であり，D 上で広義一様収束する部分列がとれる．その極限関数を $\varphi(z)$ とおく．ワイエルシュトラスの 2 重級数定理 8.8 より $f_n'(0) \to \varphi'(0)$ であるから $|\varphi'(0)| = \gamma$ を得る．これより $\varphi(z)$ は定数ではないから，定理 14.11 より $\varphi(z)$ も D において正則単葉であり，$\varphi(0) = 0$ および $\|\varphi\|_D \leq 1$ であるから $\varphi \in \mathscr{F}$ が従う．

最後に，背理法によって $\varphi(D) = D_0$ を示そう．$\varphi(D) \subset D_0$ であるから，等しくないと仮定すれば，ある点 $z_0 \in D_0 \setminus \varphi(D)$ が存在する．すると補題14.16を $\varphi(D)$ に適用すれば，

$$\Phi(0) = 0, \quad |\Phi'(0)| = \frac{1+|z_0|}{2\sqrt{|z_0|}}, \quad \|\Phi\|_{\varphi(D)} \leq 1$$

を満たす $\varphi(D)$ 上の正則単葉な関数 $\Phi(z)$ が存在する．よって $F = \Phi \circ \varphi \in \mathscr{F}$ であるが，

$$|F'(0)| = |\Phi'(0) \cdot \varphi'(0)| = \gamma \frac{1+|z_0|}{2\sqrt{|z_0|}} > \gamma$$

となって，γ が上限であることに反する．□

注意 この証明では，同値な領域の境界間の対応については全く論じていない．境界の対応は非常に微妙な問題であり，カラテオドリやリンデレーフらによって深く研究された．

演習問題

80 単位円板 $D_0 = \{|z| < 1\}$ 内の点 z_0 を固定する．z_0 を零点にもつ D_0 上の正則関数の集まりを $\mathscr{F}$ とする．コンパクト集合 $K \subset D_0$ を任意に固定するとき，

$$\max_{z \in K} |f(z)| \leq \varkappa \|f\|_{D_0}$$

を満たす定数 $\varkappa \in (0,1)$ が $f \in \mathscr{F}$ に無関係にとれることを示せ．

81 領域 D と長さをもつパラメータ曲線 C に対して $\phi(z,w)$ を $D \times C$ で定義された2変数連続関数とし，$\phi(z,w)$ は $w \in C$ を固定するごとに z に関して D で正則であるとする．このとき

$$\Phi(z) = \int_C \phi(z,w)\,dw$$

は D で正則であることを示せ．

82 $\mathscr{F}(\mathbb{C},\mathbb{C}) = \{az+b \mid a,b \in \mathbb{C}, a \neq 0\}$ を示せ．

83 次の不定積分は円領域 $|z| < 1$ を正3角形の内部に等角写像することを示せ．

$$\int_0^z \frac{d\zeta}{(1-\zeta^3)^{2/3}}$$

第 15 章
楕 円 関 数

アーベルやヤコビによる楕円関数の研究が今日の関数論に至る原動力であったと言われている．積分 $\int_0^x \frac{dx}{\sqrt{1-x^2}}$ の逆関数が単一周期関数 $\sin x$ であることに類似して，根号の中を 3 次あるいは 4 次の多項式としたときの積分の逆関数が 2 重周期をもつ楕円関数となることが知られている．

15.1 楕 円 関 数

2 つの複素数 ω, η が $\mathrm{Im}(\omega\bar{\eta}) \neq 0$ を満たすならば，ω と η は $\mathbb{R}$ 上 1 次独立であり，$\Lambda = \{m\omega + n\eta \mid m, n \in \mathbb{Z}\}$ は複素平面内の格子を形成する．Λ の各点 $\lambda_{m,n} = m\omega + n\eta$ を**格子点**という．

定義 15.1 有理形関数 $f(z)$ が**楕円関数**であるとは，$\mathrm{Im}(\omega/\eta) \neq 0$ を満たす ω, η に対して，**2 重周期性** $f(z+\omega) = f(z), f(z+\eta) = f(z)$ が成り立つときにいう．このとき 4 点 $0, \omega, \eta, \omega+\eta$ を頂点とする平行 4 辺形で，辺としては原点を挟む 2 辺だけ，さらに頂点としては原点だけを含む集合 Δ を楕円関数 $f(z)$ の**基本領域**という（図 15.1）．

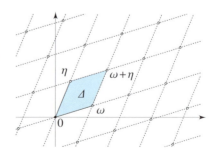

図 15.1
平面は基本領域 Δ を平行移動した無限個のタイルによって重なることなく埋め尽くされる．基本領域に含まれる格子点は原点のみである．また，$\mathbb{C}$ の任意の点は基本領域内のある 1 点と同値になり，基本領域のそれ以外の点とは同値ではない．原点以外の格子点を白丸で示した．Δ の面積は $|\mathrm{Im}(\omega\bar{\eta})|$ である．

15.1 楕円関数

$\mathbb{C}$ における同値関係 $z \sim w$ を $z - w \in \Lambda$ によって定める．任意の $w \in \mathbb{C}$ に対して，その点と同値な Δ の点がただ1つ存在する．楕円関数の周期性より，零点や極の個数などの関数としての情報は，基本領域 Δ を任意に平行移動した集合の上で考えて差し支えない．

定理 15.2 基本領域 Δ において正則な楕円関数は定数のみである．

[証明] 周期性より $\mathbb{C}$ で正則かつ有界であるからリウヴィルの定理 8.6 より定数である．□

定理 15.3 楕円関数の基本領域 Δ における留数和は 0 である．

[証明] 必要ならば基本領域を少し平行移動した Δ_0 をとり，その境界上に楕円関数 $f(z)$ の零点も極もないようにする．Δ_0 の周を反時計まわりに一周する閉曲線を C_0 とする．図 15.2 のように平行4辺形の辺を描く積分路を順に $L_1, \cdots, L_4$ とすれば $C_0 = L_1 + \cdots + L_4$ である．周期性より

$$\int_{L_1} f(z)\,dz + \int_{L_3} f(z)\,dz = 0,$$

$$\int_{L_2} f(z)\,dz + \int_{L_4} f(z)\,dz = 0$$

であるから，f の Δ_0 における留数和，すなわち Δ における留数和は

$$\frac{1}{2\pi i}\int_{C_0} f(z)\,dz = \sum_{k=1}^{4} \frac{1}{2\pi i}\int_{L_k} f(z)\,dz = 0. \quad \square$$

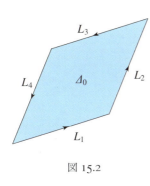

図 15.2

定義 15.4 楕円関数 $f(z)$ の基本領域 Δ における極の位数も込めた個数を f の**位数**という．

したがって定理 15.2 より位数が 0 の楕円関数は定数のみであり，定理 15.3 より位数が 1 の楕円関数は存在しない．

定理 15.5 位数が $P \geq 2$ の楕円関数は基本領域においてすべての値を重複度を込めて丁度 P 回とる.

証明 $\alpha \in \mathbb{C}$ を任意に固定する. もし $f(z) - \alpha$ の零点（これを α 点という）が Δ 内に無限個あるとすれば，少なくとも 1 つの集積点 α^* が存在する. ところが f は定数ではないから，α^* は f の正則点ではない. 明らかに極でもないから矛盾である. 必要ならば基本領域を少し平行移動した Δ_0 をとり，その境界上に α 点も極もないようにする. Δ_0 内の $f(z) - \alpha$ の重複度を込めた零点の個数を N とおけば，定理 12.1 より

$$\frac{1}{2\pi i} \int_{C_0} \frac{f'(z)}{f(z) - \alpha} dz = N - P.$$

ところが $f'(z)/(f(z) - \alpha)$ も楕円関数であるから，定理 15.3 より左辺は 0 に等しい. ゆえに $f(z)$ の Δ における α 点の個数は P である. □

したがって位数 $P \geq 2$ の楕円関数は基本領域を複素球面 $\widehat{\mathbb{C}}$ に P 重に写す.

定理 15.6 位数 $N \geq 2$ の楕円関数 $f(z)$ の基本領域内の零点と極を，それぞれ位数も込めて $a_1, \cdots, a_N, b_1, \cdots, b_N$ とおくと，

$$\sum_{k=1}^{N} a_k \sim \sum_{k=1}^{N} b_k.$$

証明 同様に，その周に零点も極もない Δ_0 で考える. 定理 12.2 より

$$\sum_{k=1}^{N} a_k - \sum_{k=1}^{N} b_k = \frac{1}{2\pi i} \int_{C_0} z \frac{f'(z)}{f(z)} dz$$

が成り立つ. $f'(z)/f(z)$ は楕円関数であるから，

$$\frac{1}{2\pi i} \left(\int_{L_1} + \int_{L_3} \right) z \frac{f'(z)}{f(z)} dz = \frac{1}{2\pi i} \int_{L_1} \left(z \frac{f'(z)}{f(z)} - (z+\eta) \frac{f'(z+\eta)}{f(z+\eta)} \right) dz$$

$$= -\frac{\eta}{2\pi i} \int_{L_1} \frac{f'(z)}{f(z)} dz = -\frac{\eta}{2\pi i} \int_{\Gamma_1} \frac{dw}{w}.$$

ここで Γ_1 は L_1 を $f(z)$ で変換したパラメータ曲線であり，f の周期性から閉曲線である. したがって右辺は $-\eta \cdot n(0; \Gamma_1)$ であるから η の整数倍である. 同様にして，L_2 と L_4 に対する積分の和は ω の整数倍である. □

15.2　ワイエルシュトラスの $\wp$ 関数

各格子点にのみ 2 位の極をもつ（したがって位数が 2 の）楕円関数

$$\wp(z) = \frac{1}{z^2} + {\sum}' \left(\frac{1}{(z-\lambda_{m,n})^2} - \frac{1}{\lambda_{m,n}^2} \right) \tag{15.1}$$

を**ワイエルシュトラスの $\wp$ 関数**[1]という．記号 ${\sum}'$ は $(0,0)$ を除いたすべての整数の組 (m,n) にわたる和を表す．まず，右辺の和が $\mathbb{C}\setminus\Lambda$ において絶対かつ広義一様収束することを示そう．$|z|\le r$ とする．$|\lambda_{m,n}|\le 2r$ を満たす格子点は有限個であるから，これら以外の格子点 $\lambda_{m,n}$ に対して

$$\left| \frac{1}{(z-\lambda_{m,n})^2} - \frac{1}{\lambda_{m,n}^2} \right| = \frac{|z|\cdot|2\lambda_{m,n}-z|}{|\lambda_{m,n}|^2|\lambda_{m,n}-z|^2} \le \frac{10r}{|\lambda_{m,n}|^3}$$

が成り立つ．よって右辺の和の収束性に帰着するが，それは次の補題より従う．

補題 15.7　$s>2$ のとき ${\sum}' \dfrac{1}{|\lambda_{m,n}|^s} < \infty$．

証明　$\mathrm{Im}(\omega\overline{\eta}) \ne 0$ であるから，$t\in\mathbb{R}$ が動くときの $|\omega\cos t + \eta\sin t|$ の最小値 σ は正である．よって $(m,n)\ne(0,0)$ のとき

$$|\lambda_{m,n}| = \sqrt{m^2+n^2}\left|\frac{m\omega+n\eta}{\sqrt{m^2+n^2}}\right| \ge \sigma\sqrt{m^2+n^2}$$

が成り立ち，示すべきことは

$${\sum}' \frac{1}{(m^2+n^2)^{s/2}} < \infty$$

に帰着する．$m=0,\pm 1$ あるいは $n=0,\pm 1$ に対する和の収束は明らかであるから，結局 $m,n\ge 2$ のときの 2 重和が収束することを示せばよい．実際，

$$\sum_{m,n\ge 2}\frac{1}{(m^2+n^2)^{s/2}} < \int_1^\infty\!\!\int_1^\infty \frac{dxdy}{(x^2+y^2)^{s/2}} < \int_1^\infty\!\!\int_0^{\pi/2} \frac{drd\theta}{r^{s-1}} < \infty$$

であるから，証明は完了した．□

---

[1] $\wp$ は "ペー" と読む．

次に (15.1) が ω, η の 2 重周期をもつことを示す．ワイエルシュトラスの 2 重級数定理 8.8 より，(15.1) の項別微分が許されて，$\mathbb{C} \setminus \Lambda$ において

$$\wp'(z) = -\sum_{m,n} \frac{2}{(z - \lambda_{m,n})^3}$$

を得る．右辺はすべての $m, n \in \mathbb{Z}$ にわたる和を表す．よって $\wp'(z+\omega) = \wp'(z)$ および $\wp'(z+\eta) = \wp'(z)$ が成り立つ．これより $\wp(z+\omega) - \wp(z)$ は定数であるが，特に $z = -\omega/2$ を代入すれば，その定数が 0 であることが従う．η についても同様である．

定理 15.8 $w = \wp(z)$ は微分方程式 $w'^2 = 4w^3 - g_2 w - g_3$ を満たす．ここで，

$$g_2 = 60 \sum{}' \frac{1}{\lambda_{m,n}^4}, \quad g_3 = 140 \sum{}' \frac{1}{\lambda_{m,n}^6}.$$

証明 $\wp(z)$ は偶関数であるから，$z = 0$ のまわりのローラン展開を

$$\wp(z) = \frac{1}{z^2} + \sum_{n=0}^{\infty} a_{2n} z^{2n} = \frac{1}{z^2} + \phi(z)$$

とおく．すると

$$\phi(z) = \sum{}' \left(\frac{1}{(z - \lambda_{m,n})^2} - \frac{1}{\lambda_{m,n}^2} \right)$$

であるから，

$$a_0 = 0, \quad a_2 = \frac{1}{2!} \phi''(0) = \frac{g_2}{20}, \quad a_4 = \frac{1}{4!} \phi^{(4)}(0) = \frac{g_3}{28}$$

が成り立つ．これより，$z \to 0$ のとき

$$\wp(z) = \frac{1}{z^2} + \frac{g_2}{20} z^2 + \frac{g_3}{28} z^4 + O(z^6) \tag{15.2}$$

の 3 乗から，

$$\wp^3(z) = \frac{1}{z^6} + \frac{3g_2}{20} \frac{1}{z^2} + \frac{3g_3}{28} + O(z^2) \tag{15.3}$$

および

$$\wp'(z) = -\frac{2}{z^3} + \frac{g_2}{10} z + \frac{g_3}{7} z^3 + O(z^5)$$

の 2 乗から，

$$\wp'^2(z) = \frac{4}{z^6} - \frac{2g_2}{5} \frac{1}{z^2} - \frac{4g_3}{7} + O(z^2) \tag{15.4}$$

15.2 ワイエルシュトラスの $\wp$ 関数

を得る．(15.2),(15.3),(15.4) から z の負ベキを消去すれば，

$$\wp'^2(z) - 4\wp^3(z) + g_2\wp(z) + g_3 = O(z^2)$$

を得る．左辺は格子点以外は正則な楕円関数であるが，原点は除去可能特異点であり零点でもある．よって定理15.2より左辺は恒等的に 0 に等しい．□

注意 定理15.8の微分方程式をさらに微分することによって次の公式を得る．

$$\wp''(z) = 6\wp^2(z) - \frac{g_2}{2}, \qquad \wp'''(z) = 12\wp(z)\wp'(z)$$

定理 15.9 基本領域における $\wp'(z)$ の零点は $\omega/2, \eta/2, (\omega+\eta)/2$ のみである．

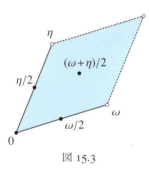

図 15.3

証明 明らかにこれらの3点は基本領域 $\varDelta$ に属する（図15.3）．$\wp'(z)$ は奇関数であるから，$\wp'(z+\omega) = \wp'(z)$ に $z = -\omega/2$ を代入して $\wp'(\omega/2) = 0$ を得る．残りの2点に対しても同様である．$\wp'(z)$ は位数 3 の楕円関数であるから，定理15.5より基本領域内にこれら以外の零点はない．□

定理 15.10 次の相異なる3点は代数方程式 $4z^3 - g_2 z - g_3 = 0$ の解である．

$$\wp\left(\frac{\omega}{2}\right), \quad \wp\left(\frac{\eta}{2}\right), \quad \wp\left(\frac{\omega+\eta}{2}\right)$$

言い換えれば，$w = \wp(z)$ は次の微分方程式を満たす．

$$w'^2 = 4\left(w - \wp\left(\frac{\omega}{2}\right)\right)\left(w - \wp\left(\frac{\eta}{2}\right)\right)\left(w - \wp\left(\frac{\omega+\eta}{2}\right)\right)$$

証明 定理の代数方程式を満たすことは定理15.8と定理15.9より明らか．したがって相異なる3点であることを示せばよい．$\wp(z)$ の位数は 2 であり，$\wp'(\omega/2) = 0$ であるから，$\wp(\omega/2)$ 点としての位数は 2 である．よって定理15.5より $\omega/2$ 以外の任意の点 $z \in \varDelta$ に対して $\wp(z) \neq \wp(\omega/2)$ が成り立つ．$\eta/2$ に対しても同様である．□

例題 $\begin{vmatrix} \wp(z) & \wp'(z) & 1 \\ \wp(w) & \wp'(w) & 1 \\ \wp(z+w) & -\wp'(z+w) & 1 \end{vmatrix} = 0$ を示せ．

解 まず $3w \notin \Lambda$ を満たす Δ 内の点 w を任意に固定し，左辺の行列式を $F(z)$ とおく．$F(z)$ の Δ 内の極の可能性は，原点と $w_1 \sim -w$ のみである．実際に行列式を展開し，原点の近傍で $\wp(z) = z^{-2} + O(1)$ および $\wp(z+w) = \wp(w) + O(z)$ などを代入すれば $F(z) = O(1)$ を得るから，$z = 0$ は $F(z)$ の除去可能特異点である．また $z = w_1$ の近傍で $\wp'(z+w) = -2(z-w_1)^{-3} + O(z-w_1)^{-2}$ を代入すると，$(z-w_1)^{-3}$ の係数は $\wp(-w) = \wp(w)$ より 0 である．以上から $F(z)$ は高々 2 位の楕円関数であるが，$F(w) = F(-w/2) = F(-2w) = 0$ より，これらの 3 点は互いに同値ではないから，定理 15.5 より $F(z)$ は定数 0 である．除外した w に対しても連続点なら成り立つ．■

定理 15.11　$\wp(z+w) = \dfrac{1}{4}\left(\dfrac{\wp'(z) - \wp'(w)}{\wp(z) - \wp(w)}\right)^2 - \wp(z) - \wp(w).$

証明 $\wp(z_0) \ne \wp(z_1)$ を満たす $\Delta \setminus \{0\}$ の 2 点 z_0, z_1 を任意に固定し，次の連立 1 次方程式から定数 a, b を定める．

$$\begin{pmatrix} \wp(z_0) & 1 \\ \wp(z_1) & 1 \end{pmatrix}\begin{pmatrix} a \\ b \end{pmatrix} = \begin{pmatrix} \wp'(z_0) \\ \wp'(z_1) \end{pmatrix} \tag{15.5}$$

このとき 3 位の楕円関数 $f(z) = a\wp(z) + b - \wp'(z)$ は $f(z_0) = f(z_1) = 0$ を満たす．定理 15.5 より $f(z)$ は基本領域内にもう 1 つの零点をもつから，これを z_2 とおく．定理 15.6 より $z_0 + z_1 + z_2 \sim 0$ であるから $f(-z_0 - z_1) = 0$ を得る．したがって

$$g(z) = (a\wp(z) + b)^2 - \wp'^2(z)$$

は零点 $z_0, z_1, -z_0 - z_1$ をもつ．定理 15.8 より $\wp'(z)$ を消去すれば，

$$g(z) = -4\wp^3(z) + a^2\wp^2(z) + (2ab + g_2)\wp(z) + b^2 + g_3$$

であるから，$\wp(z_0), \wp(z_1)$ および $\wp(-z_0 - z_1) = \wp(z_0 + z_1)$ は次の 3 次方程式

$$4z^3 - a^2 z^2 - (2ab + g_2)z - b^2 - g_3 = 0$$

を満たす．もし，これらの 3 点が相異なれば，根と係数の関係より

$$\wp(z_0) + \wp(z_1) + \wp(z_0 + z_1) = \frac{a^2}{4} \tag{15.6}$$

が成り立つが，実際に連立方程式 (15.5) を解いて a を求めれば，(15.6) は定理の加法公式に他ならない．

$\wp(z_0) = \wp(z_0 + z_1)$ のときは，z_0 の十分に小さい近傍 U がとれて，すべての $z \in U \setminus \{z_0\}$ に対して $\wp(z) \neq \wp(z + z_1)$ が成り立つようにできる．なぜなら，もし $\wp(w_n) = \wp(w_n + z_1)$ を満たす z_0 に集積する点列 $\{w_n\}$ が存在したとすれば，一致の定理 9.5 より $\wp(z) = \wp(z + z_1)$ となり，z_1 が極になるからである．また，$\wp(z_0) \neq \wp(z_1)$ であるから，必要ならばさらに小さく U をとり直して，すべての $z \in U$ に対して $\wp(z) \neq \wp(z_1)$ であるとしてよい．

そこで z_0 の代わりに $z \in U \setminus \{z_1\}$ を任意に選んで上述の議論を繰り返せば，(15.5) に対応する連立方程式の解を $a(z), b(z)$ とおいて，(15.6) の代わりに

$$\wp(z) + \wp(z_1) + \wp(z + z_1) = \frac{a^2(z)}{4}$$

を得る．これより $z \to z_0$ の極限をとれば，結局この場合にも (15.6) が成り立つ．$\wp(z_1) = \wp(z_0 + z_1)$ のときも同様である．□

加法定理において極限 $w \to z$ をとれば，ただちに次の公式を得る．

系 15.12 $\quad \wp(2z) = \dfrac{1}{4}\left(\dfrac{\wp''(z)}{\wp'(z)}\right)^2 - 2\wp(z)$.

15.3　ヤコビの sn 関数

$Q(z)$ を複素数係数の 3 次あるいは 4 次の多項式とする．z, w の 2 変数有理関数 $R(z, w)$ に対して

$$\int R(z, \sqrt{Q(z)})\, dz$$

という形の積分を**楕円積分**という．この節では第 1 種楕円積分と呼ばれる次の形の積分

$$\int \frac{dz}{\sqrt{(1-z^2)(1-k^2 z^2)}}$$

の逆関数として導かれる楕円関数を取り扱う．

注意　ワイエルシュトラスの $\wp$ 関数の基本領域 Δ 内の z_0 から z に至る長さをもつパラメータ曲線 $C = \{z(t) | a \leq t \leq b\}$ は $\wp'(z)$ の零点や極を通らないとする．C を

$w = \wp(z)$ によって変換したパラメータ曲線 $\{w(t) = \wp \circ z(t) \mid a \le t \le b\}$ を Γ とする．C 上で $\sqrt{4w^3(t) - g_2 w(t) - g_3}$ が連続になるように $\sqrt{\ }$ を適切に1価化すれば，$w'(t) = \wp' \circ z(t) \cdot z'(t)$ と定理15.8 より

$$z - z_0 = \int_a^b z'(t)\,dt = \int_a^b \frac{w'(t)}{\sqrt{4w^3(t) - g_2 w(t) - g_3}}\,dt = \int_{\wp(z_0)}^{\wp(z)} \frac{dw}{\sqrt{4w^3 - g_2 w - g_3}}$$

となる．すなわちワイエルシュトラスの $\wp$ 関数は楕円積分の逆関数である．

楕円積分の逆関数として楕円関数を導くには，したがって，逆関数としての定義とともに2重周期性を示す必要があるから，前節の直接的な定義と比べてやや面倒な手順を踏むことになる．

$0 < k < 1$ をパラメータとして $Q(z) = (1 - z^2)(1 - k^2 z^2)$ とおく．$Q(z)$ は4つの実零点 $\pm 1, \pm 1/k$ をもつ．次に，代数関数 $\sqrt{z}$ を正の実数の平方根が正数になるように定め，リーマン面の2枚の葉が負の実軸の部分において（交わることなく）入れ替わるとする．$t \ge 0$ が動くとき $Q(z) = -t$ を満たす z の集合は，実軸上の2つの線分 $L_1 = [-1/k, -1], L_2 = [1, 1/k]$ と双曲線

$$E = \left\{ z = x + iy \,\middle|\, x^2 - y^2 = \frac{1}{2} + \frac{1}{2k^2} \right\}$$

の和集合となる．しかし $\sqrt{Q(z)}$ のリーマン面の2枚の葉が入れ替わる切断線としては扱いにくい．そこで積の形 $\varphi(z) = \sqrt{1 - z^2} \sqrt{1 - k^2 z^2}$ で考えると，今度は2枚の葉が入れ替わる場所は単に2つの線分 $L_1 \cup L_2$ となる（図15.4）．

例えば $x > 1/k$ の場合は，$z = x + i\epsilon$, $\epsilon \to 0 \pm 0$ のとき，複号同順で

$$\sqrt{1 - z^2} \to \mp i \sqrt{x^2 - 1},$$
$$\sqrt{1 - k^2 z^2} \to \mp i \sqrt{k^2 x^2 - 1}$$

となるから，極限の方向に関係なく両者の積は同一であり，ゆえに連続的につながる．さらに，実軸から $L_1 \cup L_2$ を除いた区間では上下の葉に関係なく同じ関数値をとる．一方，任意の $1 < x < 1/k$ に対しては，$z = x + i\epsilon$,

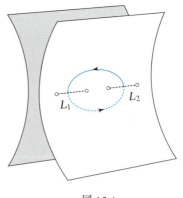

図 15.4

15.3 ヤコビの sn 関数

$\epsilon \to 0\pm 0$ のとき，複号同順で

$$\sqrt{1-z^2} \to \mp i\sqrt{x^2-1}, \quad \sqrt{1-k^2z^2} \to \sqrt{1-k^2x^2}$$

となり，極限の方向によって両者の積の値が異なる．つまり $L_1 \cup L_2$ は異なる葉に入り込む入れ替わりが生じる場所である．

こうして上半平面 $\mathrm{Im}\, z > 0$ と原点を含む $\mathbb{C} \setminus \{\pm 1, \pm 1/k\}$ 内の任意の単連結領域において不定積分

$$F(w) = \int_0^w \frac{dz}{\sqrt{1-z^2}\sqrt{1-k^2z^2}} \tag{15.7}$$

が定義でき，そこで正則な関数を表す．右辺の被積分関数は偶関数であるから，$F(w)$ はただちに $\mathbb{C} \setminus \{\pm 1, \pm 1/k\}$ 上の奇関数として解析接続される．また，$z \to 1$ のとき $1/|\varphi(z)| = O(|z-1|^{-1/2})$ が成り立つことから，$F(w)$ は代数分岐点 $\pm 1, \pm 1/k$ に連続拡張される．特に $F(1)$ の値をパラメータ k の関数として

$$K(k) = \int_0^1 \frac{dx}{\sqrt{1-x^2}\sqrt{1-k^2x^2}}$$

とおく．パラメータを明示する必要のない場合は単に K と書く．右辺の実広義積分を**第1種完全楕円積分**[2]という．これに関連して

$$K'(k) = \int_1^{1/k} \frac{dx}{\sqrt{x^2-1}\sqrt{1-k^2x^2}}$$

とおく[3]．L_2 上では $\sqrt{1-z^2} = -i\sqrt{x^2-1}$ であるから，次式を得る．

$$F\left(\frac{1}{k}\right) = F(1) + \int_1^{1/k} \frac{dw}{\sqrt{1-w^2}\sqrt{1-k^2w^2}} = K(k) + iK'(k)$$

補題 15.13 F は上半平面を長方形領域 Ω に等角単葉に写す．この長方形の 4 頂点は $\pm K, \pm K + iK'$ である．さらに実軸を Ω の辺に 1 対 1 連続に写す．

[証明] w が実軸上の区間を 0 から 1 まで動くとき，$F(w)$ は単調に 0 から K ま

---
[2] 変数変換 $x = \sin\theta$ によって $K(k) = \int_0^{\pi/2} \frac{d\theta}{\sqrt{1-k^2\sin^2\theta}}$ となる．これは 7.1 節の例題でレムニスケートの周長に関連して登場した．

[3] 記号的には $K(k)$ の導関数と混同しやすいので注意すること．

で実軸上を動く．また w が 1 から $1/k$ まで動くとき，$F(w)$ は K から $K + iK'$ まで直線 $\mathrm{Re}\, w = K$ 上を単調に動く．さらに w が $1/k$ から ∞ まで動くとき，

$$\int_{1/k}^{x} \frac{dw}{\sqrt{1-w^2}\sqrt{1-k^2 w^2}} = -\int_{1/k}^{x} \frac{dt}{\sqrt{t^2-1}\sqrt{k^2 t^2 - 1}}$$

$$= -\int_{1/(kx)}^{1} \frac{ds}{\sqrt{1-s^2}\sqrt{1-k^2 s^2}}$$

(変換 $st = 1/k$ による) は $x \to \infty$ のとき $-K$ に収束するから，$F(w)$ は $K + iK'$ から iK' まで直線 $\mathrm{Im}\, z = K'$ 上を単調に動く．実軸の負の部分も同様である．よって上半平面の境界である実軸は長方形 Ω の境界と1対1連続に対応する．ゆえに定理14.9より，上半平面は長方形の内部に等角かつ単葉に写される．□

この補題より $F(w)$ の逆関数が Ω において定義される．これを $w = \mathrm{sn}(z)$ と書き**ヤコビの sn 関数**という．このときパラメータ k を $\mathrm{sn}\, z$ の**母数**といい，$k^2 + k'^2 = 1$ を満たす $k' > 0$ を $\mathrm{sn}\, z$ の**補母数**という．

定理 15.14 $\mathrm{sn}\, z$ は $4K$ と $2iK'$ を2重周期とする2位の楕円関数である．

[証明] $\mathrm{sn}\, z$ は Ω の周上で実数値をとるから，シュヴァルツの鏡像原理 9.7 より $\mathrm{sn}\, z$ は Ω から Ω' に解析接続される．ここで Ω' は $\pm K \pm iK'$ を4頂点とする長方形領域である．いま直線 $\mathrm{Re}\, z = K$ に関して z と線対称の位置にある点を $z^* = 2K - \bar{z}$ で表す．1次関数 $h(z) = -i(z - K)$ はこの直線を実軸に写し，$\mathrm{sn}\, z$ は Ω' の右側の辺で実

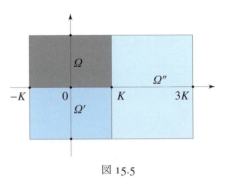

図 15.5

数値をとることから，関数 $\mathrm{sn} \circ h^{-1}(z)$ は線分 $[-K', K']$ 上で実数値をとり，再び鏡像原理を適用することによって，$\mathrm{sn}\, z$ は Ω' から Ω'' に解析接続される．ここで Ω'' は $-K \pm iK', 3K \pm iK'$ を4頂点とする長方形領域である（図15.5）．以上の操作を繰り返せば，結局 $\mathrm{sn}\, z$ は有理形関数として複素平面に解析接続される．このとき任意の $z \in \Omega''$ に対して

$$\mathrm{sn}\, z^* = \mathrm{sn} \circ h^{-1} \circ h(z^*) = \overline{\mathrm{sn} \circ h^{-1}\bigl(\overline{h(z^*)}\bigr)} = \overline{\mathrm{sn}\, \bar{z}}$$

15.3 ヤコビの sn 関数

が成り立つ. $(3K+iy)^* = -K+iy$ であるから, $|y| < K'$ において

$$\mathrm{sn}(3K+iy) = \overline{\mathrm{sn}(-K+iy)} = \mathrm{sn}(-K+iy)$$

となり, $\mathrm{sn}\,z$ は周期 $4K$ をもつ. 同様にして周期 $2iK'$ をもつことが示せる. よって $\mathrm{sn}\,z$ の基本領域 Δ は $0, 4K, 2iK', 4K+2iK'$ を4頂点にもつ長方形であり, Δ を $\mathbb{C}$ に2重に写すことから $\mathrm{sn}\,z$ の位数は2である. □

以下に $\mathrm{sn}\,z$ に関する基本的な性質や公式をいくつかまとめておく.

ア $\mathrm{sn}\,z$ は基本領域内に1位の零点 $0, 2K$ と1位の極 $iK', 2K+iK'$ をもつ.

証 $(2K)^* = 0$ であるから $\mathrm{sn}(2K) = 0$ である. また,

$$\lim_{x \to \infty} F(x) = K + iK' - \int_{1/k}^{\infty} \frac{dt}{\sqrt{t^2-1}\sqrt{k^2t^2-1}} = iK'$$

より, iK' は $\mathrm{sn}\,z$ の極であり, $(iK')^* = 2K + iK'$ もそうである. 定理15.5より零点と極の位数は1である. ■

イ $\mathrm{sn}(z+2K) = -\mathrm{sn}\,z$.

証 $F(w)$ は純虚数を純虚数に写すから $\mathrm{sn}(2K+iy) = \overline{\mathrm{sn}(iy)} = -\mathrm{sn}(iy)$ である. よって極を除いて $\mathrm{sn}(z+2K) + \mathrm{sn}\,z = 0$ が成り立つ. ■

ウ $\mathrm{sn}\,K = 1$ および $\mathrm{sn}(K+iK') = 1/k$.

証 K, K' の定義から明らか. ■

エ $(\mathrm{sn}\,z)'$ の零点は $\pm K$ あるいは $\pm(K+iK')$ と同値である.

証 $F \circ \mathrm{sn}(z) = z$ を微分して $w = \mathrm{sn}\,z$ の満たす微分方程式

$$w' = \sqrt{1-w^2}\sqrt{1-k^2w^2}$$

を得る. したがって $(\mathrm{sn}\,z)' = 0$ となるのは $\mathrm{sn}\,z = \pm 1$ あるいは $\mathrm{sn}\,z = \pm 1/k$ のときに限る. ウ より $\mathrm{sn}(\pm K) = \pm 1, \mathrm{sn}(\pm(K+iK')) = \pm 1/k$ は2重値である. $\mathrm{sn}\,z$ の位数は2であるから, それらに同値でない点で ± 1 あるいは $\pm 1/k$ の値をとることはない. ■

オ $\mathrm{sn}\,z = z - \dfrac{1+k^2}{3!}z^3 + \dfrac{1+14k^2+k^4}{5!}z^5 - \cdots.$

証 $|z|<1$ において

$$\frac{1}{\sqrt{1-z^2}\sqrt{1-k^2z^2}} = 1 + \frac{1+k^2}{2}z^2 + \frac{3+2k^2+3k^4}{8}z^4 + \cdots$$

であるから，積分して

$$F(w) = w + \frac{1+k^2}{6}w^3 + \frac{3+2k^2+3k^4}{40}z^5 + \cdots$$

を得る．$F'(0) \neq 0$ であるから，定理 5.9 で示したように $\operatorname{sn} z$ の整級数を未定係数法によって順次求めることができる．■

次に sn 関数から，cn 関数および dn 関数を次のように定める．

$$\operatorname{cn} z = \sqrt{1 - \operatorname{sn}^2 z}, \quad \operatorname{dn} z = \sqrt{1 - k^2 \operatorname{sn}^2 z}$$

少なくとも $z=0$ の近傍においては $\sqrt{z}$ の定め方より $\operatorname{cn} z$ は $\operatorname{cn} 0 = 1$ を満たす正則関数として定まる．しかしこの定義からは $\operatorname{cn} z$ が代数分岐点をもつ可能性がある．性質 エ で述べたように，例えば $z=K$ は $\operatorname{sn} z - 1$ の 2 位の零点であるから，$z=K$ の近傍において $1 - \operatorname{sn}^2 z = (z-K)^2 g(z)$, $g(K) \neq 0$ と表せる．$\operatorname{sn} z$ の位数は 2 であるから $(\operatorname{sn} z)''$ は $z=K$ で 0 にならないからである．そうすると $\sqrt{1-\operatorname{sn}^2 z} = (z-K)\sqrt{g(z)}$ が成り立つように $\sqrt{g(z)}$ の符号を選ぶことができるから，左辺を $z=K$ の近傍に解析接続することができる．極に対しても，例えば $z = iK'$ の近傍で $1 - \operatorname{sn}^2 z = (z - iK')^{-2} g_0(z)$, $g_0(iK') \neq 0$ と表せるから，$\sqrt{1 - \operatorname{sn}^2 z} = (z - iK')^{-1}\sqrt{g_0(z)}$ が成り立つように $\sqrt{g_0(z)}$ を選ぶことができて，やはり $z = iK'$ は $\sqrt{1 - \operatorname{sn}^2 z}$ の 1 位の極になる．したがって $\operatorname{cn} z$ は偶関数の有理形関数である．同様に $\operatorname{dn} z$ も偶関数の有理形関数である．

カ　$\operatorname{sn}^2 z + \operatorname{cn}^2 z = 1$ および $k^2 \operatorname{sn}^2 z + \operatorname{dn}^2 z = 1$．

キ　$\operatorname{cn} z = 1 - \dfrac{z^2}{2!} + \dfrac{1+4k^2}{4!}z^4 - \cdots$．

ク　$\operatorname{dn} z = 1 - \dfrac{k^2}{2!}z^2 + \dfrac{4k^2+k^4}{4!}z^4 - \cdots$．

定理 15.15　$\operatorname{cn} z$ は $4K, 2K+2iK'$ を，$\operatorname{dn} z$ は $2K, 4iK'$ をそれぞれ 2 重周期とする 2 位の楕円関数である．

15.3 ヤコビの sn 関数

[証明] [イ]において $z = w - K$ を代入すると $\text{sn}(K+w) = \text{sn}(K-w)$ となるから $\text{cn}^2(K+w) = \text{cn}^2(K-w)$ が従う．もし $\text{cn}(K+w) = \text{cn}(K-w)$ であるならば，$w = K$ において $(\text{cn}\,w)' = 0$ である．一方，sn の満たす微分方程式より $(\text{sn}\,w)' = \text{cn}\,w\,\text{dn}\,w$ であるから，$\text{sn}^2 w + \text{cn}^2 w = 1$ を微分して，

$$(\text{cn}\,w)' = -\frac{\text{sn}\,w\,(\text{sn}\,w)'}{\text{cn}\,w} = -\text{sn}\,w\,\text{dn}\,w$$

を得る．よって $w = K$ において $(\text{cn}\,w)' \neq 0$ となり矛盾である．したがって $\text{cn}(K+w) = -\text{cn}(K-w)$ が成り立ち，ゆえに

$$\text{cn}(z + 4K) = -\text{cn}(-2K - z) = -\text{cn}(2K + z) = \text{cn}\,z \qquad (15.8)$$

となる．$2iK'$ に対しても，そして dn に対しても同様である．$\text{sn}\,z$ は領域 Ω' を $\mathbb{C}$ に単葉に写し，$1 - \text{sn}^2 z$ による像は 2 枚の $\mathbb{C}$ になるが $\sqrt{}$ をとるので 1 枚になる．つまり $\text{cn}\,z$ も 2 位の楕円関数である．dn についても同様である．□

定理 15.16　
$$\text{sn}(z+w) = \frac{\text{sn}\,z\,\text{cn}\,w\,\text{dn}\,w + \text{sn}\,w\,\text{cn}\,z\,\text{dn}\,z}{1 - k^2 \text{sn}^2 z\,\text{sn}^2 w}.$$

[証明] $\pm K, \pm K + 2iK'$ を頂点とする長方形を Ω_0 とし，$w \neq 0, iK' - w \in \Omega_0$ を満たす w を任意に固定する．$f(z) = \text{sn}\,z\,\text{sn}(z+w)$ と $g(z) = \text{cn}\,z\,\text{cn}(z+w)$ はともに $2K, 2iK'$ を周期にもつ z の関数である．それぞれの Ω_0 内の f, g の極はともに 1 位の極 $iK', iK' - w$ のみである．よってそれぞれ Ω_0 を基本領域とする 2 位の楕円関数である．次に，

$$h(z) = \text{cn}\,z\,\text{cn}(z+w) + a\,\text{sn}\,z\,\text{sn}(z+w)$$

が $z = iK'$ において極をもたないように定数 a を選ぶ．この楕円関数の位数は 1 以下であるから $h(z)$ は定数である．よって $z = 0$ を代入して $h(z) = \text{cn}\,w$ を得る．すなわち，z に関して恒等的に

$$\text{cn}\,z\,\text{cn}(z+w) + a\,\text{sn}\,z\,\text{sn}(z+w) = \text{cn}\,w$$

が成り立つ．この両辺を微分して再び $z = 0$ を代入すれば，$(\text{sn}\,w)' = \text{cn}\,w\,\text{dn}\,w$ および $(\text{cn}\,w)' = -\text{sn}\,w\,\text{dn}\,w$ を用いて

$$0 = (\text{cn}\,w)' + a\,\text{sn}\,w = -\text{sn}\,w\,\text{dn}\,w + a\,\text{sn}\,w$$

が従う. Ω_0 内の $\operatorname{sn} w$ の零点は原点のみであるから, $w \neq 0$ より $\operatorname{sn} w \neq 0$, すなわち $a = \operatorname{dn} w$ を得る. 以上から

$$\operatorname{cn} z \operatorname{cn}(z+w) + \operatorname{dn} w \operatorname{sn} z \operatorname{sn}(z+w) = \operatorname{cn} w \tag{15.9}$$

が成り立つ. cn の代わりに dn を使って同様の議論を行えば,

$$\operatorname{dn} z \operatorname{dn}(z+w) + k^2 \operatorname{sn} z \operatorname{sn}(z+w) = \operatorname{dn} w$$

も得る. そこで $z = -\alpha, z+w = \beta$ とおけば, 次の2つの式を得る.

$$\begin{cases} \operatorname{cn}\alpha \operatorname{cn}\beta - \operatorname{dn}(\alpha+\beta) \operatorname{sn}\alpha \operatorname{sn}\beta = \operatorname{cn}(\alpha+\beta) \\ \operatorname{dn}\alpha \operatorname{dn}\beta - k^2 \operatorname{cn}(\alpha+\beta) \operatorname{sn}\alpha \operatorname{sn}\beta = \operatorname{dn}(\alpha+\beta) \end{cases}$$

これを $\operatorname{cn}(\alpha+\beta)$ と $\operatorname{dn}(\alpha+\beta)$ を未知数とする連立1次方程式とみて解いた後に $z = \alpha, w = \beta$ と置き換えれば,

$$\operatorname{cn}(z+w) = \frac{\operatorname{cn} z \operatorname{cn} w - \operatorname{sn} z \operatorname{dn} z \operatorname{sn} w \operatorname{dn} w}{1 - k^2 \operatorname{sn}^2 z \operatorname{sn}^2 w}$$

を得る. 最後にこれを (15.9) に代入すれば定理の加法公式が従う. □

演習問題

[84] ヤコビの楕円関数 $\operatorname{sn} z$ の母数 k と補母数 k' に対して $K(k') = K'(k)$ を示せ.

[85] パラメータ $0 < k < 1$ をもつヤコビの楕円関数 $\operatorname{sn} z$ に対して, $\omega = 2K(k)$ と $\eta = 2iK'(k)$ を2重周期にもつワイエルシュトラスの楕円関数を $\wp(z)$ とおく. 次式を示せ.

$$\wp(z) - \wp\left(\frac{\eta}{2}\right) = \frac{1}{\operatorname{sn}^2 z}$$

[86] 任意の正数 λ に対して $K'(k)/K(k) = \lambda$ を満たすパラメータ $k \in (0, 1)$ が存在することを示せ.

[87] まえがきで述べた問題「第1象限内にあるレムニスケート曲線 $r^2 = 2\cos 2\theta$ の長さを2等分する点の座標 (x_0, y_0) を求めよ」を, ヤコビの sn 関数の加法定理 15.16 を用いて解け.

ヒントと解答

第 1 章

[1] 例えば $z_n = i^n/\sqrt{n}$.

[2] $\alpha = \langle w, w \rangle, \beta = \langle z, w \rangle, \gamma = \langle z, z \rangle$ とおくと,
$$0 \leq \langle \alpha z - \beta w, \alpha z - \beta w \rangle = |\alpha|^2 \langle z, z \rangle - \overline{\alpha}\beta \langle w, z \rangle - \alpha \overline{\beta} \langle z, w \rangle + |\beta|^2 \langle w, w \rangle$$
$$= \alpha(\alpha\gamma - |\beta|^2).$$

よって $\alpha > 0$ のとき $|\beta|^2 \leq \alpha\gamma$ が成り立つが, $\alpha = 0$ のときも正しい. w は任意であるから $\overline{w}$ で置き換えればよい.

[3] $c \in (a,b)$ を任意の分点とし $\alpha = \int_a^b z(t)\, dt, \beta = \int_a^c z(t)\, dt$ および $\gamma = \int_c^b z(t)\, dt$ とおく. $z(t) \equiv 0$ のときは明らかなので $\alpha \neq 0$ とする.

$$|\beta| + |\gamma| \leq \int_a^b |z(t)|\, dt = \left|\int_a^b z(t)\, dt\right| = |\beta + \gamma| \leq |\beta| + |\gamma|$$

であるから, 上の不等式はすべて等号であり, $|\beta + \gamma| = |\beta| + |\gamma|$ かつ

$$\left|\int_a^c z(t)\, dt\right| = \int_a^c |z(t)|\, dt, \quad \left|\int_c^b z(t)\, dt\right| = \int_c^b |z(t)|\, dt$$

が成り立つ. $\alpha = \beta + \gamma \neq 0$ であるから, ある $s \geq 0$ によって $\beta = s\alpha, \gamma = (1-s)\alpha$ と表せる. したがって任意の部分区間 $J \subset [a,b]$ に対して, ある $s_J \geq 0$ によって $\int_J z(t)\, dt = s_J \alpha$ と表せる. 任意の $t_0 \in (a,b)$ に対して $J = [t_0, t_0 + h]$ という微小な区間をとれば $\dfrac{1}{h}\int_{t_0}^{t_0+h} z(t)\, dt = \dfrac{s_J}{h}\alpha$ の $h \to 0$ のときの極限値 $z(t_0)$ も $s^*\alpha$ と表せる. この s^* を $r(t_0)$ と定めれば, $r(t)$ は非負の値をとる連続関数である.

[4] $\alpha = \int_a^b |z(t)|^2\, dt, \beta = \int_a^b |w(t)|^2\, dt$ とおく. コーシー-シュヴァルツの不等式から

$$\int_a^b |z(t) + w(t)|^2\, dt = \int_a^b (z(t) + w(t))\left(\overline{z(t)} + \overline{w(t)}\right) dt$$
$$\leq \alpha + \beta + \left|\int_a^b z(t)\,\overline{w(t)}\, dt\right| + \left|\int_a^b \overline{z(t)}\, w(t)\, dt\right|$$
$$\leq \alpha + \beta + 2\sqrt{\alpha\beta} = (\sqrt{\alpha} + \sqrt{\beta})^2.$$

5 $$0 \le \int_0^1 \left(z(t) - \sum_{n=-N}^{N} c_n e^{2\pi i n t}\right)\left(\overline{z(t)} - \sum_{n=-N}^{N} \overline{c_n} e^{-2\pi i n t}\right) dt$$
$$= \int_0^1 |z(t)|^2 dt - \sum_{n=-N}^{N} |c_n|^2.$$

N は任意であるから，ベッセルの不等式が従う．

6 上からの評価は命題 1.1 より明らか．下からの評価については，
$$|e^{is} - e^{it}| = |e^{i(s-t)} - 1| = 2\sin\frac{|s-t|}{2} \ge \frac{2}{\pi}|s-t|.$$

第 2 章

7 xy 平面の任意の直線は実定数 a, b, c を用いて $ax+by+c=0$ と表せる．これに $x=(z-\bar z)/2, y=-i(z-\bar z)/2$ を代入すれば $\alpha = a - ib$ とおいて $\mathrm{Re}(\alpha z) + c = 0$ を得る．a, b はともに 0 ではないので，適当に正数を乗じて $|\alpha|=1$ とできる．

8 $|(z-\alpha)/(z-\beta)| = R$ とおく．z と 2 点 α, β からの距離の比が $R:1$ である．$R=1$ のときは例外となり，z の軌跡は線分 $\alpha\beta$ の垂直 2 等分線である．$R \ne 1$ のとき，1.1 節の性質(5)を用いて $|z-\alpha|^2 = R^2|z-\beta|^2$ を展開すれば
$$z\bar z - \frac{\bar\alpha - R^2\bar\beta}{1-R^2}z - \frac{\alpha - R^2\beta}{1-R^2}\bar z + \frac{|\alpha|^2 - R^2|\beta|^2}{1-R^2} = 0$$
となる．これを整理して円の方程式 $\left|z - \dfrac{\alpha-R^2\beta}{1-R^2}\right| = \dfrac{R|\alpha-\beta|}{|1-R^2|}$ を得る．

9 $z=0$ および $0 < |z| < \min\left(\dfrac{1}{|\sin(\arg z)|}, \dfrac{1}{|\cos(\arg z)|}\right)$．

10 背理法による．正 3 角形の一辺の長さを ℓ とおく．この面積は $S = \sqrt{3}\ell^2/4$ であるが，ピタゴラスの定理から ℓ^2 は整数であり，よって S は $\sqrt{3}$ の有理数倍，つまり無理数になる．一方，この正 3 角形を両軸に平行な長方形で囲むと，S は長方形の面積(整数)から数個の直角 3 角形の面積(半整数)を引いたもの，つまり有理数となり矛盾である．

11 平行移動して初めから $\alpha=0$ としておく．このとき条件式は $\beta^2 + \gamma^2 = \beta\gamma$，つまり $(\beta/\gamma)^2 - \beta/\gamma + 1 = 0$ となる．これは $\beta/\gamma = e^{\pm \pi i/3}$ と同値であるから，問題の条件式と 3 点 $0, \beta, \gamma$ が正 3 角形の頂点となることとは同値である．

12 2.2 節の 3 番目の例題に登場した (2.1) の形である．あるいは，問題の複素数を z とおけば $\bar z = \dfrac{(e^{-i\theta}-e^{-i\omega})(e^{-i\sigma}-e^{-i\tau})}{(e^{-i\theta}-e^{-i\sigma})(e^{-i\omega}-e^{-i\tau})} = z$．

13 $\boldsymbol{F}_n = {}^t(F(0), F(1), \cdots, F(n-1))$, $\boldsymbol{f}_n = {}^t(f(0), f(1), \cdots, f(n-1))$ とおくと，離散フーリエ変換は $\mathbb{C}^n$ 上の線形変換 $\boldsymbol{F}_n = A_\zeta^{-1}\boldsymbol{f}_n$, $\zeta = e^{2\pi i/n}$ を導く．ただし $A_z = \left(z^{(k-1)(\ell-1)}\right)_{1 \le k, \ell \le n}$ は n 次正方行列である．すると積 $A_\zeta A_{\zeta^{-1}}$ の第 (k, ℓ) 成分は，$\omega = \zeta^{k-\ell}$ とおいて

ヒントと解答

$$\sum_{m=1}^{n} \zeta^{(k-1)(m-1)} \cdot \zeta^{-(m-1)(\ell-1)} = \sum_{m=1}^{n} \zeta^{(k-\ell)(m-1)} = 1 + \omega + \omega^2 + \cdots + \omega^{n-1}$$

となる．ところが ζ は 1 の原始 n 乗根であるから，$\omega = 1$ となるのは $k = \ell$ のときに限る．また $\omega \neq 1$ のとき右辺は $\dfrac{\omega^n - 1}{\omega - 1} = \dfrac{\zeta^{n(k-\ell)} - 1}{\omega - 1} = 0$ となるから，以上まとめて $A_\zeta A_{\zeta^{-1}} = nI_n$ を得る．ここで I_n は単位行列である．よって $A_{\zeta^{-1}}$ は正則であり，その逆行列は $(1/n)A_\zeta$ に等しい．ちなみに，標本点の個数 n が 2 の累乗のとき，離散フーリエ変換を高速に計算するアルゴリズム（いわゆる高速フーリエ変換）が知られている．ガウスはこれをすでに1805年頃に発見していたという．

⑭ $f(z)$ は原点において連続ではない．なぜなら $x \to 0$ のとき

$$f(x + ix^2) = \frac{2i(1 + ix)^2}{(1 + ix)^4 - 4} \to -\frac{2}{3}i \neq 0$$

となるからである．この推論は $\sup\limits_{0 \le \theta < 2\pi} \lim\limits_{r \to 0} |f(re^{i\theta})| = 0$ を主張しているのであって，$f(z)$ が $z = 0$ で連続をいうには $\lim\limits_{r \to 0} \sup\limits_{\substack{0 < \rho < r \\ 0 \le \theta < 2\pi}} |f(\rho e^{i\theta})| = 0$ を示さねばならない．

⑮ $z \in D$ が動くとき $1 + f(z)$ が虚軸に触れないことを示せば十分である．そこで $1 + f(z_0) = si, s \in \mathbb{R}$ と仮定すれば，$|f(z_0)| = |si - 1| = \sqrt{1 + s^2} \ge 1$ となって矛盾を得る．

第3章

⑯ $z = x + iy$ とする．(ξ, η) 平面の点 (x, y) は立体射影 Ψ によって Σ 上の点 $\left(\dfrac{2x}{x^2 + y^2 + 1}, \dfrac{2y}{x^2 + y^2 + 1}, \dfrac{x^2 + y^2 - 1}{x^2 + y^2 + 1}\right)$ に写り，ξ 軸まわりの $90°$ 回転によって点 $\left(\dfrac{2x}{x^2 + y^2 + 1}, \dfrac{1 - x^2 - y^2}{x^2 + y^2 + 1}, \dfrac{2y}{x^2 + y^2 + 1}\right)$ に写る．これを Ψ^{-1} で引き戻せば $\left(\dfrac{2x}{x^2 + (y-1)^2}, \dfrac{1 - x^2 - y^2}{x^2 + (y-1)^2}\right)$ になる．これに $x = \dfrac{z + \bar{z}}{2}, y = \dfrac{z - \bar{z}}{2i}$ を代入して $f(z) = \dfrac{z + i}{1 + iz}$ を得る．

⑰ 性質 ㋕ より明らか．

⑱ w を定数とする z の関数 $(z - w)/(1 - z\bar{w})$ は円領域 $|z| < 1$ をそれ自身に写す1次分数関数であるから明らか．不等式の両辺を平方しても直接示せる．

⑲ 簡単な計算から $|1 - \alpha\bar{z}|^2(1 - |\phi(z)|^2) = (1 - |\alpha|^2)(1 - |z|^2)$ が成り立つ．よって ϕ は単位円の内外 $|z| < 1, |z| > 1$ をそれぞれ同じ領域内に写す．$|z| = 1$

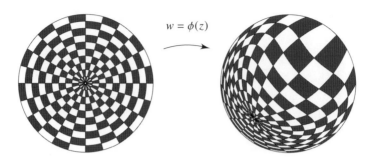

図 A. $\alpha = (1+i)/2$ のときの変換 ϕ. 等角写像ではない.

のとき，$z = e^{i\theta}$ とおけば，$\phi(e^{i\theta}) = \dfrac{e^{i\theta} - \alpha}{1 - \alpha e^{-i\theta}} = e^{i\theta}$ であるから，円周 $|z| = 1$ 上で ϕ は恒等写像である．さらに $w = \dfrac{z - \alpha}{1 - \alpha \bar{z}}$ と $\bar{w} = \dfrac{\bar{z} - \bar{\alpha}}{1 - \bar{\alpha} z}$ から $\bar{z}$ を消去して，
$$z = \phi^{-1}(w) = \frac{\alpha + w - \alpha w(\bar{\alpha} + \bar{w})}{1 - |\alpha w|^2}$$
を得る．すなわち，任意の $|w| < 1$ に対して $w = \phi(z)$ を満たす点 z は確かに存在する．いま，$w_0 = \phi(z_0)$ かつ $|w_0| < 1 < |z_0|$ を満たす z_0, w_0 が存在したとする．点 w_0 と原点 $w = 0$ を結ぶ線分 L は，上述の逆写像によって，2 点 z_0, α を結ぶ z 平面内の連続曲線 $\phi^{-1}(L)$ に写る．中間値の定理より $\phi^{-1}(L)$ は必ず円周 $|z| = 1$ と交点をもつが，その交点の ϕ による像は L 上の点であるから，ϕ が円周上で恒等写像であることに反する．つまり $|w| < 1$ に対応する z は $|z| < 1$ を満たす．この $|z| < 1$ を書き直した不等式が (iii) であり，$|z| = 1$ 以外に ϕ の不動点はない．

第 4 章

20 $(x, y) \neq (0, 0)$ のとき $\phi_y(x, y) = \dfrac{4i(x + iy)^3 (x^2 + y^2) - (x + iy)^4 \cdot 2y}{(x^2 + y^2)^2}$ であるから

$\phi_y(x, 0) = 4ix$ が $x \neq 0$ で成り立つ．$\phi_y(0, 0) = \lim\limits_{h \to 0} \dfrac{\phi(0, h) - \phi(0, 0)}{h} = \lim\limits_{h \to 0} h = 0$

であるから $\phi_{yx}(0, 0) = \lim\limits_{h \to 0} \dfrac{\phi_y(h, 0) - \phi_y(0, 0)}{h} = 4i$．同様にして $\phi_{xy}(0, 0) = -4i$．

21 $f(z)$ は $\mathbb{C} \setminus \{0\}$ で正則であるから，$z = 0$ において調べればよい．$f(x) = e^{-1/x^4}$，$f(iy) = e^{-1/y^4}$ より，
$$u(x, 0) = e^{-1/x^4}, \quad v(x, 0) = 0, \quad u(0, y) = e^{-1/y^4}, \quad v(0, y) = 0$$
であるから，原点において u_x, u_y, v_x, v_y は存在しすべて 0 に等しい．した

ヒントと解答

がって，すべての点でコーシー-リーマンの関係式を満たす．$|f(re^{i\theta})| = \exp(-r^{-4}\cos 4\theta)$ であるから，原点において連続ですらない．

㉒ $|z_0| < 1$ に対して $\dfrac{\phi(z) - \phi(z_0)}{z - z_0} = \dfrac{1}{1 - \alpha\overline{z}}\left(1 + \dfrac{\alpha(z_0 - \alpha)}{1 - \alpha\overline{z_0}} \dfrac{\overline{z - z_0}}{z - z_0}\right)$ である．$w \to 0$ のとき $\overline{w}/w$ は収束しないので，上式( )内の第2項が消えなければ $\phi(z)$ は微分可能ではない．よって $z_0 = \alpha$ のときのみ微分可能であり，その微係数は $(1 - |\alpha|^2)^{-1}$ となる．

㉓ $f(z) = u(x,y) + iv(x,y)$ とおく．条件より $|f(z)|^2 = u^2(x,y) + v^2(x,y) = c$ であり，この両辺を x, y で偏微分して $u\dfrac{\partial u}{\partial x} + v\dfrac{\partial v}{\partial x} = 0 = u\dfrac{\partial u}{\partial y} + v\dfrac{\partial v}{\partial y}$ を得る．つまり $\begin{pmatrix} u_x & v_x \\ u_y & v_y \end{pmatrix}\begin{pmatrix} u \\ v \end{pmatrix} = \begin{pmatrix} 0 \\ 0 \end{pmatrix}$ が D の各点で成り立つ．$c = 0$ のときは明らかに $f(z)$ は恒等的に 0 に等しい．$c > 0$ のとき，f は零点をもたないからコーシー-リーマンの関係式より D 上で $u_x^2 + u_y^2 = 0 = v_x^2 + v_y^2$，すなわち u_x, u_y, v_x, v_y はすべて恒等的に 0 に等しい．したがって D 上いたるところで $f'(z) = 0$ が成り立ち，4.2節の初めの例題から $f(z)$ は定数である．

㉔ 前問と同様に $f(z) = u + iv$ とおく．条件より $\overline{f^2(z)} = f^2(z) - 4iuv$ は D で正則である．そこで $f^2(z) = U + iV$ とおくと，コーシー-リーマンの関係式より $U_x = V_y = -V_y, U_y = -V_x = V_x$ が成り立つ．よって U_x, U_y, V_x, V_y はすべて恒等的に 0 に等しく，$f^2(z)$ は D 上で定数である．この定数を c とおく．$c \neq 0$ のとき，f は零点をもたないから $f'(z) = 0$ が成り立ち，$f(z)$ は定数である．$c = 0$ のときは明らかに $f(z) = 0$ である．

㉕ $f(z) = (az + b)/(cz + d)$ とおくと $|f'(z)| = |ad - bc|/|cz + d|^2$ であるから，$|f'(z)|$ は高々 1 点でしか ∞ に発散しない．よって f は単位円 $C = \{|z| = 1\}$ をそれ自身に写す．もし C の内部が C の外部に写るとすれば，$c \neq 0$ かつ $-d/c \in D$ であるから $|f(-d/c)|^2 > 1$ かつ $|-c/d|^2 < 1$ となって矛盾．よって $f(D) = D$ である．逆に D をそれ自身に写す1次分数関数は，3.3節より定数 $\alpha \in D$ と $\theta \in \mathbb{R}$ を用いて $f(z) = e^{i\theta}\dfrac{z - \alpha}{1 - \overline{\alpha}z}$ と表せる．このとき，
$$|f'(z)| = \dfrac{1 - |\alpha|^2}{|1 - \overline{\alpha}z|^2} \quad \text{かつ} \quad 1 - |f(z)|^2 = \dfrac{(1 - |\alpha|^2)(1 - |z|^2)}{|1 - \overline{\alpha}z|^2}.$$

第 5 章

㉖ 与えられた2つの級数の和をそれぞれ A, B とし，そのコーシー積を C とする．$f(z) = \sum_{n=0}^{\infty} \alpha_n z^n$ と $g(z) = \sum_{n=1}^{\infty} \beta_n z^n$ の収束半径はともに 1 以上であり，2つの級数のコーシー積を係数とする整級数は少なくとも $|z| < 1$ において $f(z)g(z)$ に等しい．z を実軸に沿って下側から 1 に近づけるとき，アーベルの連続性定理から $C = AB$ を得る．

210 ヒントと解答

27 (i) (5.4) において $a_1 = 1, a_n = b_n$ より
$$a_N = -\frac{1}{2}\sum_{\substack{m_1+\cdots+m_n=N \\ 2\leq n<N}} a_n a_{m_1}\cdots a_{m_n} \quad (N\geq 2)$$
となる．特に $a_2 = 0$ である．いま $2\leq n < N$ まで $a_n = 0$ と仮定すれば $a_N = 0$ であるから $f(z) = z$ を得る．

(ii) $f(0) = 0, f'(0) = -1$ を満たす 1 次分数関数の一般形は α を定数として $f(z) = -z/(1+\alpha z)$ である．このとき常に $f\circ f(z) = z$ が成り立つ．

28 (i) $n = k!m$ と表す表し方 (k, m) の個数が c_n であり，$n = 1, 2, \cdots, N!$ に対する (k, m) たちをすべて並べたものは $\{(k, m) \mid 1\leq k\leq N, 1\leq m\leq N!/k!\}$ である．したがって
$$\sum_{n=1}^{N!}\frac{c_n}{n^s}z^n = \sum_{k=1}^{N}\frac{1}{(k!)^s}\sum_{m=1}^{N!/k!}\frac{z^{k!m}}{m^s}$$
が成り立つ．次に，有理数 t を既約分数で表したものを p/q ($p\in\mathbb{Z}, q\in\mathbb{N}$) とおく．$N > q$ としておく．右側の和に $z = \rho\exp(2\pi ip/q), 0 < \rho < 1$ を代入し，それを $1\leq k < k_1$ と $k_1\leq k\leq N$ の和に分けて，それぞれ $\Sigma_1(\rho), \Sigma_2(\rho)$ とおく．ここで k_1 は $k_1! \in q\mathbb{Z}$ を満たす最小自然数である．$k_1 = 1$ となるのは $q = 1$ のときに限り，そのときは $\Sigma_1(\rho) = 0$ は空和である．$q\geq 2$ のときの $\Sigma_1(\rho)$ を評価するために $s_\ell = \zeta^{pk!} + \cdots + \zeta^{pk!\ell}, \zeta = \exp(2\pi i/q)$ とおく．$pk!$ と q は互いに素であり，1 の原始 q 乗根の中で ζ が 1 に最も近いから，任意の ℓ で
$$|s_\ell| = \left|\zeta^{pk!}\frac{1-\zeta^{pk!\ell}}{1-\zeta^{pk!}}\right| \leq \frac{2}{|1-\zeta|} = M_q$$
となる．簡単のために $L = N!/k!$ とおくと，
$$\left|\sum_{m=1}^{L}\frac{(\rho\zeta^p)^{k!m}}{m^s}\right| \leq \frac{\rho^{k!L}|s_L|}{L^s} + \sum_{m=1}^{L-1}\left(\frac{\rho^{k!m}}{m^s} - \frac{\rho^{k!(m+1)}}{(m+1)^s}\right)|s_m| < M_q$$
明らかに $k_1\leq q$ であるから，$|\Sigma_1|\leq (q-1)M_q$ を得る．$\Sigma_2(\rho)$ の各項は正の実数であり，$k = q$ の項のみを使って $\Sigma_2(\rho)\geq \frac{1}{q^s}\sum_{m=1}^{N!/q!}\frac{1}{m^s}$ が成り立つ．こうして
$$\mathrm{Re}\,f(\rho e^{2\pi it}) = \lim_{N\to\infty}(\Sigma_1(\rho) + \Sigma_2(\rho)) \geq \frac{1}{q^s}\sum_{m=1}^{\infty}\frac{\rho^{q!m}}{m^s} - (q-1)M_q$$
を得るが，$\rho\to 1-$ のとき右辺は $+\infty$ に発散する．

(ii) 任意の自然数 N に対して $L_N!\leq N < (L_N+1)!$ によって L_N を定め，次に各 $1\leq k\leq L_N$ に対して $M_{N,k} = [N/k!]$ とすると $\sum_{n=1}^{N}\frac{c_n}{n^s}z^n = \sum_{k=1}^{L_N}\frac{1}{k!^s}\sum_{m=1}^{M_{N,k}}\frac{z^{k!m}}{m^s}$ が成り立つ．$s_{k,\ell} = \zeta_k + \cdots + \zeta_k^\ell, \zeta_k = \exp(2\pi ik!e) \neq 1$ とおけば，任意の ℓ で
$$|s_{k,\ell}| = \left|\zeta_k\frac{1-\zeta_k^\ell}{1-\zeta_k}\right| \leq \frac{2}{|1-\zeta_k|} = \frac{1}{|\sin(k!e\pi)|}$$

となる．一方，テイラーの定理より $e - \sum_{n=0}^{k} \frac{1}{n!} = \frac{e^{\epsilon(k)}}{(k+1)!}$ を満たす $\epsilon(k) \in (0,1)$ が存在する．したがって $k \geq 2$ ならば $k!e$ の小数部分は区間 $\left(\frac{1}{k+1}, \frac{e}{k+1}\right)$ に属し，$k \geq 5$ ならば $|\sin(k!e\pi)| \geq \sin\frac{\pi}{k+1} > \frac{2}{k+1} > \frac{1}{k}$ となる．よって $|s_{k,\ell}| < k$ を得る．$|s_{k,\ell}| < k+1$ はすべての $k \geq 1$ で成立する．$f(z)$ の $z = e^{2\pi i e}$ における第 N 部分和を S_N とおく．すべての $P > Q \geq 1$ に対して

$$S_P - S_Q = \sum_{k=1}^{L_P} \frac{1}{k!^s} \sum_{m=1}^{M_{P,k}} \frac{\zeta_k^m}{m^s} - \sum_{k=1}^{L_Q} \frac{1}{k!^s} \sum_{m=1}^{M_{Q,k}} \frac{\zeta_k^m}{m^s}$$

$$= \sum_{k=1}^{L_Q} \frac{1}{k!^s} \sum_{M_{Q,k} < m \leq M_{P,k}} \frac{s_{k,m} - s_{k,m-1}}{m^s} + \sum_{L_Q < k \leq L_P} \frac{1}{k!^s} \sum_{m=1}^{M_{P,k}} \frac{s_{k,m} - s_{k,m-1}}{m^s}$$

と分ける．右辺の和をそれぞれ Σ_1, Σ_2 とおく．Σ_1 の m に関する和を組み換えて

$$|\Sigma_1| \leq \sum_{k=1}^{L_Q} \frac{1}{k!^s} \frac{2(k+1)}{(M_{Q,k}+1)^s} < \sum_{k=1}^{L_Q} \frac{1}{k!^s} \frac{2(k+1)}{(Q/k!)^s} = \frac{L_Q(L_Q + 3)}{Q^s}$$

いま $Q \geq L_Q!$ であるから，$N \to \infty$ のとき，すなわち $Q \to \infty$ のとき右辺は 0 に収束する．次に Σ_2 の中の m に関する和が

$$\left| \sum_{m=1}^{M_{P,k}} \frac{s_{k,m} - s_{k,m-1}}{m^s} \right| \leq \frac{|s_{k,M_{P,k}}|}{M_{P,k}^s} + \sum_{m=1}^{M_{P,k}-1} \left(\frac{1}{m^s} - \frac{1}{(m+1)^s} \right) |s_{k,m}| < k+1$$

を満たすことから，$|\Sigma_2| < \sum_{L_Q < k \leq L_P} \frac{k+1}{k!^s}$ を得る．この右辺は収束する級数の $L_Q + 1$ から L_P までの部分和であるから，$N \to \infty$ のとき 0 に収束する．以上から点 $z = e^{2\pi i e}$ において $f(z)$ は収束する．

㉙ $f(z)$ の収束半径は 1 である．自然数全体を $B_k = \{k^2, k^2+1, \cdots, k^2 + 2k\}$ の形の無限個のブロックに分ける．k 番目のブロック B_k における和は

$$\sum_{n \in B_k} \frac{(-1)^{[\sqrt{n}]}}{n} z^n = (-1)^k s_k(z), \quad s_k(z) = \sum_{n=k^2}^{(k+1)^2 - 1} \frac{z^n}{n}$$

であり，$s_k(z)$ の各項の絶対値をとった和は $|z| \leq 1$ に関して一様に

$$\sum_{n \in B_k} \frac{|z|^n}{n} \leq \sum_{n \in B_k} \frac{1}{n} = \frac{2}{k} + O\left(\frac{1}{k^2}\right) \quad (k \to \infty)$$

と評価されるから，$|z| \leq 1$ における収束性および一様収束性に関してはブロック単位で考えて差し支えない．

(i) 簡単のために $S_k(\theta) = s_k(e^{i\theta})$ とおく．十分に大きい $p \geq q$ に対して

$$S_q(0) - S_{q+1}(0) + \cdots + (-1)^{p-q} S_p(0)$$

$$= 2\left(\frac{1}{q} - \frac{1}{q+1} + \cdots + \frac{(-1)^{p-q}}{p}\right) + O\left(\frac{1}{q^2} + \cdots + \frac{1}{p^2}\right)$$

であるから，$f(1)$ は収束する．次に点 $z = e^{i\theta}, 0 < \theta < 2\pi$ においては $\sigma_{-1}(\theta) = 0$，$\sigma_k(\theta) = 1 + e^{i\theta} + \cdots + e^{ik\theta}$ とおくと，

$$e^{-ik^2\theta}S_k(\theta) = \sum_{n=k^2}^{(k+1)^2-1} \frac{e^{i(n-k^2)\theta}}{n} = \sum_{\ell=0}^{2k} \frac{\sigma_\ell(\theta) - \sigma_{\ell-1}(\theta)}{k^2 + \ell}$$

$$= \frac{\sigma_{2k}(\theta)}{(k+1)^2 - 1} + \sum_{\ell=0}^{2k-1}\left(\frac{1}{k^2+\ell} - \frac{1}{k^2+\ell+1}\right)\sigma_\ell(\theta)$$

となる．ここで θ に関して一様に $|\sigma_\ell(\theta)| \leq \ell + 1$ であることから，右辺第 2 項の絶対値は上から $3/k^2$ で評価される．

$$S_k(\theta) = \frac{e^{ik^2\theta} - e^{i(k+1)^2\theta}}{1 - e^{i\theta}} \frac{1}{(k+1)^2 - 1} + \eta_k(\theta) \tag{A}$$

と表せば $|\eta_k(\theta)| \leq 3/k^2$ である．すると各 $\theta \in (0, 2\pi)$ に対して $|S_k(\theta)| \leq C/k^2$，$C = 3 + 2/|1 - e^{i\theta}|$ が成り立つので $f(z)$ は点 $z = e^{i\theta}, z \neq 1$ において収束する．

(ii) 閉円板 $|z| \leq 1$ から，$z = 1$ を中心とする任意に小さい円領域 $|z - 1| < \delta$ を除いた閉集合を A_δ とする．今度は $\tau_k = 1 + z + \cdots + z^k, \tau_{-1} = 0$ とおく．$z \in A_\delta$ に対して(i)と同様の式変形を行えば，

$$z^{-k^2}s_k(z) = \sum_{n=k^2}^{(k+1)^2-1} \frac{z^{n-k^2}}{n} = \sum_{\ell=0}^{2k} \frac{\tau_\ell - \tau_{\ell-1}}{k^2 + \ell}$$

$$= \frac{\tau_{2k}}{(k+1)^2 - 1} + \sum_{\ell=0}^{2k-1}\left(\frac{1}{k^2+\ell} - \frac{1}{k^2+\ell+1}\right)\tau_\ell$$

となる．$|\tau_\ell| = \left|\frac{1 - z^{\ell+1}}{1 - z}\right| \leq \frac{2}{|1-z|} \leq \frac{2}{\delta}$ より $|s_k(z)| \leq \frac{2}{\delta k^2}$ を得る．ゆえに $f(z)$ は A_δ 上で一様収束する．

(iii) $0 < \theta < 2\pi$ のとき，(A) より

$$f(e^{i\theta}) = \sum_{k=1}^\infty (-1)^k S_k(\theta) = \frac{1}{1-e^{i\theta}} \sum_{k=1}^\infty (-1)^k a_k e^{ik^2\theta} + \sum_{k=1}^\infty (-1)^k \eta_k(\theta) \tag{B}$$

が成り立つ．ここで $a_1 = 1/3$ および $a_k = \frac{1}{k^2 - 1} + \frac{1}{(k+1)^2 - 1}$ である．背理法によって証明する．$f(e^{i\theta})$ が $\theta = 0$ の近傍 U で一様収束すると仮定する．$\sum(-1)^k \eta_k(\theta)$ は $\mathbb{R}$ で一様収束するから，(B) の右辺の第一項はある U 上の連続関数に $U \setminus \{0\}$ で一様収束する．$\frac{1}{1-e^{i\theta}} = \frac{i}{\theta} + \kappa(\theta)$ と表し $\kappa(0) = 1/2$ と定めれば，$\kappa(\theta)$ は $\mathbb{R}$ で連続である．また $\sum(-1)^k a_k e^{ik^2\theta}$ は $\mathbb{R}$ で一様収束するから，

$\frac{i}{\theta}\sum_{k=1}^{\infty}(-1)^k a_k e^{ik^2\theta}$ はある連続関数に $U\setminus\{0\}$ で一様収束する．いま $\sum(-1)^k a_k = 0$ であるから，上式の $e^{ik^2\theta}$ を $e^{ik^2\theta}-1$ で置き換えることができ，この級数の虚部をとって変数 $\theta/2$ を改めて θ と書けば，$\frac{1}{\theta}\sum_{k=1}^{\infty}(-1)^k a_k \sin^2 k^2\theta$ がある U 上の連続関数に $U\setminus\{0\}$ で一様収束する．さらに $a_k = \frac{2}{k^2} - \frac{2}{k^3} + \frac{b_k}{k^4}$ と表せば，$\{b_k\}$ は有界列である．このとき

$$\left|\frac{b_k}{k^4\theta}\sin^2 k^2\theta\right| \le \frac{|b_k|}{k^2}\left|\frac{\sin k^2\theta}{k^2\theta}\right| = O\left(\frac{1}{k^2}\right)$$

であるから，$\theta^{-1}\sum(-1)^k b_k \sin^2 k^2\theta$ は $\mathbb{R}$ で一様収束する．よって，結局

$$\frac{1}{\theta}\sum_{k=1}^{\infty}(-1)^k\left(\frac{1}{k^2} - \frac{1}{k^3}\right)\sin^2 k^2\theta \tag{C}$$

が U 上の連続関数 $\phi(\theta)$ に $U\setminus\{0\}$ で一様収束する．$\phi(\theta)$ は奇関数であるから $\phi(0) = 0$ である．一般に U 上の連続関数からなる級数 $\sum g_k(x)$ が $U\setminus\{0\}$ で一様に U 上の連続関数 $g(x)$ に収束すれば，

$$\left|\sum_{k=1}^{n}g_k\left(\frac{1}{m}\right) - g(0)\right| \le \left|\sum_{k=1}^{n}g_k\left(\frac{1}{m}\right) - g\left(\frac{1}{m}\right)\right| + \left|g\left(\frac{1}{m}\right) - g(0)\right| \tag{D}$$

であるから，$n, m \to \infty$ のとき左辺は 0 に収束する．これを $m = n^2$ として (C) に適用すれば，$n \to \infty$ のとき

$$\sum_{k=1}^{n}(-1)^k\left(\frac{n^2}{k^2} - \frac{n^2}{k^3}\right)\sin^2\frac{k^2}{n^2} = \sum_{k=1}^{n}(-1)^k F_1\left(\frac{k}{n}\right) - \frac{1}{n}\sum_{k=1}^{n}(-1)^k F_2\left(\frac{k}{n}\right)$$

は 0 に収束する．ここで $F_1(x) = (\sin^2 x^2)/x^2$, $F_2(x) = (\sin^2 x^2)/x^3$ である．いま $F_1(x)$ は C^1 級であり，n を偶数として k と $k+1$ 項に平均値の定理を適用すれば，上式右辺の F_1 に関する和は，$n \to \infty$ のとき

$$-\frac{1}{2}\int_0^1 F_1'(x)\,dx = \frac{F_1(0) - F_1(1)}{2} = -\frac{1}{2}\sin^2 1$$

に収束する．同様に右辺の F_2 に関する和は 0 に収束する．ゆえに (D) は 0 に収束しないので矛盾である．

第 6 章

[30] f の正の周期からなる集合を E とおく．すべての $n \in \mathbb{Z}$ に対して $n\omega \in E$ であるから E は無限集合である．f は定数ではないので $f(0) \ne f(t_0)$ なる $t_0 > 0$ が存在し，したがって正数 δ がとれて $f([0,\delta]) \cap f([a, a+\delta]) = \emptyset$ が成り立つ．特に $(0,\delta] \cap E = \emptyset$ である．E が閉集合であることを示そう．いま E の点列 $\{t_n\}$ が t^* に収束すれば，$t^* \ge \delta > 0$ および $f(t + t^*) = \lim_{n \to \infty} f(t + t_n) = f(t)$ であるか

ら, $t^* \in E$ である. ゆえに E は閉集合であり, E は最小値 $\tau \geq \delta$ をもつ. 任意の $\omega \in E$ に対して $n\tau \leq \omega < (n+1)\tau$ を満たす $n \in \mathbb{N}$ をとる. $n\tau < \omega$ と仮定すれば $\omega' = \omega - n\tau \in E$ であるが, $0 < \omega' < \tau$ となって矛盾. ゆえに $\omega = n\tau$.

[31] もし原点が正則点ならば, $f(z) = z\varphi(z)$ を満たし $z = 0$ において連続な関数 $\varphi(z)$ が存在する. ところが $|z|^{1/n} = |z| \cdot |\varphi(z)|$ であるから, $z \to 0$ のとき $|\varphi(z)| \to \infty$ となって矛盾.

[32] $t > 0$ とする. $\lim\limits_{\substack{z \to -t \\ \mathrm{Im}\, z > 0}} f(z) = e^{i(\log t + \pi i)} = e^{-\pi + i\log t}$, $\lim\limits_{\substack{z \to -t \\ \mathrm{Im}\, z < 0}} f(z) = e^{i(\log t - \pi i)} = e^{\pi + i\log t}$ であるから $f(z)$ は負の実軸上で不連続である. 次に $f(z) = e^{-\mathrm{Arg}\, z + i\log|z|}$ より $\mathrm{Arg}\, f(z) \equiv \log|z| \pmod{2\pi}$ および $\log|f(z)| = -\mathrm{Arg}\, z$ である. さて, 方程式

$$z = f \circ f(z) = e^{-\mathrm{Arg}\, f(z) + i\log|f(z)|} = e^{-\mathrm{Arg}\, f(z) - i\,\mathrm{Arg}\, z}$$

を考える. まず, 両辺の Arg をとれば, z が負の実数でなければ $\mathrm{Arg}\, z = -\mathrm{Arg}\, z$ より z は正の実数となる. z が負の実数のときも両辺の偏角はともに $-\pi$ となる. よって z は 0 以外の実数でなければならない. 両辺の絶対値の対数をとれば, $\log|z| = -\mathrm{Arg}\, f(z) \equiv -\log|z| \pmod{2\pi}$, すなわち $\log|z| \equiv 0 \pmod{\pi}$ である. ゆえに解の候補は $z = \pm e^{n\pi}, n \in \mathbb{Z}$ であるが, このうち $z = f \circ f(z)$ を満たすものは $1, -e^\pi$ のみ. 実際, これらは f の不動点である. したがって 2 周期点は存在しないが, 例えば i は 4 周期点をなす.

[33] $g(0) = 1$ であるから, $z \in B \setminus \{0\}$ に対して $z = re^{i\theta}, 0 < r \leq 1, 0 \leq \theta \leq \pi/2$ とおく. $|g(z)|^2 = \exp(-\pi r \sin\theta) \leq 1$ は明らか. また,

$$\frac{\mathrm{Re}\, g(z)}{|g(z)|} = \cos\left(\frac{\pi}{2} r \cos\theta\right) \geq 0, \quad \frac{\mathrm{Im}\, g(z)}{|g(z)|} = \sin\left(\frac{\pi}{2} r \cos\theta\right) \geq 0$$

より, $g(B) \subset B$ が従う.

[34] $\mathrm{Log}\, w$ の $w = 1$ を中心とする整級数展開を $g(w) = \sum\limits_{n=1}^{\infty} b_n (w-1)^n$ とおくと,

$$b_n = \frac{1}{n!}(\mathrm{Log}\, w)^{(n)}\bigg|_{w=1} = (-1)^{n-1}\frac{1}{n}.$$

定理 5.9 より, この整級数の収束半径は

$$r^* = \left(\sqrt{1 + \sqrt{2}} - 1\right)^2 = 0.30666\cdots$$

以上であるが, 実際はコーシー-アダマールの公式より 1 である. よって, この展開は $|w-1| < 1$ で成り立つ. 整級数は収束円内で絶対収束することから $e^{g(w)} = w$ が成り立つからである. $w = 1 + z$ とおけば, $|z| < 1$ のとき

$$\mathrm{Log}(1+z) = \sum_{n=1}^{\infty}(-1)^{n-1}\frac{z^n}{n}$$

であるから, $|z| \leq \delta < 1$ のとき

ヒントと解答

$$|\text{Log}(1+z)| \leq |z| + \frac{|z|^2}{2} + \cdots \leq |z|(1+\delta+\delta^2+\cdots) = \frac{|z|}{1-\delta}.$$

また，$|z| \leq \delta < 1/2$ のとき

$$|\text{Log}(1+z)| \geq |z| - \frac{|z|^2}{2} - \cdots \geq |z|(1-\delta-\delta^2-\cdots) = \frac{1-2\delta}{1-\delta}|z|.$$

第 7 章

[35] $z(t) = e^{2\pi i t}, 0 \leq t \leq 1$ とおく．フーリエ係数の定義より

$$c_n = \int_0^1 f(e^{2\pi i t})e^{-2\pi i n t}\,dt = \frac{1}{2\pi i}\int_0^1 f\circ z(t)\,\frac{z'(t)}{z^{n+1}(t)}\,dt = \frac{1}{2\pi i}\int_C \frac{f(z)}{z^{n+1}}\,dz.$$

[36] ある領域 D において正則な関数 $G(z)$ があって $G'(z) = \bar{z}$ を満たすと仮定する．G の実部と虚部をそれぞれ $u(x,y), v(x,y)$ とおく．$u_x = x, v_x = -y$ であり，コーシー-リーマンの関係式より $u_y = -v_x = y$ であるから，$u_{xx} + u_{yy} = 1 + 1 = 2$ となって矛盾．

[37] $$\int_{\overline{C}} f(z)\,dz = \int_a^b f\circ\overline{z(t)}\cdot\overline{z'(t)}\,dt = \overline{\int_a^b \overline{f\circ\overline{z(t)}}\cdot z'(t)\,dt} = \overline{\int_C \overline{f(\bar{z})}\,dz}.$$

[38] 標準的な閉曲線 C を $z(t) = \zeta + r(t)e^{i\theta(t)}$, $a \leq t \leq b$ と表す．$r(a) = r(b)$ および $\theta(b) - \theta(a) = 2\pi\cdot n(\zeta;C)$ を用いて，

$$\int_C \frac{dz}{z-\zeta} = \int_a^b \frac{r'(t)e^{i\theta(t)} + ir(t)\theta'(t)e^{i\theta(t)}}{r(t)e^{i\theta(t)}}\,dt = \int_a^b \left(\frac{r'(t)}{r(t)} + i\theta'(t)\right)dt$$

$$= \log\frac{r(b)}{r(a)} + i(\theta(b)-\theta(a)) = 2\pi i\cdot n(\zeta;C).$$

第 8 章

[39] 関数 $f(z) = \exp(iz^k)$ を考える．$R > 0$ を定数とする．原点 $z = 0$ から実軸上を R まで右に進み，次に原点を中心とする半径 R の円周に沿って反時計まわりに点 $Re^{\pi i/(2k)}$ まで進み，その点から線分に沿って原点に戻るパラメータ曲線を C とする．これらの積分路をそれぞれ C_1, C_2, C_3 とおき，C_k に沿う $f(z)$ の積分を I_k とする．$I_1 = \int_0^R \exp(it^k)\,dt$ であるから，$\text{Im}\,I_1$ の $R \to \infty$ のときの極限値を求める問題である．そこで $C_2 = \{Re^{i\theta} | 0 \leq \theta \leq \pi/(2k)\}$ とおくと，

$$I_2 = Ri\int_0^{\pi/(2k)} \exp(i\theta + iR^k e^{ki\theta})\,d\theta \quad \text{より} \quad |I_2| \leq R\int_0^{\pi/(2k)} e^{-R^k \sin(k\theta)}\,d\theta$$

となるが，ここで $0 \leq x \leq \pi/2$ で成り立つ不等式 $\sin x \geq 2x/\pi$ を用いると

$$|I_2| \leq R\int_0^{\pi/(2k)} e^{-(2kR^k/\pi)\theta}\,d\theta = -\frac{\pi}{2kR^{k-1}}e^{-(2kR^k/\pi)\theta}\Big|_0^{\pi/4} < \frac{\pi}{2kR^{k-1}}$$

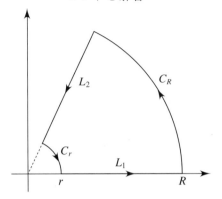

図 B. Γ は L_1, C_R, L_2, C_r を順につなぎ合わせた閉曲線.

となり,右辺は $R \to \infty$ のとき 0 に収束する.最後に $-C_3 = \{te^{\pi i/(2k)} | 0 \le t \le R\}$ とおくと,$R \to \infty$ のとき $I_3 = -e^{\pi i/(2k)} \int_0^R e^{-t^k} dt \to -e^{\pi i/(2k)} \Gamma(1+1/k)$. いま $f(z)$ は整関数であるから,コーシーの積分定理より $I_1 + I_2 + I_3 = \int_C f(z)\,dz = 0$. ゆえに $\lim_{R \to \infty} \operatorname{Im} I_1 = -\lim_{R \to \infty} \operatorname{Im} I_3 = \Gamma(1+1/k) \sin \pi/(2k)$.

40 定数 $0 < r < R, 0 < \alpha \le \pi/2$ に対して積分路を図 B のようにとる.ここで $C_r = \{re^{i(\alpha-\theta)} | 0 \le \theta \le \alpha\}$ と $C_R = \{Re^{i\theta} | 0 \le \theta \le \alpha\}$ は図の方向に円弧を描き,$L_1 = \{t | r \le t \le R\}$ と $L_2 = \{(r+R-t)e^{i\alpha} | r \le t \le R\}$ は線分を描く.これらのパラメータ曲線をつなぎ合わせた Γ は標準的な閉じたパラメータ曲線であり,コーシーの積分定理から $\int_{C_r} f(z)\,dz + \int_{L_1} f(z)\,dz + \int_{C_R} f(z)\,dz + \int_{L_2} f(z)\,dz = 0$. C_R に沿う積分については,

$$\left| \int_{C_R} f(z)\,dz \right| = \left| \int_0^\alpha \exp(iRe^{i(\alpha-\theta)})\,d\theta \right| \le \int_0^\alpha e^{-R\sin\theta}\,d\theta$$

において,$0 \le \theta \le \pi/2$ で成り立つ不等式 $\sin \theta \ge 2\theta/\pi$ を用いて,

$$右辺 \le \int_0^\alpha e^{-(2R/\pi)\theta}\,d\theta = \frac{\pi}{2R}(1-e^{-R}) \to 0 \ (R \to \infty).$$

次に C_r に沿う積分については

$$\int_{C_r} f(z)\,dz = -i \int_0^\alpha \exp(ire^{i(\alpha-\theta)})\,d\theta \to -\alpha i \ (r \to 0).$$

以上から $r \to 0, R \to \infty$ のとき $\operatorname{Im} \int_{L_1} f(z)\,dz + \operatorname{Im} \int_{L_2} f(z)\,dz \to \alpha$ となる.さて $\operatorname{Im} \int_{L_1} f(z)\,dz = \int_r^R \frac{\sin t}{t}\,dt$ であり,L_2 に沿う積分の虚部は

$$\operatorname{Im}\int_{L_2} f(z)\,dz = -\operatorname{Im}\int_r^R \frac{\exp(ise^{i\alpha})}{s}\,ds$$
$$= -\int_r^R \frac{\sin(s\cos\alpha)}{s} e^{-s\sin\alpha}\,ds = -\int_{r\cos\alpha}^{R\cos\alpha} \frac{\sin x}{x} e^{-x\tan\alpha}\,dx.$$

上式は $\alpha = \pi/2$ ならば 0 であり, $0 < \alpha < \pi/2$ ならば, $r \to 0, R \to \infty$ のとき $-\int_0^\infty \frac{\sin x}{x} e^{-x\tan\alpha}\,dx$ に収束する. よって $\alpha = \pi/2$ のときから $\int_0^\infty \frac{\sin x}{x}\,dx = \frac{\pi}{2}$ が導かれ, 次に $0 < \alpha < \pi/2$ のときから $\int_0^\infty \frac{\sin x}{x} e^{-x\tan\alpha}\,dx = \frac{\pi}{2} - \alpha$ が導かれる. $\lambda = \tan\alpha$ とおけば, 右辺は $\arctan(1/\lambda)$ である.

[41] $|w| \neq 1$ のとき, $z\bar{z} = |z|^2 = 1$ より $f(w) = \frac{1}{2\pi i}\int_C \frac{\bar{z}}{z-w}\,dz = \frac{1}{2\pi i}\int_C \frac{dz}{z(z-w)}$ である. $|w| < 1$ のとき有理関数 $1/(z(z-w))$ は円外領域 $|z| > 1$ で正則であるから, 積分路を円周 $C_r = \{re^{i\theta}\,|\,0 \leq \theta \leq 2\pi\}, r > 1$ に連続的に変形できる.

$$|f(w)| \leq \frac{1}{2\pi}\int_{C_r} \frac{|dz|}{|z|(|z|-|w|)} \leq \frac{1}{r-1}$$

であるから, 右辺は $r \to \infty$ のとき 0 に収束する. 次に $|w| > 1$ のとき,

$$f(w) = \frac{1}{2\pi i w}\left(\int_C \frac{dz}{z-w} - \int_C \frac{dz}{z}\right)$$

の右辺の最初の積分はコーシーの積分定理より 0 である. ゆえに $f(w) = -1/w$.

[42] グルサの定理より $f'(z)$ は D で連続である. いま, 点 w, z をそれぞれ始点, 終点とし, これらの 2 点を結ぶ線分を $L = \{(1-t)w + tz\,|\,0 \leq t \leq 1\}$ とする. $f'(z)$ の L に沿う積分は

$$\int_L f'(\zeta)\,d\zeta = (z-w)\int_0^1 f'((1-t)w + tz)\,dt$$
$$= f((1-t)w + tz)\Big|_{t=0}^{t=1} = f(z) - f(w)$$

であるが, この積分は $\left|\int_L f'(\zeta)\,d\zeta\right| \leq |z-w|\int_0^1 |f'((1-t)w+tz)|\,dt$ と評価できる. あとは右辺の実積分に平均値の定理を適用すればよい.

[43] 原点を中心とする $f(z)$ の整級数展開を $f(z) = \sum_{n=0}^\infty a_n z^n$ とする. 円周 $|z| = r$ を反時計まわりに一周するパラメータ曲線を C_r とすれば, $n > d$ のとき, 十分に大きい r に対して $|a_n| \leq \frac{1}{2\pi}\int_{C_r} \left|\frac{f(\zeta)}{\zeta^{n+1}}\right||d\zeta| \leq \frac{C}{r^{n-d}} \to 0\ (n \to \infty)$ が成り立つから $a_n = 0$ を得る.

[44] $0 < x < 1$ とする. (8.3) より $L_n(x) = \frac{1}{2\pi i}\int_C \frac{z^n(1-z)^n}{(z-x)^{n+1}}\,dz$ が成り立つ. ここで C を x を中心とする半径 r の円周を反時計まわりに一周する積分路にとる.

$z = x + re^{i\theta}, 0 \leq \theta \leq 2\pi$ とおいて

$$L_n(x) = \frac{1}{2\pi}\int_0^{2\pi}\left(1 - 2x + \frac{x(1-x)}{r}e^{-i\theta} - re^{i\theta}\right)^n d\theta$$

となる．そこで $r = \sqrt{x(1-x)}$ ととれば，

$$L_n(x) = \frac{1}{2\pi}\int_0^{2\pi}\left(1 - 2x - 2i\sqrt{x(1-x)}\sin\theta\right)^n d\theta.$$

45 定理6.2より D における 1 価正則な関数 $\log f(z)$ は $f'(z)/f(z)$ の 1 つの原始関数である．したがって，ある定数 c によって $F(z) = \log f(z) + c$ と表せる．$z = z_0$ を代入して $c = -\log f(z_0)$ を得る．

46 $z = x + iy, x \geq x_0 > 1$ とすれば，$|n^z| = e^{x\log n} \geq n^{x_0}$ より $\zeta(z) = \sum_{n=1}^{\infty} 1/n^z$ は 1 つの優級数 $\zeta(x_0)$ をもつ．よってワイエルシュトラスの優級数定理 5.1 より $\zeta(z)$ は $\mathrm{Re}\,z \geq x_0$ において絶対一様収束し，したがってワイエルシュトラスの 2 重級数定理 8.8 より $\zeta(z)$ は右半平面 $\mathrm{Re}\,z > 1$ において正則である．

47 各 $n \geq 2$ に対して $\Gamma_n(z) = \int_{1/n}^n t^{z-1}e^{-t}\,dt$ とおく．単連結領域 $\mathrm{Re}\,z > 0$ 内の長さをもつ任意の閉曲線 C に対して $\int_C \Gamma_n(z)\,dz$ をパラメータ積分と見れば，

$$\int_C \Gamma_n(z)\,dz = \int_C \int_{1/n}^n t^{z-1}e^{-t}\,dt\,dz$$

は有界な長方形上の連続関数の 2 重積分であり，したがって積分順序の交換が許される．$t^{z-1} = e^{(z-1)\log t}$ は z の整関数であるから，上式の積分値は常に 0 であり，モレラの定理 8.5 より $\int_C f_n(z)\,dz$ は右半平面において正則である．$z = x + iy, 0 < x_0 \leq x \leq x_1$ とする．$0 < t < 1$ のとき $|t^{z-1}| \leq t^{x_0-1}$ であるから，

$$\int_0^{1/n}|t^{z-1}|e^{-t}\,dt \leq \int_0^{1/n}t^{x_0-1}\,dt = \frac{1}{nx_0}.$$

一方，$t \geq 1$ のとき $|t^{z-1}| \leq t^{x_1-1}$ であるから $\int_n^\infty |t^{z-1}|e^{-t}\,dt \leq \int_n^\infty t^{x_1-1}e^{-t}\,dt$．これらの右辺はともに $n \to \infty$ のとき 0 に収束し，したがって $\Gamma_n(z)$ は $\mathrm{Re}\,z > 0$ において広義一様収束する．その極限関数 $\Gamma(z)$ は，ワイエルシュトラスの 2 重級数定理 8.8 より $\mathrm{Re}\,z > 0$ において正則である．

第 9 章

48 $f(z)$ の収束半径を $\rho \geq 1$ とおく．$f_\alpha(z)$ の収束半径は $\rho - \alpha$ 以上であり，$|z-\alpha| < \rho-\alpha$ において $f(z) = f_\alpha(z)$ が成り立つことから，$\rho > 1$ のときは明らか．$\rho = 1$ のときはアーベルの連続性定理 5.11 より $f(1) = \lim_{x\to 1-0} f(x) = \lim_{x\to 1-0} f_\alpha(x)$

であるから，問題は $f_\alpha(z)$ に対してタウバー型定理を示すことに他ならない．
(8.3) より，α を中心とする十分に小さい半径の円周を反時計まわりに一周する積分路 C に対して $b_n = \dfrac{1}{2\pi i}\displaystyle\int_C \dfrac{f(z)}{(z-\alpha)^{n+1}} dz$ であるから，

$$\sum_{k=0}^{n} b_k (1-\alpha)^k = \frac{1}{2\pi i}\int_C \frac{(1-\alpha)^n}{(z-\alpha)^{n+1}} \left(1 + \frac{z-\alpha}{1-\alpha} + \cdots + \left(\frac{z-\alpha}{1-\alpha}\right)^n\right) f(z)\, dz. \quad \text{(E)}$$

C 上では $|z-\alpha| < 1-\alpha$ であり，右辺の大きな丸カッコの中に $(z-\alpha)/(1-\alpha)$ の $n+1$ 次以上のベキをいくら加えても積分値は不変である．よって (E) の右辺は $\dfrac{1}{2\pi i}\displaystyle\int_C \left(\dfrac{1-\alpha}{z-\alpha}\right)^{n+1} \dfrac{f(z)}{1-z} dz$ と変形できる．そこで $\beta = f(1) = a_0 + a_1 + \cdots$，$\epsilon_n = a_{n+1} + a_{n+2} + \cdots$，$g(z) = \displaystyle\sum_{n=0}^{\infty} \epsilon_n z^n$ とおくと，$\dfrac{f(z)}{1-z} = \displaystyle\sum_{n=0}^{\infty}(\beta - \epsilon_n)z^n = \dfrac{\beta}{1-z} - g(z)$ であるから，(E) の左辺は

$$\frac{\beta}{2\pi i}\int_C \left(\frac{1-\alpha}{z-\alpha}\right)^{n+1} \frac{dz}{1-z} - \frac{1}{2\pi i}\int_C \left(\frac{1-\alpha}{z-\alpha}\right)^{n+1} g(z)\, dz$$

となる．この第 1 項は β に等しい．$f(z) = \beta$ のときにも (E) が成り立ち，そのときは $b_0 = \beta, b_n = 0$ $(n \geq 1)$ となるからである．よって上式の第 2 項 I_n が零列であることを示せば十分である．高階導関数の公式より

$$I_n = -\frac{(1-\alpha)^{n+1}}{n!} g^{(n)}(\alpha) = -(1-\alpha)^{n+1} \sum_{k=0}^{\infty} \epsilon_{n+k} \binom{n+k}{n} \alpha^k.$$

いま $\{\epsilon_n\}$ は零列であるから，任意の $\epsilon > 0$ に応じて N がとれて，$n > N$ ならば $|\epsilon_n| < \epsilon$ が成り立つ．ゆえに $n > N$ ならば $|I_n| \leq (1-\alpha)^{n+1} \epsilon \displaystyle\sum_{k=0}^{\infty} \binom{n+k}{n} \alpha^k = \epsilon$．

49 (i) $|z| < 1$ において $-\dfrac{\text{Log}(1-z)}{z} = \displaystyle\sum_{n=1}^{\infty} \dfrac{z^{n-1}}{n}$ より，$F(z) = -\displaystyle\int_0^z \dfrac{\text{Log}(1-z)}{z} dz$ が成り立つ．$-\text{Log}(1-z)/z$ は単連結領域 $D_0 = \mathbb{C} \setminus [1, \infty)$ において正則であるから，そこで不定積分が定義され，右辺は D_0 上の正則関数を表す．

(ii) $D_1 = \mathbb{C} \setminus [0, \infty)$ において $F(z), F(1/z)$ および $\text{Log}(-z)$ は正則である．

$$f(z) = F(z) + F\left(\frac{1}{z}\right) + \frac{1}{2} \text{Log}^2(-z)$$

とおくと $f'(z) = -\dfrac{1}{z}\text{Log}(1-z) + \dfrac{1}{z}\text{Log}\left(1 - \dfrac{1}{z}\right) + \dfrac{1}{z}\text{Log}(-z)$．特に $z = -x$，$x > 0$ を代入して $f'(-x) = 0$ を得る．よって一致の定理 9.5 より D_1 上で $f(z)$ は定数である．特に $z = -1$ を代入して $f(-1) = 2F(-1) = 2\displaystyle\sum_{n=1}^{\infty} \dfrac{(-1)^n}{n^2} = -\dfrac{\pi^2}{6}$．

(iii) $D_2 = \mathbb{C} \setminus (-\infty, 0] \cup [1, \infty)$ において $F(z), F(1-z)$ および $\text{Log}\, z \text{Log}(1-z)$ は正則である．そこで $g(z) = F(z) + F(1-z) + \text{Log}\, z \text{Log}(1-z)$ とおくと

$f'(z) = 0$ である．よって D_2 上で $g(z)$ は定数である．$z = x, 0 < x < 1$ を代入し $x \to 0+0$ の極限をとれば，右辺は $F(1) = \pi^2/6$ に収束する．

第 10 章

[50] 任意の $\epsilon > 0$ に対して十分に小さい $0 < r < \min(1, R)$ をとって，$|\zeta - z_0| \leq r$ ならば $|(\zeta - z_0)f(\zeta)| < \epsilon$ とできる．パラメータ曲線 $\{\zeta = z_0 + re^{i\theta} | 0 \leq \theta \leq 2\pi\}$ 上で $|f(\zeta)| < \epsilon/r$ であるから，$n \geq 1$ のとき

$$|a_{-n}| \leq \frac{1}{2\pi} \int_0^{2\pi} |f(\zeta)||\zeta - z_0|^{n-1} |d\zeta| \leq \epsilon r^{n-1} < \epsilon.$$

[51] 背理法による．$\{a_n\}$ は 0 に収束すると仮定する．任意の $\epsilon > 0$ に対して，ある番号 N があって，$n > N$ ならば $|a_n| < \epsilon$ が成り立つ．$|z| < 1$ に対して

$$|f(z)| < |a_0| + |a_1| + \cdots + |a_N| + \epsilon \sum_{n>N} |z|^n < C_\epsilon + \frac{\epsilon}{1-|z|}$$

を満たす ϵ のみに依存する定数 C_ϵ が存在するから，特に実数 x に対して

$$\limsup_{x \to 1-0} (1-x)|f(x)| \leq \epsilon \tag{F}$$

を得る．一方，$z = 1$ は $F(z)$ の k 位の極であるとし，$z = 1$ のまわりの $F(z)$ のローラン展開を

$$F(z) = \frac{c_{-k}}{(z-1)^k} + \frac{c_{-k+1}}{(z-1)^{k-1}} + \cdots + \frac{c_{-1}}{z-1} + c_0 + c_1(z-1) + \cdots$$

とする．$x \to 1-0$ のときの $F(x) = f(x)$ の挙動から $k = 1$ であるが，

$$\lim_{x \to 1-0} (x-1)f(x) = \lim_{x \to 1-0} (x-1)F(x) = c_{-1}$$

が成り立ち，(F) において ϵ は任意であるから $c_{-1} = 0$ を得る．これは $z = 1$ が $F(z)$ の極ではなくなり矛盾である．

[52] $z = 1$ のまわりの $F(z)$ のローラン展開を前問と同様におくと，その正則部

$$F_1(z) = F(z) - \frac{c_{-k}}{(z-1)^k} - \frac{c_{-k+1}}{(z-1)^{k-1}} - \cdots - \frac{c_{-1}}{z-1}, \quad c_{-k} \neq 0$$

は，ある正数 δ に対して円領域 $|z| < 1+\delta$ において正則である．原点を中心に反時計まわりに一周する十分に小さい円周 C と $n \geq 0$ に対して，

$$\frac{1}{2\pi i} \int_C \frac{F_1(z)}{z^{n+1}} dz = a_n - \frac{1}{2\pi i} \sum_{\ell=1}^k c_{-\ell} \int_C \frac{dz}{z^{n+1}(z-1)^\ell} \tag{G}$$

となる．積分路 C は，原点を中心とする半径 $1 + \delta/2$ の円周 C' に取り替えることができる．このとき (G) の左辺は，C' 上の $|F_1(z)|$ の最大値を M として，

$$|\text{左辺}| \leq \frac{1}{2\pi} \frac{M}{(1+\delta/2)^{n+1}} \cdot 2\pi(1 + \delta/2) = \frac{M}{(1+\delta/2)^n} \to 0 \quad (n \to \infty)$$

と評価される．(G)の右辺の積分において，$(1-z)^{-\ell}$ の原点における整級数展開の z^n の係数は $\binom{n+\ell-1}{\ell-1}$ であるから $\dfrac{1}{2\pi i}\displaystyle\int_C \dfrac{dz}{z^{n+1}(z-1)^\ell} = (-1)^\ell \binom{n+\ell-1}{\ell-1}$ を得る．したがって(G)の右辺の積分和は n の $k-1$ 次多項式であり，その最高次の項が a_n の $n\to\infty$ における主要部を与える．こうして $k\geq 2$ ならば，$n\to\infty$ のとき $a_n = (-1)^k \dfrac{c_{-k}}{(k-1)!} n^{k-1} + O(n^{k-2})$ が成り立つ．$k=1$ のときは $a_n \to -c_{-1} \neq 0\ (n\to\infty)$ より，いずれにしても $n\to\infty$ のとき $a_n \sim a_{n+1}$ を得る．

53 単位円を反時計まわりに一周するパラメータ曲線 $C = \{z = e^{i\theta}\,|\,0\leq\theta\leq 2\pi\}$ を考える．$dz = ie^{i\theta}d\theta = izd\theta$ であるから，$d\theta = dz/(iz)$ および $\cos\theta = (z+1/z)/2$ と表せる．よって求める積分は

$$\frac{1}{i}\int_C \frac{dz}{z\left(a + \dfrac{b}{2}\left(z + \dfrac{1}{z}\right)\right)} = \frac{2}{i}\int_C \frac{dz}{bz^2 + 2az + b}$$

となる．$bz^2 + 2az + b$ の判別式 > 0 より，有理関数 $f(z) = (bz^2 + 2az + b)^{-1}$ は 2 つの 1 位の極 $\alpha = (-a - \sqrt{a^2-b^2})/b$ と $\beta = (-a + \sqrt{a^2-b^2})/b$ をもち，$\alpha < \beta < 0$ を満たす．$\alpha\beta = 1$ より β だけが単位円の内部にある．こうして

$$\mathrm{Res}(\beta;f) = \lim_{z\to\beta}(z-\beta)f(z) = \frac{1}{b(\beta-\alpha)} = \frac{1}{2\sqrt{a^2-b^2}}$$

より，求める積分値は $\dfrac{2}{i}\cdot 2\pi i\,\mathrm{Res}(\beta;f) = 2\pi/\sqrt{a^2-b^2}$．

54 $\alpha\neq 0$ としてよい．$\alpha = \rho e^{i\omega}$ とおくと $|e^{i\theta} - \alpha| = |e^{i(\theta-\omega)} - \rho|$ であるから，初めから $\alpha\in(0,\infty)$ としてよい．まず $0 < \alpha < 1$ のとき，$|e^{i\theta} - \alpha| = |1 - \alpha e^{i\theta}|$ である．複素平面から実軸の一部 $[1/\alpha,\infty)$ と原点を取り除いた領域で正則な関数 $z^{-1}\mathrm{Log}(1-\alpha z)$ において，原点は除去可能特異点であるから，原点を中心に単位円を反時計まわりに一周する積分路を C とすれば，コーシーの積分定理より

$$0 = \int_C \frac{\mathrm{Log}(1-\alpha z)}{z}dz = i\int_0^{2\pi}\mathrm{Log}(1-\alpha e^{i\theta})d\theta$$

が成り立つ．虚部をとれば $0 = \displaystyle\int_0^{2\pi}\log|1-\alpha e^{i\theta}|d\theta = \int_0^{2\pi}\log|e^{i\theta}-\alpha|d\theta$ を得る．$\alpha > 1$ のときは，実軸の一部 $[\alpha,\infty)$ と原点を取り除いた領域で正則な関数 $z^{-1}\mathrm{Log}(1-z/\alpha)$ に対して同様の考察を行えば，

$$0 = \int_0^{2\pi}\log|1-e^{i\theta}/\alpha|d\theta = \int_0^{2\pi}\log|e^{i\theta}-\alpha|d\theta - 2\pi\log\alpha$$

を得る．最後に $\alpha = 1$ のときは，収束する広義積分として次式を得る．

$$\int_0^{2\pi}\log|e^{i\theta} - 1|d\theta = \int_0^{2\pi}\log\left|2\sin\frac{\theta}{2}\right|d\theta = 0$$

55 $\deg Q = d$ とおく. $w \to \infty$ のとき $P(w) \sim \alpha w^{d+1}$, $Q(w) \sim \beta w^d$ であるから,
$$-\frac{1}{z^2}\frac{Q(1/z)}{P(1/z)} = -\frac{\beta}{\alpha}\frac{1}{z} + O(1)$$
が $z \to 0$ のとき成り立つ. ゆえに (10.4) より $\mathrm{Res}(\infty; Q/P) = -\beta/\alpha$.

56 演習問題 47 (8章) より $\Gamma(z)$ は $D = \{\mathrm{Re}\, z > 0\}$ において正則である.
$$\Gamma(z) = \frac{\Gamma(z+n)}{z(z+1)(z+2)\cdots(z+n-1)}$$
の右辺は $D_n = \{\mathrm{Re}\, z > -n\} \setminus \{0, -1, -2, \cdots, 1-n\}$ において正則であるから, 上式は D から D_n への解析接続を定める. したがって $\Gamma(z)$ は $\mathbb{C} \setminus \{0, -1, -2, \cdots\}$ において正則である. $z = -k, k \geq 0$ の近傍において, 上式の $n = k+1$ の等式より
$$\Gamma(z) \sim \frac{\Gamma(1)}{(-k)(1-k)\cdots(-1)}\frac{1}{z+k} + O(1) = \frac{(-1)^k}{k!}\frac{1}{z+k} + O(1)$$
であるから, $\mathrm{Res}(-k; \Gamma) = (-1)^k/k!$.

57 次の証明はレルヒによる. もし $\Gamma(z_0) = 0$ を満たす点 z_0 が存在すれば, 関数等式によってすべての $m \geq 1$ で $\Gamma(z_0 + m) = 0$ が成り立つから, 初めから $z_0 = \sigma + i\tau, \sigma > 0$ としてよい. したがって, 任意の $n \geq 0$ に対して
$$0 = \frac{\Gamma(\sigma + i\tau)}{(n+2)^{\sigma+i\tau}} = \int_0^\infty t^{\sigma+i\tau-1} e^{-(n+2)t}\, dt$$
が成り立つ. 両辺の実部をとって $0 = \int_0^\infty t^{\sigma-1} \cos(\tau \log t) e^{-(n+2)t}\, dt$ を得る. こうして変数変換 $t = \log(1/x)$ によって
$$\int_0^1 x^n f(x)\, dx = 0, \quad f(x) = x\left(\log\frac{1}{x}\right)^{\sigma-1} \cos\left(\tau \log\log\frac{1}{x}\right)$$
を得る. $f(0) = f(1) = 0$ と定義すれば $f(x)$ は $[0,1]$ 上の連続関数になるから, ワイエルシュトラスの多項式近似定理の応用によって $f(x)$ は恒等的に 0 となり, 矛盾を得る. なお, $\Gamma(z)$ が零点をもたないことは, 後に証明する $1/\Gamma(z)$ の無限乗積表示 (定理13.15) からただちに従う.

第 11 章

58 $n \in \mathbb{N}$ に対して $f^n(z)$ は D において正則, かつ $C \cup D$ で連続である. $f^n(z)$ に対するコーシーの積分公式から,
$$|f(\zeta)|^n \leq \frac{M^n}{2\pi}\int_C \frac{|dz|}{|z-\zeta|} \leq LM^n, \quad L = \frac{|C|}{2\pi}\max_{z \in C}\frac{1}{|z-\zeta|}.$$
L は n に依存しない定数であるから, $|f(\zeta)| \leq L^{1/n}M$ において $n \to \infty$ とする.

59 任意に固定した $|w| < 1$ に対して, $|f(w)| < 1$ より 1次分数関数

ヒントと解答   223

$$\phi(z) = \frac{z-w}{1-\overline{w}z}, \quad \varphi(z) = \frac{z-f(w)}{1-\overline{f(w)}z}$$

はともに D から D への全単射である．よって関数 $F(\zeta) = \varphi \circ f \circ \phi^{-1}(\zeta)$ は D において正則であり，$F(0) = 0$ および $|F(\zeta)| < 1$ を満たす．ゆえにシュヴァルツの補題 11.4 より $|F(\zeta)| \leq |\zeta|$ すなわち $|\varphi \circ f(z)| \leq |\phi(z)|$ が成り立つ．

60 前問より，任意の異なる 2 点 $z, w \in D$ に対して

$$\left|\frac{f(z)-f(w)}{z-w}\right| \leq \left|\frac{1-\overline{f(w)}f(z)}{1-\overline{w}z}\right|$$

が成り立つ．$w \to z$ として求める不等式を得る．演習問題 25 (4 章) で見ているように，常に等号を満たす 1 次分数関数が無数に存在する．

61 零点 z_k は高々位数個までしか重複して並べることはないから，関数

$$F(z) = \frac{1-\overline{z_1}z}{z-z_1} \frac{1-\overline{z_2}z}{z-z_2} \cdots \frac{1-\overline{z_n}z}{z-z_n} f(z)$$

は D において正則である．1 次分数関数 $(z-z_k)/(1-\overline{z_k}z)$ は単位円 $|z|=1$ をそれ自身へ写すから，任意の $\epsilon > 0$ に対して $r < 1$ を十分に 1 に近くとれば，円周 $|z| = r$ 上で $|F(z)| < 1 + \epsilon$ が成り立つようにできる．よって最大値原理より

$$\max_{|z| \leq r} |F(z)| = \max_{|z| = r} |F(z)| < 1 + \epsilon$$

となり，ϵ は任意であるから $|F(z)| \leq 1$ が $z \in D$ に対して成り立つ．

62 $|z| < 1$ において $|f(z)| < M$ とする．$f(0) \neq 0$ の場合は，前問の結果を $f(z)/M$ に適用し，特に $z = 0$ を代入して $|f(0)| \leq M|z_1 z_2 \cdots z_n|$ を得る．$0 < x < 1$ で成り立つ不等式 $x < -\log(1-x)$ より，

$$\sum_{k=1}^{n}(1-|z_k|) < -\sum_{k=1}^{n}\log(1-(1-|z_k|)) = \log\frac{1}{|z_1 z_2 \cdots z_n|} \leq \log\frac{M}{|f(0)|}.$$

もし 0 が $f(z)$ の k 位の零点であれば，$F(z) = f(z)/z^k$ を考えればよい．

63 E 上で $|f(z)| \leq M, M > 1$ とする．D は負の実軸を含まないから，$\mathrm{Log}\, z$ が D における正則関数として定義できる．任意の $\epsilon \in (0,1)$ に対して，十分に大きい $R > 1$ をとって $z \in C_1 \cup C_2, |z| > R$ ならば $|f(z)| < \epsilon$ とできる．さて，

$$\phi(z) = \frac{\mathrm{Log}\, z}{M(\log R + \pi) + \epsilon\, \mathrm{Log}\, z}$$

とおくと，$|z| > 1$ において

$$|M(\log R + \pi) + \epsilon\, \mathrm{Log}\, z| \geq \mathrm{Re}(M(\log R + \pi) + \epsilon\, \mathrm{Log}\, z)$$
$$\geq M(\log R + \pi) + \epsilon \log|z|$$

であるから，$D_R = D \cap \{|z| > R\}$ において $F(z) = \phi(z)f(z)$ は正則，かつ境界を込めて連続であり有界である．D_R の境界のうち $C_1 \cup C_2$ 上の z に対しては

$$|F(z)| = |\phi(z)| \cdot |f(z)| \leq \frac{\epsilon(\log|z| + \pi)}{M(\log R + \pi) + \epsilon \log|z|} \leq 1$$

が成り立ち，また残りの $|z| = R$ 上の z に対しては

$$|F(z)| \leq \frac{M(\log R + \pi)}{M(\log R + \pi) + \epsilon \log R} \leq 1$$

となる．よって定理 11.5 より D_R において $|F(z)| \leq 1$ が成り立ち，

$$|f(z)| \leq \frac{1}{|\phi(z)|} = \left| \epsilon + \frac{M(\log R + \pi)}{\log z} \right|$$

を得る．ゆえに $z \in D, z \to \infty$ のときの $|f(z)|$ の上極限は ϵ 以下である．ϵ は任意であったから，$|f(z)|$ は 0 に収束する．

64 関数 $F(z) = (f(z) - \alpha)(f(z) - \beta)$ も D において正則，かつ境界を込めて連続であり有界である．各 C_k に沿って z が無限遠点に近づくとき $F(z)$ は 0 に収束するから，前問の結果より z が D の内部から無限遠点に近づくときも $F(z)$ は 0 に収束する．さて $\alpha \neq \beta$ と仮定して矛盾を示そう．$P(z) = (z - \alpha)(z - \beta)$ とおく．α, β の十分に小さい近傍 U_1, U_2 をお互いの距離が正であるようにとる．このとき $\mathbb{C} \setminus (U_1 \cup U_2)$ における $|P(z)|$ の下限 δ は正である．次に十分に大きく R をとれば，$|z_k| > R, f(z_k) \in U_k$ を満たす 2 点 $z_k \in C_k$ が選べる．すると，z_1 と z_2 を結ぶ D 内の連続曲線 Γ を考えれば，f による像 $f(\Gamma)$ は U_1 と U_2 をつなぐ連続曲線であり，その途中に $f(z_0) \notin U_1 \cup U_2$ を満たす点 $z_0 \in D$ が存在する．このとき $|F(z_0)| = |P \circ f(z_0)| \geq \delta$ であるが，δ は 1 つの定まった正数であるのに，$|z_0|$ の方はいくらでも大きくとることができる．これは矛盾である．

第 12 章

65 $\widehat{\mathbb{C}}$ において有理形である関数 $f(z)$ の $\mathbb{C}$ における極を $z_1, z_2, \cdots, z_n$ とし，それぞれの位数を $k_1, k_2, \cdots, k_n$ とする．関数 $F(z) = (z - z_1)^{k_1} \cdots (z - z_n)^{k_n} f(z)$ は整関数である．もし無限遠点が f の d 位の極であれば，ある定数 $C > 0$ がとれて十分に大きい $|z|$ に対して $|f(z)| \leq C|z|^d$ が成り立つ．無限遠点が f の正則点ならば $d = 0$ ととれる．よって十分に大きい $|z|$ に対して $|F(z)| \leq 2C|z|^{d+k_1+\cdots+k_n}$ が成り立つ．ゆえに演習問題 43 (8 章) より $F(z)$ は多項式，したがって $f(z)$ は有理関数である．

66 $R(z)$ のすべての零点と極を囲むように，原点を中心とする反時計まわりの円周 C を十分に大きくとる．整関数 $f(z)$ の原点を中心とする整級数は C 上で一様収束するので，任意の整数 $k \geq 0$ に対して $\mathrm{Res}\left(\infty; z^{k-1}\left(\dfrac{R'(z)}{R(z)}\right)^k\right) = -(N - P)^k$ が成り立つことを示せばよい．$k = 0$ のときは明らか（ただし $N = P$ のときの右辺は $0^0 = 1$ と解釈する）なので，以後 $k \geq 1$ とする．$R(z)$ の異なる零点および極をすべて並べて $z_1, z_2, \cdots, z_n$ とし，それらの符号付き位数を $\sigma_1, \sigma_2, \cdots, \sigma_n$ とおく．定理 12.1 の証明に従うと，整関数 $\phi(z)$ によって $\dfrac{R'(z)}{R(z)} = \displaystyle\sum_{k=1}^{n} \dfrac{\sigma_k}{z - z_k} + \phi(z)$

ヒントと解答

と表せる．いま多項式 P, Q を用いて $R(z) = Q(z)/P(z)$ とおくと，
$$\frac{R'(z)}{R(z)} = \frac{P(z)}{Q(z)} \cdot \frac{Q'(z)P(z) - Q(z)P'(z)}{P^2(z)} = \frac{Q'(z)}{Q(z)} - \frac{P'(z)}{P(z)}$$
であるから，$z \to \infty$ のとき $R'(z)/R(z) \to 0$ が成り立つ．よって $\phi(z) \to 0$ となり，リウヴィルの定理 8.6 より $\phi(z)$ は恒等的に 0 である．(10.4) を用いると，
$$-\frac{1}{z^2} \cdot \frac{1}{z^{k-1}} \left(\frac{R'(1/z)}{R(1/z)} \right)^k = -\frac{1}{z} \left(\frac{\sigma_1}{1 - z_1 z} + \cdots + \frac{\sigma_n}{1 - z_n z} \right)^k$$
であるから，右辺の原点における留数は $-(\sigma_1 + \cdots + \sigma_n)^k = -(N-P)^k$ である．

[67] 各 z_k の符号付き位数を σ_k とおく．定理 12.2 より $\sum_{k=1}^{n} \sigma_k z_k^\ell = I_\ell, 0 \le \ell < n$ が成り立つが，これは n 個の未知数 $\sigma_1, \sigma_2, \cdots, \sigma_n$ に関する連立 1 次方程式であり，その係数行列式は，ヴァンデルモンド行列式 $\prod_{1 \le j < k \le n}(z_k - z_j) \ne 0$ である．よって解 $\sigma_1, \sigma_2, \cdots, \sigma_n$ は一意的に定まる．

[68] ワイエルシュトラスの 2 重級数定理 8.8 より $f(z)$ は D で正則である．z_0 を中心とする閉円板 U を，U 内の $f(z)$ の零点は z_0 のみであるように十分小さくとる．U の円周 C に対して $\delta = \min_{z \in C} |f(z)| > 0$ とおく．$\{f_n(z)\}$ は U 上で一様収束することから，十分に大きい n に対して $\max_{z \in C} |f_n(z) - f(z)| < \delta$ が成り立つ．ルーシェの定理 12.3 より C 内の $f_n(z)$ と $f(z)$ の零点の個数は一致する．

[69] もし $P(0) = 0$ ならば，$P(z) = z^d P_0(z), P_0(0) \ne 0$ とおくと，$M(P) = M(P_0)$ かつ $\log|P(e^{i\theta})| = \log|P_0(e^{i\theta})|$ であるから，初めから $P(0) = a_0 \ne 0$ と仮定してよい．$|\alpha_1| \le \cdots \le |\alpha_m| < 1 \le |\alpha_{m+1}| \le \cdots \le |\alpha_n|$ とすれば，定理 12.5 より
$$\frac{1}{2\pi} \int_0^{2\pi} \log|P(e^{i\theta})|\, d\theta = \log \frac{|a_0|}{|\alpha_1 \alpha_2 \cdots \alpha_m|}$$
根と係数の関係より $|a_0/a_n| = |\alpha_1 \alpha_2 \cdots \alpha_n|$ であるから，右辺は次式となる．
$$\log|a_n| \cdot |\alpha_{m+1} \cdots \alpha_n| = \log M(P)$$

[70] 右の不等式は $|P(e^{i\theta})| \le L(P)$ より明らか．根と係数の関係から
$$\left| \frac{a_{n-s}}{a_n} \right| = \left| \sum_{i_1 < \cdots < i_s} \alpha_{i_1} \cdots \alpha_{i_s} \right| \le \binom{n}{s} \frac{M(P)}{|a_n|} \quad \text{すなわち} \quad |a_s| \le \binom{n}{s} M(P)$$
が各 $1 \le s \le n$ に対して成り立つ．これより
$$L(P) \le \left(\binom{n}{0} + \binom{n}{1} + \cdots + \binom{n}{n} \right) M(P) = 2^n M(P).$$

[71] $P(z) = a_0 + a_1 z + \cdots + a_n z^n, a_k \in \mathbb{Z}, a_n \ne 0$ の n 個の根を $\theta_1, \theta_2, \cdots, \theta_n$ とする．あらかじめ $P(z)$ から z のベキをくくり出しておけるから，$a_0 \ne 0$ としてよい．
$$M(P) = |a_n| \prod_{k=1}^{n} \max(1, |\theta_k|) = 1$$

より $a_n = \pm 1$ かつ $0 < |\theta_k| \leq 1$ である．各 $m \in \mathbb{N}$ に対して，$\theta_1^m, \theta_2^m, \cdots, \theta_n^m$ を根とする n 次多項式を $P_m(z)$ とおく．それらの基本対称式は $\theta_1, \theta_2, \cdots, \theta_n$ の基本対称式の整数結合で表せるから，P_m の n 次係数は ± 1 であり他の係数も整数である．よって前問の結果より

$$L(P_m) \leq 2^n M(P_m) = 2^n \prod_{k=1}^{n} \max(1, |\theta_k|^m) \leq 2^n$$

であるから，m が動くとき $\{P_m\}$ は有限集合をなす．したがって $P_m = P_M$ となる $m < M$ が存在し，根の間に置換 $\theta_k^m = \theta_{\sigma(k)}^M$ を誘導する．よって σ^L が恒等置換になる正整数 L に対して，

$$\theta_k^{m^L} = (\theta_k^m)^{m^{L-1}} = (\theta_{\sigma(k)}^M)^{m^{L-1}} = \cdots = \theta_{\sigma^L(k)}^{M^L} = \theta_k^{M^L}$$

となって，各 θ_k は $z^{M^K - m^K} = 1$ を満たす．

注意 定数でないすべての整数係数多項式 P に対して，$M(P) \neq 1$ ならば絶対定数 $\mu > 1$ が存在して $M(P) \geq \mu$ であろうというのが**レーマー予想**である．1 より大きなマーラー測度の中で，現在知られている最小のものは $M(P) = 1.176280\cdots$ であり，このとき $P(z) = z^{10} + z^9 - z^7 - z^6 - z^5 - z^4 - z^3 + z + 1$ である．

第 13 章

[72] 示すべき公式の右辺と左辺をそれぞれ $f(z), g(z)$ とおく．$g(z)$ は $\mathbb{Z}$ 上のみに 2 位の極をもつ有理形関数である．$f(z)$ は特異部そのものの級数であるが，任意の $r > 1$ に対して $|z| \leq r, n > 2r$ ならば $|z - n|^{-2} \leq 4/n^2$ であるから，$f(z)$ は $\mathbb{C} \setminus \mathbb{Z}$ において広義一様収束し有理形関数を表す．$f(z), g(z)$ ともに周期 1 をもつ周期関数であるから整関数 $\Phi(z) = f(z) - g(z)$ も周期 1 をもち，$\Phi(z)$ の有界性を示すには $\{z = x + iy | 0 \leq x < 1, |y| \geq 1\}$ で考えればよい．

$$|\sin \pi z| = \frac{1}{2}|e^{-\pi y + \pi i x} - e^{\pi y - \pi i x}| \geq \frac{1}{2}(e^{\pi|y|} - 1) \geq \frac{1}{2}(e^{\pi} - 1)$$

より $g(z)$ の有界性が従い，$|z - n|^{-2} \leq \min(1, (n-1)^{-2})$ より $f(z)$ の有界性が従う．よって $\Phi(z)$ は $\mathbb{C}$ において有界であり，リウヴィルの定理 8.6 より $\Phi(z)$ は定数である．さらに $\Phi\left(\frac{1}{2}\right) = \sum_{n=-\infty}^{\infty} \frac{1}{(n - 1/2)^2} - \pi^2 = 0$ より $\Phi(z) = 0$ である．

[73] $A_n = a_1 \cdots a_n = e^{(1/2 + \cdots + 1/2^n)\pi i} \to e^{\pi i} = -1$ および $S_n = \mathrm{Log}\, a_1 + \cdots + \mathrm{Log}\, a_n \to \pi i$ となる．$\alpha = -1, \beta = \pi i$ より $\alpha = e^\beta$ は成り立っても $\mathrm{Log}\, \alpha = \mathrm{Log}(-1) = -\pi i$ は β と一致しない．

[74] $0 < \epsilon < x < 1$ とし定理 13.2 の両辺を ϵ から x まで実積分する．右辺の級数は区間 $(0,1)$ において広義一様収束するから項別積分が許される．こうして

$$\log \frac{\sin \pi x}{\sin \pi \epsilon} = \log \frac{x}{\epsilon} + \sum_{n=1}^{\infty} \log \frac{n^2 - x^2}{n^2 - \epsilon^2}$$

ヒントと解答　　　　　　　　　　　　　　**227**

すなわち

$$\log\frac{\sin\pi x}{\pi x} = \log\frac{\sin\pi\epsilon}{\pi\epsilon} + \sum_{n=1}^{\infty}\log\left(1-\frac{x^2}{n^2}\right) - \sum_{n=1}^{\infty}\log\left(1-\frac{\epsilon^2}{n^2}\right).$$

$\epsilon \to 0$ のとき右辺第 1 項と 3 項は 0 に収束する．ゆえに定理 13.14 が $x \in (0,1)$ に対して成り立ち，一致の定理 9.5 よりすべての $z \in \mathbb{C}$ に対して成立する．

75　与えられた左辺の無限乗積の第 n 項を $p_n(z)$ とおけば，

$$p_n(z) - 1 = \frac{z}{2n(2n-1)} - \frac{3n-1}{2n^2(2n-1)}z^2 - \frac{z^3}{2n^2(2n-1)}$$

は z のみに依存する定数によって $O(n^{-2})$ で評価される．よって無限乗積は $\mathbb{C}$ で広義一様に収束し整関数 $g(z)$ を表す．もし $g(z)$ の積の順序が自由に入れ替えられるならば，明らかに定理 13.14 と同じ無限乗積を表すが，実際はそうではないから，積の順序交換が許されない例である．さて，$g(z)$ を

$$\prod_{n=1}^{\infty}\left(1+\frac{z}{2n-1}\right)e^{-z/(2n-1)} \cdot \left(1+\frac{z}{2n}\right)e^{-z/(2n)} \cdot \left(1-\frac{z}{n}\right)e^{z/n} \cdot \exp\left(\frac{z}{2n-1} - \frac{z}{2n}\right)$$

のように 4 つの因子に分ければ，すでに見ているようにそれぞれは独立に絶対収束する．したがって積の順序交換が可能となり，定理 13.14 より

$$g(z) = \frac{\sin\pi z}{\pi z}\prod_{n=1}^{\infty}\exp\left(\frac{z}{2n-1} - \frac{z}{2n}\right)$$

を得る．右辺の無限乗積は $e^{z\log 2}$ に等しい．

76　定理 13.11 に従って $\{a_n\}$ のみに 1 位の零点をもつ整関数 $\phi(z)$ を作る．次に定理 13.1 に従って，$b_n \neq 0$ を満たす n に対して a_n における特異部が $\dfrac{b_n}{\phi'(a_n)}\dfrac{1}{z-a_n}$ であり，それ以外は正則であるような有理形関数 $\psi(z)$ を作る（もしすべての n で $b_n = 0$ ならば $\psi(z) = 1$ とする）．$f(z) = \phi(z)\psi(z)$ は整関数であり，$f(z)$ の a_n の近傍における漸近展開は

$$f(z) = (\phi'(a_n)(z-a_n) + O(z-a_n^2)) \times \left(\frac{b_n}{\phi'(a_n)(z-a_n)} + O(1)\right)$$

であるから $f(a_n) = b_n$ となる．

77　(i) 問題文の無限乗積の一般項を $f_n(z)$ とおく．任意の $r > 1$ に対して $p \geq 2r$ を満たす最小の素数を p_0 とする．$|z| \leq r, p \geq p_0$ のとき，

$$|f_n(z) - 1| = \frac{|z-1|}{p|p-z|} \leq \frac{2(r+1)}{p^2}$$

であり，$\sum 1/p^2 \leq \sum 1/n^2 < \infty$ であるから，この無限乗積は $\mathbb{C}\setminus\mathbb{P}$ において広義一様に絶対収束する．極の候補点は $z = p, p \in \mathbb{P}$ であり，零点の候補点は $1 + 1/(p-z) = (p+1-z)/(p-z)$ より $z = p+1, p \in \mathbb{P}$ である．両者が等しく

なるのは $p=2$ のときに限る．ゆえに $f(z)$ は 1 位の極を $\mathbb{P}\setminus\{3\}$ のみにもち，1 位の零点を $\{p+1\mid p\in\mathbb{P}, p\neq 2\}$ のみにもつ．（絶対収束しているがゆえに積の順序交換が許され「$p\in\mathbb{P}$ にわたる」無限乗積という表現が可能である．）

(ii) $|z|<2$ において $f(z)=\prod_{p\in\mathbb{P}}\left(1-\dfrac{1}{p}\right)\left(1+\sum_{m=0}^{\infty}\dfrac{z^m}{p^{m+1}}\right)$ であるから，これを展開して得られる整級数の係数 a_n はすべて正の実数である．また $f_n(1)=1$ より $f(1)=1$ である．ちなみに係数 a_n は $\lim\limits_{N\to\infty}\dfrac{1}{N}\#\{1\leq m\leq N\mid \omega(m)-\nu(m)=n\}$ に等しいことが知られている．ここで $\#E$ は集合 E の個数を表し，$\omega(m)$ は m の素因数の個数，$\nu(m)$ は m の相異なる素因数の個数を表す．

(iii) 何らかの整関数 $g(z)$ によって

$$f(z)=e^{g(z)}\times\dfrac{\prod_{p\in\mathbb{P},p\neq 2}\left(1-\dfrac{z}{p+1}\right)e^{z/(p+1)}}{\prod_{p\in\mathbb{P},p\neq 3}\left(1-\dfrac{z}{p}\right)e^{z/p}}$$

と表せる．分子分母の無限乗積はそれぞれ広義一様に絶対収束するからである．$g(z)$ を求めるために 1 つの無限乗積にまとめれば

$$e^{g(z)}=\prod_{p\in\mathbb{P}}\left(1-\dfrac{1}{p^2}\right)\exp\left(\dfrac{z}{p(p+1)}\right)$$

を得る．右辺の 2 つの因子はそれぞれ絶対収束し，その値を α,β とおく．まず，素因数分解の一意性から $\alpha^{-1}=\prod_{p\in\mathbb{P}}(1-p^{-2})^{-1}=\sum_{n=1}^{\infty}n^{-2}=\pi^2/6$ であり，また $A=\sum_{p\in\mathbb{P}}p^{-1}(p+1)^{-1}$ とおくと $\beta=e^{Az}$ である．したがって，例えば $g(z)=Az+\log 6-2\log\pi$ となる．

[78] (i),(ii),(iii) ともに定理 13.15 から容易に導くことができる．

[79] (i) $z\in D$ に対して $\Gamma(z)=\int_0^{\infty}t^{z-1}e^{-t}dt=n^z\int_0^{\infty}s^{z-1}e^{-ns}ds$ より

$$\Gamma(z)\zeta(z)=\sum_{n=1}^{\infty}\dfrac{\Gamma(z)}{n^z}=\sum_{n=1}^{\infty}\int_0^{\infty}s^{z-1}e^{-ns}ds$$

となる．これより $x=\operatorname{Re}z>1$ として

$$\left|\sum_{n=1}^{N}\int_0^{\infty}s^{z-1}e^{-ns}ds-\int_0^{\infty}\dfrac{s^{z-1}}{e^s-1}ds\right|\leq\int_0^{\infty}\dfrac{s^{x-1}}{e^s-1}e^{-Ns}ds$$

であるから，$N\to\infty$ のとき右辺は 0 に収束する．

(ii) $\Gamma(z)\zeta(z)=\int_0^1\dfrac{x^{z-1}}{e^x-1}dx+\int_1^{\infty}\dfrac{x^{z-1}}{e^x-1}dx$ と分けて右辺を $\varphi(z)+\phi(z)$ とおく．演習問題 [47]（8 章）と同様にして ϕ は整関数であることが示せる．(13.7) より $\dfrac{x}{e^x-1}=\sum_{n=0}^{\infty}\dfrac{B_n}{n!}x^n$ は $[0,1]$ 上で一様収束し，$\varphi(z)=\sum_{n=0}^{\infty}\dfrac{B_n}{n!}\dfrac{1}{z+n-1}$ が成

ヒントと解答

り立つ．したがって

$$\zeta(z) = \frac{1}{\Gamma(z)}\left(\sum_{n=0}^{\infty}\frac{B_n}{n!}\frac{1}{z+n-1} + \phi(z)\right) \tag{G}$$

と表され，右辺は $D' = \mathbb{C}\setminus\{1, 0, -1, -2, \cdots\}$ において正則である．ゆえに上式は $\zeta(z)$ の D から D' への解析接続を定める．$\Gamma(1) = 1$ であるから $z = 1$ は $\zeta(z)$ の1位の極で，そこでの留数は $\mathrm{Res}(1;\zeta) = B_0/0! = 1$ となる．各整数点 $z = -k, k \geq 0$ の近傍において

$$\zeta(z) \sim \frac{\dfrac{B_{k+1}}{(k+1)!}\dfrac{1}{z+k} + O(1)}{\dfrac{(-1)^k}{k!}\dfrac{1}{z+k} + O(1)} = (-1)^k\frac{B_{k+1}}{k+1} + O(z+k)$$

であるから，$z = -k$ は除去可能特異点であり $\zeta(-k) = (-1)^k B_{k+1}/(k+1)$ となる．特に $z = -2, -4, \cdots$ は $\zeta(z)$ の零点である．これらを自明な零点という．非自明な零点の実部はすべて 1/2 であろうというのが有名な**リーマン予想**である．

(iii) $-1 < x < 0$ とする．(G) より

$$\Gamma(x)\zeta(x) = \sum_{n=2}^{\infty}\frac{B_n}{n!}\frac{1}{x+n-1} + \frac{1}{x-1} - \frac{1}{2x} + \int_1^{\infty}\frac{t^{x-1}}{e^t-1}dt$$

$$= \sum_{n=2}^{\infty}\frac{B_n}{n!}\frac{1}{x+n-1} + \int_1^{\infty}\left(\frac{1}{e^t-1} - \frac{1}{t} + \frac{1}{2t}\right)t^{x-1}dt$$

であるから，$\Gamma(x)\zeta(x) = \int_0^{\infty}\left(\dfrac{1}{e^t-1} - \dfrac{1}{t} + \dfrac{1}{2t}\right)t^{x-1}dt$ が成り立つ．(13.8) を用いて上式は $2\int_0^{\infty}\left(\sum_{n=1}^{\infty}\dfrac{1}{t^2+4\pi^2n^2}\right)t^x dt$ と表され，積分と和の順序交換が

$$\int_0^{\infty}\frac{t^x}{t^2+4\pi^2n^2}dt \leq \frac{1}{4\pi^2n^2}\int_0^n t^x dt + \int_n^{\infty}t^{x-2}dt = O\left(\frac{1}{n^{1-x}}\right)$$

であることから許される．よって $\Gamma(x)\zeta(x) = 2\sum_{n=1}^{\infty}\int_0^{\infty}\dfrac{t^x}{t^2+4\pi^2n^2}dt$ を得る．さて，変数変換 $t = 2\pi n\sqrt{(1-s)/s}$ によって上式の右辺は

$$\sum_{n=1}^{\infty}\frac{1}{(2\pi n)^{1-x}}\int_0^1 s^{-(1+x)/2}(1-s)^{(x-1)/2}ds$$

$$= (2\pi)^{x-1}\zeta(1-x)B\left(\frac{1-x}{2}, \frac{1+x}{2}\right)$$

$$= \frac{2^{x-1}\pi^x}{\cos(\pi x/2)}\zeta(1-x)$$

となる．ここで $B(p,q)$ は**ベータ関数**である．この等式は一致の定理 9.5 によって両辺が正則な範囲で成り立つ．特に $\zeta(z)$ の自明な零点はすべて 1 位である．

第 14 章

80　背理法による．問題の定数 $0 < \varkappa < 1$ が存在しないと仮定する．すなわち，1 に収束する正の単調増加列 $\{\varkappa_n\}$ と $f_n(z_0) = 0$ を満たす D_0 上の正則な関数列 $f_n(z)$ が存在して $\max_{z \in K} |f_n(z)| > \varkappa_n \|f_n\|_{D_0}$ が成り立つとする．$f_n(z)$ は恒等的に 0 ではないので，$g_n(z) = f_n(z)/\|f_n\|_{D_0}$ によって D_0 上の正則関数列が定義できる．$\|g_n\|_{D_0} \leq 1$ であるから，定理 14.4 より $\mathscr{F} = \{g_n(z)\}$ は D_0 において正規族である．さらに各 g_n は $g_n(z_0) = 0$ および $\max_{z \in K} |g_n(z)| > \varkappa_n$ を満たす．次に $r < 1$ を十分に 1 に近くとり，開円板 $U = \{|z| < r\}$ が z_0 および K を含むようにしておく．必要ならば部分列をとることによって，$g_n(z)$ は $g(z)$ に閉円板 $V = \{|z| \leq r\}$ 上で一様収束するとしてよい．$g(z)$ は U において正則かつ V 上で連続である．このとき $1 \geq \max_{z \in K} |g(z)| \geq \lim_{n \to \infty} \varkappa_n = 1$ であるから $\max_{z \in K} |g(z)| = 1$ を得る．ところが V において $|g(z)| \leq 1$ であるから，$|g(z)|$ は V における最大値を V の内点で達成する．よって最大値原理より $g(z)$ は V で定数である．$g(z_0) = 0$ より $g(z)$ は恒等的に 0 である．しかし，これは $\max_{z \in K} |g(z)| = 1$ に反する．

81　パラメータの区間の分割 $\varDelta$ から作ったリーマン和

$$s_\varDelta(z) = \sum_{k=0}^{n-1} \phi(z, w_k)(w_{k+1} - w_k), \quad \{w_k\} \subset C$$

は $z \in D$ の正則関数であり，$|\varDelta| \to 0$ のとき $\varPhi(z)$ に各点収束する．$z_0 \in D$ を中心とする十分小さい閉円板 $E_0 \subset D$ をとれば，コンパクト集合 $E_0 \times C$ において ϕ は連続であるから，$|\phi(z, w)| \leq M_0$ なる定数 M_0 がとれる．任意の $z \in E_0$ に対して

$$|s_\varDelta(z)| \leq \sum_{k=0}^{n-1} |\phi(z, w_k)| \cdot |w_{k+1} - w_k| \leq M_0 |C|$$

であるから，定理 14.4 より $\mathscr{F} = \{s_\varDelta(z)\}$ は正規族である．ゆえに $|\varDelta| \to 0$ のとき D において $\varPhi(z)$ に広義一様収束する．したがって $\varPhi(z)$ は D で正則である．

82　$f \in \mathscr{F}(\mathbb{C}, \mathbb{C})$ は整関数である．もし無限遠点が除去可能特異点ならば，$f(z)$ は $\mathbb{C}$ で有界となるから，リウヴィルの定理 8.6 より $f(z)$ は定数となって矛盾．次に無限遠点が真性特異点であると仮定する．各 $z_0 \in \mathbb{C}$ において $f'(z_0) \neq 0$ であるから，定理 4.7 より z_0 の近傍と $f(z_0)$ の近傍が 1 対 1 に対応する．ところが，定理 10.5 より $n \to \infty$ のとき $f(z_n) \to f(z_0)$ かつ $z_n \to \infty$ を満たす点列 $\{z_n\}$ が存在するから，$f(z)$ が $\mathbb{C}$ 上の単葉関数であることに反する．ゆえに無限遠点は $f(z)$ の極であり，その位数を $d \geq 1$ とおく．すると $f(z)/z^d$ は無限遠点の近傍で有界であり，演習問題 43 (8 章) より $f(z)$ は高々 d 次の多項式である．$d \geq 2$ とすれば，代数学の基本定理 8.7 により方程式 $f'(z) = 0$ は少なくとも 1 つの解をもつことから矛盾．ゆえに $d = 1$ であり，実際すべての 1 次関数 $f(z) = az + b, a \neq 0$ は $\mathscr{F}(\mathbb{C}, \mathbb{C})$ に属する．

ヒントと解答

231

83 実軸上の半直線 $\{z \mid \operatorname{Re} z \geq 1, \operatorname{Im} z = 0\}$ および原点を中心にそれを $120°, 240°$ 回転した合計 3 本の半直線を $\mathbb{C}$ から除いた単連結領域 D において

$$\frac{1}{(1-z^3)^{2/3}} = \exp\left(-\frac{2}{3}\operatorname{Log}(1-z^3)\right)$$

によって定まる関数は正則である．よって D 内で 0 から z に至る不定積分が定義できて，明らかに正則単葉である．$\theta \neq 0, 2\pi/3, 4\pi/3$ のとき，

$$f(e^{i\theta}) = \int_0^{e^{i\omega}} \frac{dz}{(1-z^3)^{2/3}} + \int_\omega^\theta \frac{ie^{i\theta}}{(1-e^{3i\theta})^{2/3}} d\theta$$

を $\varphi(\theta)$ とおけば（ただし θ が属する区間 $(0, 2\pi/3), (2\pi/3, 4\pi/3), (4\pi/3, 2\pi)$ に応じて $\omega = \pi/3, \pi, 5\pi/3$ とする），

$$\arg(\varphi'(\theta)) \equiv \frac{\pi}{2} + \theta - \frac{2}{3}\operatorname{Arg}(1-e^{3i\theta}) \pmod{2\pi}$$

であるから，それぞれの区間に応じて右辺は $5\pi/6, 3\pi/2, \pi/6$ となる．つまり速度ベクトルの向きが区分的に一定であるから $\varphi(\theta)$ は線分上を動き，かつ $f(e^{i\theta})$ は $\theta \neq 0, 2\pi/3, 4\pi/3$ においても連続であることから，$\varphi(\theta)$ は 3 角形を描く．この 3 角形の内角はすべて $60°$ である．

第 15 章

84 変換 $x = 1/\sqrt{1-k'^2 t^2}$ によって

$$K(k') = \int_0^1 \frac{dt}{\sqrt{1-t^2}\sqrt{1-k'^2 t^2}} = \int_1^{1/k} \frac{dx}{\sqrt{x^2-1}\sqrt{1-k^2 x^2}} = K'(k).$$

85 $\operatorname{sn}^{-2} z$ は ω, η を周期とする 2 位の楕円関数で，基本領域において唯一の極を原点にもち，それは 2 位の極である．$\wp(z)$ も同じ基本領域において原点に 2 位の極をもつので，適当に定数 a を選べば，楕円関数 $f(z) = \wp(z) - a/\operatorname{sn}^2 z$ が原点に高々 1 位の極しかもたないようにできる．したがって $f(z)$ は定数 b である．$\wp(z) - a/\operatorname{sn}^2 z = b$ において，$z = \eta/2 = iK'$ を代入して $b = \wp(\eta/2)$ を得る．$z = 0$ の近傍において $\wp(z) \sim z^{-2}$ および $\operatorname{sn} z \sim z$ なので $a = 1$ である．

86 $K(k)$ は k に関して連続かつ単調増加であり，

$$\lim_{k \to 0+0} K(k) = \int_0^1 \frac{dx}{\sqrt{1-x^2}} = \frac{\pi}{2} \quad \text{および} \quad \lim_{k \to 1-0} K(k) = \int_0^1 \frac{dx}{1-x^2} = \infty$$

である．一方 $K'(k)$ は k に関して単調減少で，$k \to 0+0$ のとき $K'(k) \to \infty$ および $k \to 1-0$ のとき $K'(k) \to \pi/2$ が成り立つ．よって $K'(k)/K(k)$ は単調減少であり，$k \to 0+0$ のとき ∞，$k \to 1-0$ のとき 0 に収束する．ゆえに $K'(k)/K(k) = \lambda$ を満たす k が唯一存在する．

87 問題のレムニスケート曲線 $r^2 = 2\cos 2\theta$ は，θ が 0 から $\pi/4$ まで動くとき，

点 $A = (\sqrt{2}, 0)$ から原点 $O = (0,0)$ まで第 1 象限内を動く．その途中の等分点 $P = (x_0, y_0)$ に対応する偏角を θ_0 とする．曲線の A から P までの部分弧の長さは，7.1 節の脚注で述べた変換 $\cos 2\theta = \cos^2 \phi$ によって，$k = 1/\sqrt{2}$ とおけば，

$$\int_0^{\theta_0} \sqrt{\frac{2}{\cos 2\theta}}\, d\theta = \int_0^{\phi_0} \frac{d\phi}{\sqrt{1 - k^2 \sin^2 \phi}}, \quad \cos\phi_0 = \sqrt{\cos 2\theta_0}$$

と書ける．左の等式の右辺の積分は (15.7) より $F(\sin\phi_0)$ に等しい．したがって $F(\sin\phi_0) = F(1)/2 = K/2$，すなわち $\mathrm{sn}(K/2) = \sin\phi_0$ を求める問題に帰着する．$\mathrm{sn}\, K = 1$ であるから，基本性質 カ より $\mathrm{cn}\, K = 0, \mathrm{dn}^2 K = 1/2$ となる．簡単のために $X = \mathrm{sn}(K/2)$ とおく．$0 < x < 1$ において実関数 $\mathrm{sn}\, x$ は狭義単調増加であるから，$\mathrm{cn}\, x, \mathrm{dn}\, x$ は狭義単調減少な実関数であり，特に正の値をとる．よって $\mathrm{cn}(K/2) = \sqrt{1 - X^2}, \mathrm{dn}(K/2) = \sqrt{1 - X^2/2}$ である．定理 15.16 において $z = K, w = -K/2$ を代入すれば，$\mathrm{cn}\, x, \mathrm{dn}\, x$ は偶関数であるから，

$$X(1 - X^2/2) = \sqrt{1 - X^2}\sqrt{1 - X^2/2}$$

を得る．この方程式は $0 < X < 1$ においてただ 1 つの解 $X = \sqrt{2 - \sqrt{2}}$ をもつ．よって $\cos 2\theta_0 = 1 - X^2 = \sqrt{2} - 1$ より，$\sin\theta_0 = \sqrt{1 - 1/\sqrt{2}}, \cos\theta_0 = 1/\sqrt[4]{2}$ となるから，

$$x_0 = \sqrt{2\cos 2\theta_0}\cos\theta_0 = \sqrt{2 - \sqrt{2}},$$
$$y_0 = \sqrt{2\cos 2\theta_0}\sin\theta_0 = \sqrt[4]{2}(\sqrt{2} - 1).$$

参 考 文 献

[1] L. V. Ahlfors, Complex Analysis, Third Edition, McGraw-Hill, 1979.
[2] E. Artin, On the theory of complex functions, The Collected Papers of Emil Artin, Addison-Wesley, pp.513–522, 1965.
[3] U. Bottazzini, J. Gray, Hidden Harmony — Geometric Fantasies, The Rise of Complex Function Theory, Springer, 2013.
[4] C. Carathéodory, Theory of Functions, vol.1, Chelsea Publ. Co., 1978.
[5] J. Dieudonné, Calcul Infinitesimal, Hermann, 1968.（無限小解析，丸山滋弥・麻嶋格次郎訳，東京図書，1973年）
[6] M. Kac, Statistical Independence in Probability, Analysis and Number Theory, John Wiley and Sons, 1959.
[7] 笠原 晧司，微分積分学，サイエンス社，1974年．
[8] 功力 金二郎，複素函数論 I・II，岩波講座 現代応用数学 A.7，1958年．
[9] 田村 二郎，解析函数，裳華房，1962年．
[10] 辻 正次，複素函数論，槇書店，1968年．

人 名 表

カナ	原綴り	ページ
アスコリ	Giulio Ascoli	171,172
アダマール	Jacques Salomon Hadamard	47,49,111,126,132,214
アペリィ	Roger Apéry	169
アーベル	Niels Henrik Abel	56-59,190,209,218
アポロニウス	Apollonius of Perga	19,184
アルツェラ	Cezare Arzelà	171,172
アールフォルス	Lars Valerian Ahlfors	171
イェンセン	Johann Ludwig Wilhelm Waldemar Jensen	147,148
イェンチ	Robert Jentzsch	178
ヴァンデルモンド	Alexandre Théophile Vandermonde	225
ヴィターリ	Giuseppe Vitali	176,179
オイラー	Leonhard Euler	1,61,165,170
オズグッド	William Fogg Osgood	17
ガウス	Carl Friedrich Gauss	1,9,19,54,59,207
カラテオドリ	Constantin Carathéodory	32,33,50,85,88,96,97,189
カントル	Georg Cantor	88
クノップ	Konrad Knopp	17
クラウゼン	Thomas Clausen	168
クラメール	Gabriel Cramer	168
グルサ	Édouard Jean-Baptiste Goursat	32,41,86,97,99,217
クロネッカー	Leopold Kronecker	154
コーシー	Augustin Louis Cauchy	3,4,7,8,37-39,41,43,47,49,59,60,86, 91-93,95-98,100,102,103,114,115,134, 139,174,205,209,214-217,221,222
シェーンフリース	Arthur Moritz Schönflies	86
シュヴァルツ	Hermann Amandus Schwarz	3,7,8,108,126,129,183,185,200,205,223
シュタウト	Karl Georg Christian von Staudt	168
シュトルツ	Otto Stolz	57
ジョルダン	Camille Jordan	17,86
スターリング	James Stirling	135,138,166
タウバー	Alfred Tauber	44,58,219
テイラー	Brook Taylor	32,45,60,61,211

人 名 表

デッチュ	Gustav Doetsch	126,133,134
デュドンネ	Jean Dieudonné	182
ド・モアブル	Abraham de Moivre	14
ネステレンコ	Yuri Valentinovich Nesterenko	169
ハーディ	Godfrey Harold Hardy	44,58
パデ	Henri Eugène Padé	150
ハミルトン	William Rowan Hamilton	3
ブラシュケ	Wilhelm Blaschke	30
プリングスハイム	Alfred Pringsheim	110,111
フーリエ	Jean-Baptiste-Joseph Fourier	8,20,85,206,207,215
フルウィッツ	Adolf Hurwitz	154
ベッセル	Friedrich Wilhelm Bessel	8,206
ヘルダー	Otto Hölder	165
ベルヌーイ	Johann Bernoulli	167
マーラー	Kurt Mahler	154,226
ミッタグ・レフラー	Gustav Magnus Mittag-Leffler	155
ミンコフスキ	Hermann Minkowski	8
メービウス	August Ferdinand Möbius	25
メルカトル	Gerardus Mercator	23
メンショフ	Dmitrii Evgenevich Men'shov	37
モレラ	Giacinto Morera	86,97,99,108,218
モンテル	Paul Antoine Aristide Montel	171
ヤコビ	Carl Gustav Jacob Jacobi	10,41,42,190,197,200,204
ユークリッド	Euclid	9
ライプニッツ	Gottfried Wilhelm Leibniz	151
ラグランジュ	Joseph Louis Lagrange	3
ラプラス	Pierre Simon Laplace	168
リウヴィル	Joseph Liouville	1,86,97,98,158,169,185,191,225,226,230
リトルウッド	John Edensor Littlewood	44,58
リプシッツ	Rudolf Otto Sigismund Lipschitz	73,159
リーマン	Georg Friedrich Bernhard Riemann	6,22,24,37-39,41,43,60,65-67,69,70,72,74-78,81,86,101,106,107,118,134,141,147,152,170,171,184-187,198,209,215,229,230
リンデマン	Carl Louis Ferdinand von Lindemann	169
リンデレーフ	Ernst Leonhard Lindelöf	189
ルーシェ	Eugène Rouché	144-146,182,225
ルジャンドル	Adrien Marie Legendre	101

人 名 表

ルベーグ	*Henri Léon* **Lebesgue**	17
レーマー	*Derrick Henry* **Lehmer**	226
レルヒ	*Mathias* **Lerch**	222
ロピタル	*Guillaume François Antoine Marquis de* **L'Hôpital**	32
ローマン	*Herman* **Looman**	37
ローラン	*Pierre Alphonse* **Laurent**	114–118,120,122,123,125,194,220
ロル	*Michel* **Rolle**	32
ワイエルシュトラス	*Karl Theodor Wilhelm* **Weierstrass**	44,46,98,102,119,156,162,164,182,188,193,197,198,204,218,222,225

索　引

あ　行

アスコリ-アルツェラの定理, 172
アダマールの空隙定理, 111
アダマールの3円定理, 132
穴あき領域, 10
アーベルの連続性定理, 56
アポロニウスの円, 19, 184
鞍部点法, 135
イェンセンの公式, 147
イェンチの定理, 178
位数(極の), 117
位数(楕円関数の), 191
位数(零点の), 104
1次分数関数, 25
一様収束, 44
1価化, 12
1価関数, 12
一致の定理, 105
ヴィターリの定理, 176
円環領域, 10
円外領域, 11
円板, 10
円分多項式, 15
オイラーの公式, 61
オイラーの相補公式, 170

か　行

解析接続, 106
回転数, 19
下半平面, 11
カラテオドリの定義, 32, 85, 88, 96, 97
完備, 4
ガウス記号, 59
ガウス整数, 1, 19, 54
ガウス平面, 9
ガンマ関数, 101, 125, 141, 165, 170
基本周期, 62
基本領域, 190
狭義の収束(無限乗積の), 159
鏡像原理, 29
鏡像の位置, 28
極, 117
極形式, 12
虚軸, 9
虚数単位, 1
虚部, 1
距離(集合の), 99
区分的になめらか, 7
クロネッカーの定理, 154
グルサの定理, 32, 41, 97, 99, 217
原始n乗根, 15
原始関数, 83
弧, 16
広義一様収束, 44
広義の収束(無限乗積の), 160
格子点, 190
コーシー-アダマールの公式, 47
コーシー-シュヴァルツの不等式, 3
コーシー積, 59
コーシーの積分公式, 95
コーシーの積分定理, 86
コーシーの評価式, 103
コーシー-リーマンの関係式, 37
コーシー-リーマンの微分方程式, 37
コーシー列, 4

さ 行

最急降下の向き, **136**
最急降下法, **135**
最大値原理, **127**
3角不等式, **2**
指数関数, **60**
自然境界, **107**
始点, **16**
シュヴァルツの鏡像原理, **108**
シュヴァルツの補題, **129**
収束域, **46**
収束円, **46**
収束半径, **46**
収束列, **4**
終点, **16**
主値(偏角の), **12**
主値(対数関数の), **63**
シュトルツの道, **57**
真性特異点, **117**
次数(有理関数の), **25**
実軸, **9**
実部, **1**
純虚数, **1**
上半平面, **11**
除去可能特異点, **117**
ジョルダン曲線, **17**
ジョルダン弧, **17**
スターリングの公式, **135**, 166
整関数, **46**
正規族, **173**
整級数, **45**
正則, **34**
正則関数, **34**
正則点, **34**
正則部, **115**
積分路, **76**
切断線, **63**
絶対収束(級数の), **5**
絶対収束(無限乗積の), **161**
絶対値, **2**

た 行

対合, **2**
対数特異点, **65**
対数分岐点, **65**
タウバー型定理, **44**, **58**, 219
タウバーの定理, **58**
多価関数, **11**
単一周期関数, **62**
単純曲線, **17**
単葉, **179**
単連結, **67**
第1種完全楕円積分, **74**, **199**
代数関数, **68**
代数学の基本定理, **1**, 34, **68**, 98, 230
代数特異点, **69**
代数分岐点, **69**
楕円関数, **190**
楕円積分, **197**
超越整関数, **46**
テイラー級数, **45**
天井関数, **59**
デッチュの3線定理, **133**
デュドンネの定理, **182**
等角写像, **40**
特異点, **107**
特異部, **115**
同相写像, **26**
同程度連続, **171**
ド・モアブルの公式, **14**

な 行

長さ(パラメータ曲線の), **72**
2項方程式, **14**, 42
2重周期性, **190**
2重対数関数, **113**

は 行

半平面, **11**
パデ近似, **150**
パラメータ曲線, **16**

索 引

標本点, **20**
微分可能, **32**
複素球面, **24**
複素共役, **2**
複素数, **1**
複素平面, **9**
複素積分, **76**
複比, **26**
符号付き位数, **141**, **224**, **225**
不正則点, **107**
不定積分, **85**
不動点, **31**
フーリエ係数, **8**, **85**, **215**
フルウィッツの定理, **154**
部分分数展開, **157**
ブラシュケ積, **30**
プリングスハイムの定理, **110**
閉曲線, **17**
偏角, **11**
偏角の原理, **143**
ベキ級数, **45**
ベータ関数, **229**
ベッセルの不等式, **8**, **206**
ベルヌーイ数, **167**
星型, **181**
補母数, **200**
母数, **200**

ま 行

マーラー測度, **154**
ミッタグ・レフラーの定理, **155**
ミンコフスキの不等式, **8**
無限遠点, **24**
無限乗積, **159**
メービウス関数, **25**
モレラの定理, **97**

や 行

ヤコビの sn 関数, **200**
有界列, **4**
有理関数, **25**
有理形, **141**
有理形関数, **141**
床関数, **59**

ら 行

ラグランジュの恒等式, **3**
ラプラスの公式, **168**
リウヴィルの定理, **97**
離散フーリエ変換, **20**
立体射影, **21**
リプシッツ連続, **73**
リーマン球面, **24**
リーマンの写像定理, **186**
リーマンのゼータ関数, **101**, **141**, **170**
リーマン面, **65**
リーマン予想, **229**
リーマン和, **74**
留数, **120**
留数定理, **120**
ルーシェの定理, **145**
ルジャンドル多項式, **101**
零列, **4**
レーマー予想, **226**
連続率, **73**
ローラン展開, **115**

わ 行

ワイエルシュトラスの 2 重級数定理, **98**
ワイエルシュトラスの優級数定理, **44**
ワイエルシュトラスの $\wp$ 関数, **193**

著者略歴

畑　政義
(はた　まさよし)

1980 年　京都大学大学院理学研究科修士課程修了
1985 年　理学博士（京都大学）
2004 年　京都大学大学院理学研究科准教授

主要著訳書
『フラクタル集合の幾何学』（訳，近代科学社，1989）
『フラクタルの数理』岩波講座 応用数学 1（共著，岩波書店，1993）
　（"Mathematics of Fractals" アメリカ数学会から英訳）
『神経回路モデルのカオス』カオス全書 6（朝倉書店，1998）
『π 魅惑の数』（訳，朝倉書店，2001）
『微積分学講義 中・下』（共訳，京都大学出版会，2013–14）
"Neurons : A Mathematical Ignition" (World Scientific, 2015)
"Problems and Solutions in Real Analysis, 2nd ed." (World Scientific, 2016)

ライブラリ数理科学のための数学とその展開＝F3
数理科学のための
複素関数論

2018 年 2 月 10 日 ⓒ　　　初　版　発　行

著　者　畑　政義　　　発行者　森 平 敏 孝
　　　　　　　　　　　印刷者　小宮山恒敏

発行所　　株式会社　サイエンス社
〒151–0051　東京都渋谷区千駄ヶ谷1丁目3番25号
営　業　☎(03)5474–8500(代)　振替 00170-7-2387
編　集　☎(03)5474–8600(代)
FAX　☎(03)5474–8900

印刷・製本　小宮山印刷工業（株）
《検印省略》

本書の内容を無断で複写複製することは，著作者および出版社の権利を侵害することがありますので，その場合にはあらかじめ小社あて許諾をお求めください．

ISBN 978-4-7819-1419-0

PRINTED IN JAPAN

サイエンス社のホームページのご案内
http://www.saiensu.co.jp
ご意見・ご要望は
rikei@saiensu.co.jp　　まで．